# 유기금속 중합촉매

이동호

경북대학교출판부

**이 동 호**

경북대학교 공과대학 고분자공학과 교수

1975년 2월 서울대학교 공과대학, 공학 박사

1978년 3월 ~ 1979년 8월 캐나다 Queen's Univ. Postdoc.

1979년 9월 ~ 1980년 8월 미국 New York 시립대 Postdoc.

1988년 7월 ~ 1988년 8월 일본 동경공대 자원화학연구소 방문교수

2003년 1월 ~ 2003년 12월 한국고분자학회 회장

# 유기금속 중합촉매

찍 은 날 2007년 6월 7일
펴 낸 날 2007년 6월 20일

지 은 이 이동호
펴 낸 이 노동일
펴 낸 곳 경북대학교출판부
출판등록 1973년 10월 ㉐97호
주 소 대구광역시 북구 산격동 1370번지
전 화 053-950-6741~3
팩 스 053-953-4692
E-mail press@knu.ac.kr
Homepage http://knupress.com

정 가 16,000원

ISBN 978-89-7180-205-2 93570

# 머 리 말

불과 몇 년 전까지만 해도 많은 사람들에게 생소하게 들리던 고분자라는 용어가 이제는 각종 플라스틱의 주원료를 뜻하는 말로 부담 없이 사용되고 있다.

공기와 물은 인류가 살아가는 데 꼭 필요하지만 그 고마움을 항상 느끼지는 못하듯이 플라스틱 역시 인류 생활을 편리하고 윤택하게 하지만 플라스틱이 소중한 재료라고 여기는 사람은 거의 없다. 오히려 값이 싸고 보잘것없는 재료이며 환경 미관을 해치는 주범으로 인식하는 경향마저 있다.

그러나 인류의 의식주 생활을 자세히 살펴보면 고분자는 너무도 다양한 용도에 사용되고 있음을 알 수 있다. 장난감, 각종 용기, 포장재 등 값싸고 흔한 일상 용품으로부터 휴대폰, PC를 비롯한 첨단 전자정보기기, 자동차, 항공기, 선박, 그리고 인류의 보건복지 향상에 기여할 의료용품 등에 이르기까지 실로 다양하게 응용되고 있다. 심지어 모든 동식물 생명체도 단백질이나 셀룰로오스와 같은 천연고분자로 만들어져 있다고 말할 수 있으며 현대문명을 플라스틱 문명이라고 부를 수 있을 정도이다.

최근 플라스틱 기술은 고성능을 갖는 플라스틱 재료와 특수한 기능을 갖는 기능성 고분자의 개발에 초점이 모아지고 있으며 그 결과 차세대 기술 발전을 선도할 NT를 비롯하여 IT, BT, ET 및 ST 기술 등에 필수적인 요소로 평가되고 있다. 또한 환경보호를 위하여 플라스틱을 재활용하거나 자연에서 분해될 수 있는 플라스틱을 개발하기 위한 연구도 활발하게 이루어지고 있다.

현재 생산 · 사용되고 있는 고분자 재료 중에서 에틸렌, 프로필렌 등의 올레핀과 부타디엔 등의 디엔을 원료로 하여 대표적 플라스틱인 폴리올레핀과 합성고무인 폴리디엔 등이 제조되고 있다. 이러한 고분자를 얻기 위해서는 본 저서의 주제인 유기금속 중합촉매가 필요불가결한 요소로써 현 세계 석유화학공업의 주요 소재 제조에서 큰 비중을 차지하고 있다.

이 저서가 고분자공학을 전공하는 엔지니어뿐만 아니라 다른 분야를 전공하는 사람들이 고분자의 제조에 대한 기초에 쉽게 접근할 수 있는 내용이 되도록 노력하였다. 이 책을 만드는 데는 경북대학교의 2003년도 저서 지원연구비가 큰 도움이 되었으며 중합촉매 연구실을 거친 여러 졸업생들의 노력이 밑거름이 되었기에, 이 지면을 빌려 감사의 뜻을 전한다.

끝으로 이 책이 고분자과학의 기초를 이해하는 데 적으나마 도움이 되기를 기대하며 미비한 점을 계속 보완해 갈 수 있도록 많은 지도 편달을 바란다.

2007년 5월

지은이 씀

# 목 차

# 제1장 중합반응

## 1. 개요

화학반응이 가능한 기능기를 가지고 있는 단량체(monomer)를 여러 가지 방법으로 반응시켜 고분자(polymer)를 만드는 것을 중합(polymerization)이라고 한다. 즉 분자량이 작은 단량체가 많이 결합하여 분자량이 큰 고분자를 형성하게 된다. 이때 중합반응을 일으키기 위해서 필요한 물질을 중합촉매(polymerization catalyst)라고 한다.

$$\text{단량체} \xrightarrow{\text{중합촉매}} \text{고분자}$$

고분자 재료의 특성은 그 분자의 크기와 관련이 있으며, 메틸렌계 탄화수소에서 탄소 원자 수에 따른 성질의 변화를 살펴봄으로써 분자 크기의 영향을 알아볼 수 있다.

**표 1.1** 선형 탄화수소계의 전형적인 특징

| 탄소원자의 평균 수 | 끓는점(℃) | 이름 | 상온에서의 물리적 상태 | 용 도 |
|---|---|---|---|---|
| 1~4 | 〈30 | Gas | 기체 | 난방유 |
| 5~10 | 30~180 | Gasoline | 액체 | 자동차 연료 |
| 11~12 | 180~230 | Kerosene | 액체 | 항공 연료, 난방유 |
| 13~17 | 230~300 | Light gas oil | 액체 | 디젤유, 난방유 |
| 18~25 | 305~400 | Heavy gas oil | 점성 액체 | 난방유 |
| 26~50 | 없음 | Wax | 왁스 | 양초용 왁스 |
| 50~1,000 | 없음 | Hard Wax | 고체에 가까운 왁스 | 식품 보관용 왁스 코팅 |
| 1,000~5,000 | 없음 | polyethylene | 고체 | 병, 포장재, 필름 |
| 〉5,000 | 없음 | polyethylene | 고체 | 쓰레기 봉투, 방탄복, 섬유, 자동차 부품 |

표 1.1에 나타내었듯이, 탄화수소계 화합물에서 적은 수의 탄소 원자를 가지고 있는 메탄, 에탄, 프로판, 부탄은 실온에서 기체 상태이며, 그보다 많은 탄소 수를 가진 것은 액체 또는 고체 상태이다. 각각의 탄화수소 분자는 각각의 메틸렌기가 가지고 있는 분산력(dispersive force)과 말단기력에 의해 서로 묶여 있으며, 분산력의 총합이 각 사슬이 가지는 탄소-탄소 결합력보다 더 크면 휘발성이 약하게 됨에 따라 끓는점이 단계적으로 증가하게 되어 점성 액체나 밀랍과 같은 왁스형의 물질이 된다. 분자량이 커짐에 따라 결국에는 사슬 길이가 충분히 길어져서 딱딱하고 질긴 고체상태로 되는데 이러한 고분자를 폴리에틸렌이라 한다.

주목할 만한 흥미로운 점은 긴 사슬, 곧은 사슬의 탄화수소는 매우 강하나 깨어지기 쉬운 성질을 가지게 된다는 것이다. 그러나 다행히도 합성 폴리에틸렌에는 사슬들이 배향되어 있는 결정(crystalline) 부분과 그렇지 않은 무정형(amorphous) 부분이 같이 존재하고 있는데, 그 이유는 폴리에틸렌 사슬에서 선형 고분자 주사슬에 가지사슬이 있기 때문이다. 무정형 부분으로 인하여 폴리에틸렌은 약간의 유연성(flexibility)을 가지며, 대부분의 고분자들이 무정형과 결정 부분을 함께 가지기 때문에 유연성과 강성(strength)을 동시에 가진다.

폴리에틸렌 사슬은 그림 1.1에서 나타내었듯이, 저분자 폴리에틸렌은 가지사슬을 가져 일반적으로 녹는점이 100℃ 이하이나 고분자량 폴리에틸렌은 가지사슬이 아주 적게 존재하므로 녹는점이 145℃에서 나타난다.

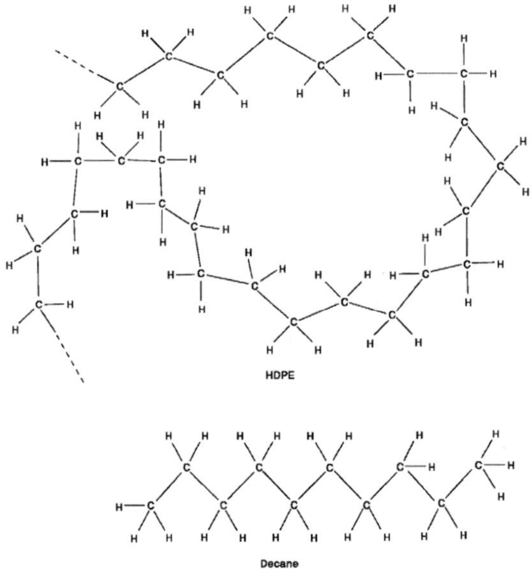


**그림 1.1** 고밀도 폴리에틸렌의 구조 모형과 데칸의 구조식

저압 폴리에틸렌 [$H(CH_2CH_2)_nH$], 또는 알칸 [$H(CH_2)_nH$]이라 표현되는 고밀도폴리에틸렌 (HDPE, high density polyethylene)은 많은 고분자 구조를 설명할 때 사용된다.

HDPE는 데칸 또는 파라핀과 같은 긴 사슬구조의 분자처럼 탄소 원자들 간의 공유결합으로 구성된다. HDPE는 거의 모든 알칸 탄소 원자를 포함하고 결합된 사면체 결합각이 대략 109.5° 로 나타난다. 그러나 데칸은 10개 메틸렌기로 구성되어 있고, HDPE는 1000개 이상으로 구성되어 있다. 곧은 사슬 또는 선형 알칸이라는 표현을 쓰는데, 실제로는 사슬의 결합각 때문에 지그재그 형을 나타낸다. 탄소 원자 간의 거리는 1.54Å 즉 0.154nm이다. 명확한 지그재그 모양을 이루는 탄소 간의 거리는 1.24Å 즉 0.124nm이다. 그래서 확장된 노난(nonane)의 총 길이는 8×(1.26Å)로 10.08Å 즉 1.008nm이다. 마찬가지로 HDPE가 1000개의 반복 에틸렌 또는 [$H(CH_2CH_2)_{100}H$], $H(CH_2)_{2000}H$일 때 2520Å 즉 252nm가 된다.

그러나 확장된 HDPE의 구조모형에서 보듯이 탄소-탄소의 회전 때문에 그들의 총길이의 합은 다양한 형태로 나타나는데, 이를 입체 형태(conformation)라고 한다.

각각의 단백질 분자는 작은 분자들처럼 고유한 값의 분자량을 가지는데 이를 단분산성 (monodispersity)이라 한다. 그러나 HDPE와 같은 상업용 합성 고분자는 서로 다른 분자량을 가지는 분자로 만들어져서 다분산성(polydispersity)을 가지고 있다. 따라서 n값 즉, 중합도 (degree of polymerization)는 $\overline{DP}$로 표시되는 평균 중합도로 고려되어야 한다.

## 2. 메카니즘

중합을 분류할 때 사용되는 축합 반응 고분자와 단계성장 속도론(kinetics), 부가 반응(혹은 비닐) 고분자와 사슬성장 속도론 사이에는 완전히 일치하지는 않지만, 많은 부분에서 공통점이 발견된다. 이 장에서는 이 네 가지 용어를 명료하게 정의하고 이들의 유사점과 차이점을 설명하겠다.

부가 및 축합 고분자라는 용어는 고분자의 반복 구성 단위가 단량체와 같은 원자인지의 여부에 기초를 두고 Carothers에 의해 최초로 사용되었다. 부가 중합 고분자는 반복단위와 단량체가 같은 원자로 구성되어 있으며, 고분자의 기본 골격을 구성하는 원자는 보통 탄소이다.

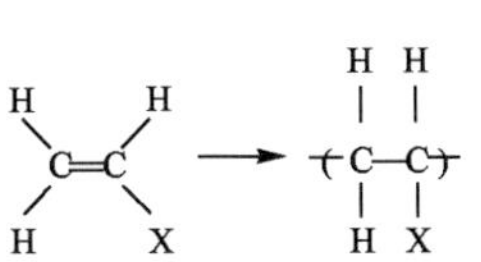

이에 반해서 축합 고분자는 중합 과정에서 부산물이 형성되어 빠져나가므로 반응물보다 더 적은 원자를 함유하고 있다. 그리고 고분자의 기본 골격은 보통 한 종류 이상의 원자로 구성된다.

$$X-A-R-A-X + Y-B-R'-B-Y \rightarrow (A-R-A-B-R'-B)n$$

A-X는 다음의 작용기들이 될 수 있다.

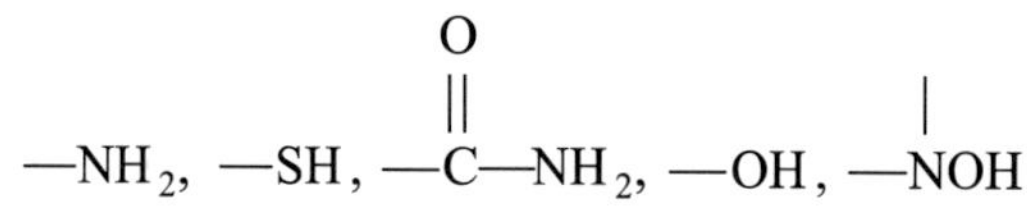

그리고 Y-B의 예는 다음과 같다.

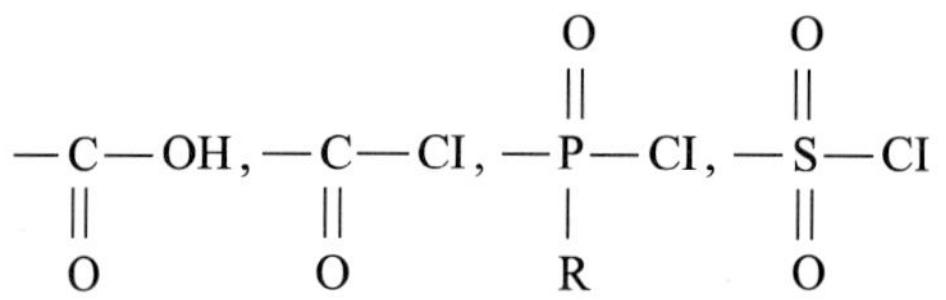

이상과 같은 고분자의 생성 반응을 부가 중합 또는 축합 중합이라고 한다.

### 1) 단계 중합

단계성장 속도론(stepwise kinetics 또는 step-growth kinetics)이라는 용어는 반응 시간이 지남에 따라 천천히, 단계적으로 분자량이 증가하는 중합을 의미한다.

벌크 중합 공정의 폴리에스테르화 반응 단계성장 중합에서 고분자의 형성은 한 개의 디올(diol) 분자가 한 개의 이산(diacid) 분자와 반응함으로써 시작되며 이렇게 형성된 부분을 폴리에스테르의 한 개의 반복단위라고 부른다.

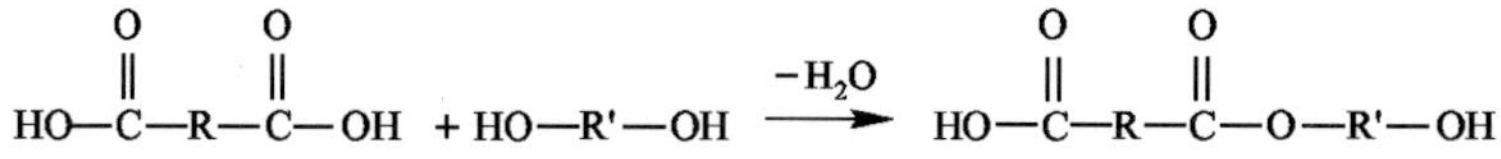

위와 같이 형성된 에스테르 반복단위는 다시 디올이나 이산기와 반응하여 각각 두 개의 활성 알코올기나 활성 산기의 말단기를 생성할 수 있다.

2개의 알코올 말단기를 가진 사슬은 한 개의 이산 말단기를 가진 분자와 반응할 수 있고, 마찬가지로 2개의 이산 말단기를 가진 분자는 한 개의 알코올기를 가진 분자와 반응할 수 있다. 이러한 반응은 필요한 활성화에너지와 올바른 기하 충돌(geometry collide)을 할 수 있는 작용기를 가진 단량체 분자들에 의해서 계속된다. 따라서, 반응이 진행되면서 분자들이 이량체(dimer), 삼량체(trimer), 사량체(tetramer), …… 등으로 중합도가 커지게 된다.

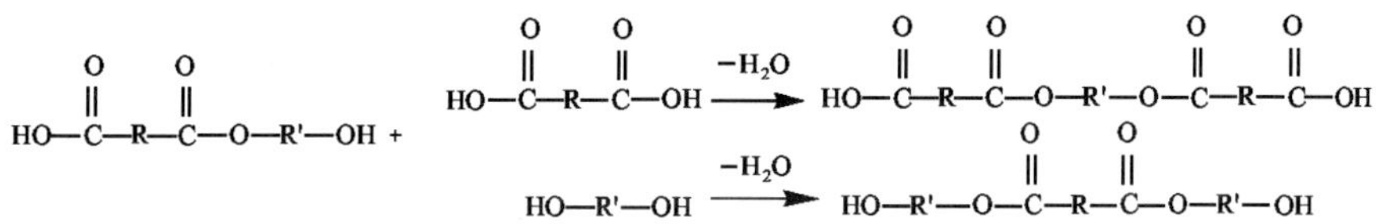

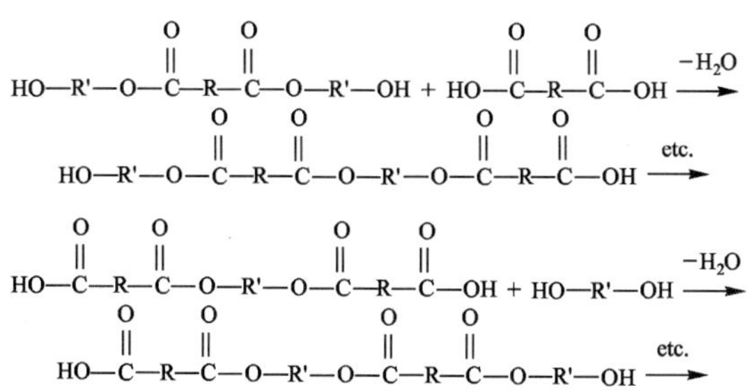

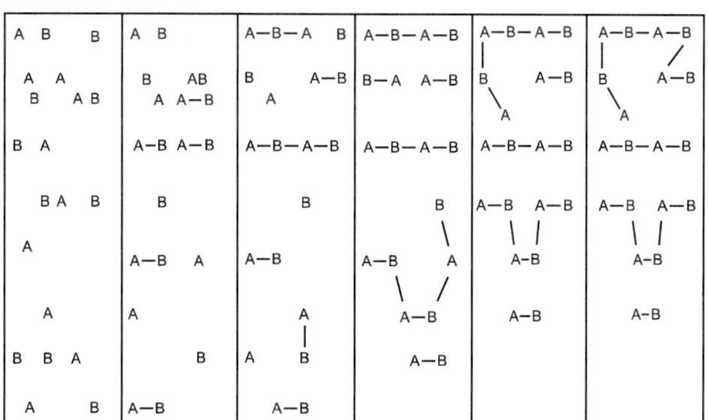

| | | | | | | |
|---|---|---|---|---|---|---|
| % Monomer Unreacted | 100 | 50 | 20 | 0 | 0 | 0 |
| % Functional Groups Unreacted | 100 | 75 | 55 | 30 | 25 | 20 |
| System Average DP* | 0 | 1 | 1.25 | 1.67 | 2 | 2.5 |
| Highest DP* | 0 | 1 | 2 | 3 | 3 | 4 |

**그림 1.2** 단계 성장 중합에서 단량체 반응도와 중합도와의 상관관계

이런 식으로 반응물질이 소모되어 계 전체를 형성하는 몇 개의 매우 긴 사슬이 생성되는데, 이때 반응은 사슬들끼리 완전히 반응하는 쪽으로 진행된다. 전체 계의 분자량은 단계적인 성향을 가져 천천히 증가한다.

그림 1.2에 나타냈듯이, A 분자를 이산 분자, B 분자를 디올 분자라고 가정하면, 각각 10개의 A와 B로 구성된 계를 생각해 볼 수 있다. 그리고 서로 다른 작용기의 축합 반응 수를 임의로 가정하면, 중합도(DP)와 최대 중합도의 변화 및 미반응 단량체의 비율을 계산할 수 있다. 이 계에서 가능한 최대 DP는 10AB이다. 그리고 반응한 단량체의 비율은 급격하게 증가하지만, DP와 최대 DP는 모두 천천히 증가한다. 그림 1.3은 단계적인 성장을 반응 시간에 따른 반응 온도의 함수로 보여주고 있으며 실제 분자량의 증가는 주어진 계에 대한 특정 속도 의존성(kinetic dependency)에 따라 달라지게 되어 반드시 선형을 나타낼 필요가 없다는 것을 언급하고자 한다.

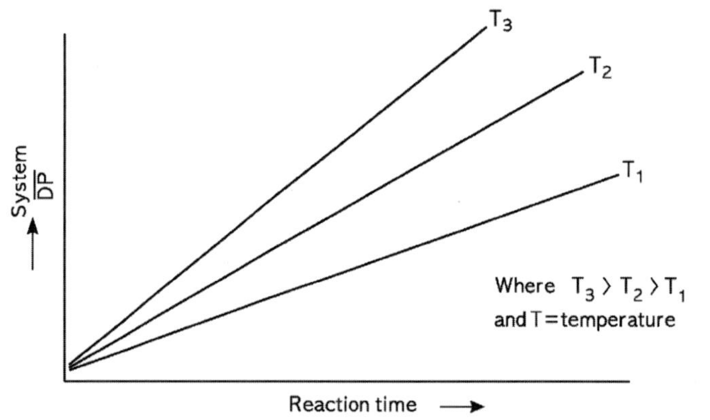


**그림 1.3** 단계 성장 중합에서 반응 시간, 반응 온도 및 중합도의 함수 관계

## 2) 사슬 중합

사슬 성장 중합은 부가 중합이라고도 한다. 앞 장에서 논의되었던 느린 속도의 단계 성장 중합과는 달리 사슬 중합은 대체로 빠른 속도로 일어나며, 개시 반응을 시작한 분자종들은 정지 반응이 일어날 때까지 계속 성장한다. 따라서 극단적인 경우에는 개시 반응을 시작한 하나의 분자종이 많은 단량체들은 그대로 두고 높은 분자량을 가지는 고분자 분자 1개를 만들 수도 있다. 어떤 경우이든지 보통 에틸렌 유도체인 사슬 중합의 단량체 농도는 반응

시간 전체에 걸쳐 천천히 감소한다. 그리고 단계 성장 중합의 경우와는 다르게 초기에 생성된 종은 높은 분자량을 가지는 고분자로 성장한다.

높은 분자량을 가진 고분자가 생성되기 위해서는 활성 단량체와 성장하는 고분자 사슬이 안정적이어야 하고 긴 사슬이 형성될 수 있을 만큼 성장 속도가 빨라야 한다. 활성 단량체 혹은 성장 말단의 안정성은  공명, 극성, 유발 효과에 크게 영향 받는다. 따라서 전자 주게기(electron donating group)를 가진 비닐 단량체는 활성 카르보늄이 유발 효과와 공명으로 더욱 안정화되어 있기 때문에 양이온 중합이 가능하다. 스티렌은 세 가지 경우의 공명 구조를 가질 수 있는데 이들 모두 안정화될 수 있어 양이온, 음이온 혹은 자유라디칼 모두에 의해 중합될 수 있다.

사슬 성장 중합의 반응 단계는 전형적인 3단계로 구분되는데, 개시, 성장, 정지반응이 그것이다. 자유 라디칼, 음이온과 양이온 및 배위(coordination) 중합의 개시단계에 필요한 개시제로는 유기 라디칼, 카르바니온 또는 카르보늄 이온 및 배위촉매(coordination catalyst)가 사용된다. 사슬 성장은 발열 반응이고 중합은 주로 단량체의 공간적 인자(steric factor)와 공명 인자(resonance factor)에 의해 조절된다. 일반적으로 공명 안정(resonance stabilization)이 감소할수록 발열량이 많아지고 공간 인자(steric factor)가 커질수록 발열량은 적어진다.

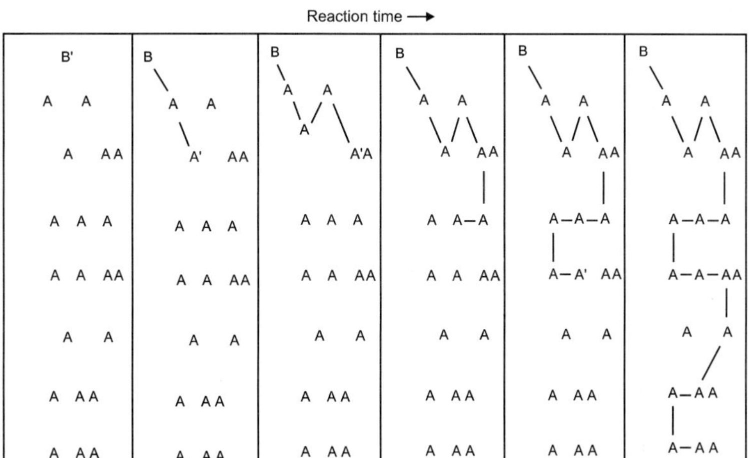


| | | | | | | |
|---|---|---|---|---|---|---|
| % Unreacted | 100 | 90 | 80 | 70 | 55 | 25 |
| Highest DP | 0.5 | 2 | 4.0 | 6.0 | 9.0 | 15.0 |

**그림 1.4** 사슬 성장 중합에서 반응 시간과 반응 진척도에 대한 관계
(각각의 반복단위가 A로 표시되는 것에 유의할 것. B는 이 계에서의 라디칼개시제를 나타내는 것이기 때문에 계산에 포함되지 않았음.)

반응 진척도와 반응 시간에 대한 사슬 길이의 의존성을 알아보기 위하여 그림 1.4에 나타내었듯이 20개의 스티렌 분자를 가지고 있는 계를 생각해 보자. 전체 시스템에서의 DP는 단계 성장 중합의 속도 모델과 크게 다른 속도로 증가하는 것이 아니기 때문에, 가장 긴 사슬의 DP는 빠르게 증가한다. 더욱이 많은 양의 미반응 단량체가 존재하고, 실제 스티렌의 벌크 및 용융 중합에서도 매우 높은 전환율에 이르기 전까지는 미반응 단량체가 고분자 사슬보다 더 많이 존재한다. 사슬 성장 중합에서는 반응 시간의 함수로서, 자유라디칼이 된 물질과 분자량을 도시하는 것이 보통이며 그림 1.5의 형태가 된다. 즉 평균 사슬 길이와 분자량 분포가 대략 중합 시간 전체에 걸쳐 일정하다.

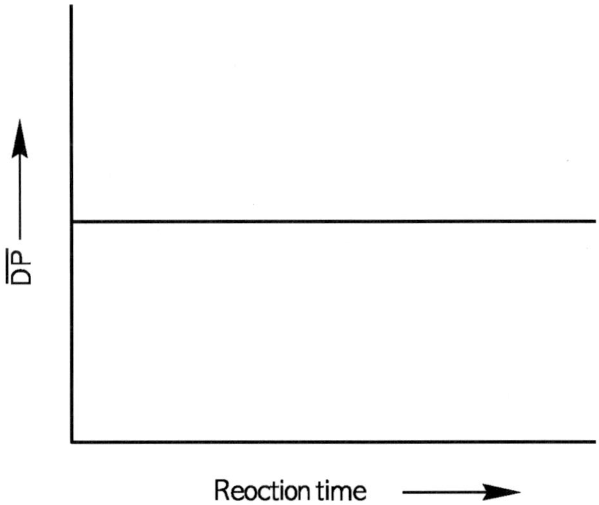


**그림 1.5** 사슬 성장 속도론에서 반응 시간에 대한 이상적인 고분자의 평균 분자량

대부분의 부가 반응 고분자는 사슬성장의 속도론(chain-growth kinetics)을 보여주는 중합에 의해 형성된다. 이것은 대다수의 비닐 단량체 즉, 에틸렌, 스티렌, 염화비닐, 프로필렌, 아크릴산 메틸, 아세트산메틸 등의 전형적인 중합을 포함한다.

더욱이 대부분의 축합 고분자는 단계 성장 속도론(stepwise kinetics)을 보여주는 계로 중합되며 산업적으로 폴리에스테르와 폴리아미드의 중합을 포함한다. 그래서 부가반응 고분자(addition polymers)와 사슬 성장 속도론(chain-growth kinetics), 축합 반응 고분자(condensation polymer)와 단계 성장 속도론(stepwise kinetics) 사이에는 많은 공통점이 있다(표 1.2).

**표 1.2** 단계 성장과 사슬 성장 중합의 비교

| 사 슬 | 단 계 |
|---|---|
| · 한 반복단위의 부가와 동시에 성장이 일어난다.<br>· 단량체는 중합반응 전체 동안 서서히 감소한다.<br>· 전체 공정 중에서 중합 초기에 긴 고분자사슬이 형성된다.<br>· 반응한 종의 평균 사슬 길이는 중합 전체를 통해 대략 일정하게 유지된다.<br>· 반응 시간을 증가시킬수록 고분자의 수율은 증가하지만, 고분자의 분자량은 거의 같다.<br>· 반응 혼합체는 미반응 단량체, 고분자, 매우 적게 성장한 고분자 사슬로 구성되어 있다. | · 어떠한 두 분자 단위도 반응할 수 있다.<br>· 반응 초기에 단량체가 모두 반응한다.<br>· 고분자 사슬 길이는 중합 시간이 경과될수록 천천히 증가한다.<br>· (반응한 종의) 반응 평균 분자량은 중합 시간에 비례한다.<br>· 긴 사슬 길이의 중합체를 얻기 위해서는 높은 반응진척도가 필요하다.<br>· 반응계는 다양한 단계, 다양한 사슬길이의 중합체가 계산 가능한 분포 내에서 존재한다. |

그러나 축합 반응은 반드시 물 또는 알코올과 같은 저분자 물질이 생성되면서 진행하는 단계중합뿐만 아니라 다음과 같이 부산물의 발생 없이 중합이 진행되는 경우도 있다.

1. 폴리우레탄 및 폴리우레아의 합성은 분명히 단계 성장 반응의 속도론을 따른다. 고분자들의 구성원소가 헤테로 원자로 이루어졌으나, 이소시아네이트와 디올 혹은 디아민과의 축합 반응은 반응물 내부 수소 원자의 재배열과 이동이 일어나면서 중합된다.

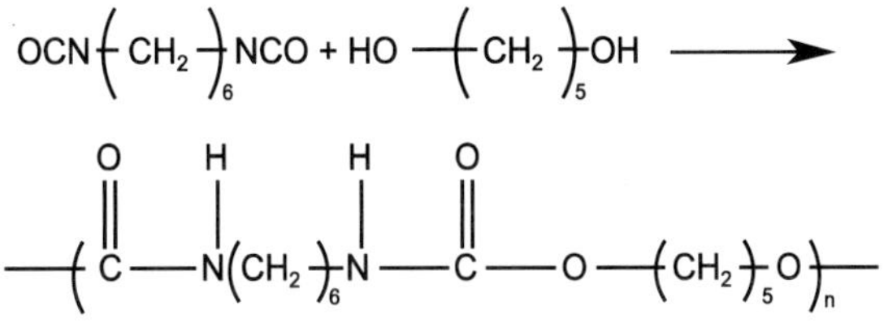

Polyurethane

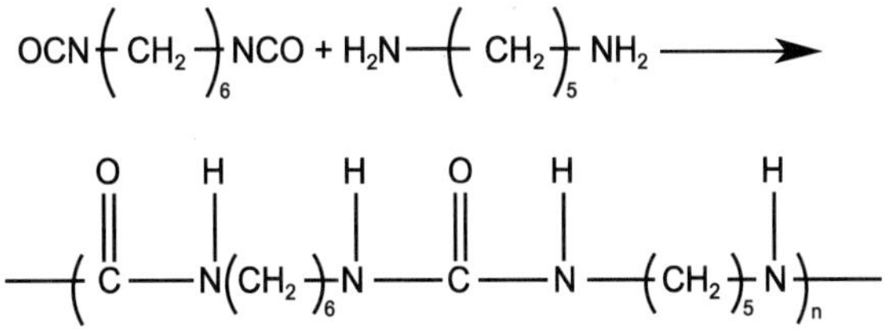

Polyurea

2. 비스디엔(bisdiene) 화합물과 벤조퀴논(benzoquinone)의 Diels-Alder 축합 반응은 부가 반응이다. 즉, 한쪽은 주사슬이 탄소 원자로만 구성되어 있고, 생성되는 부반응물도 없다. 그러나, 이 고분자는 단계 성장 속도론의 과정을 따라 중합된다.

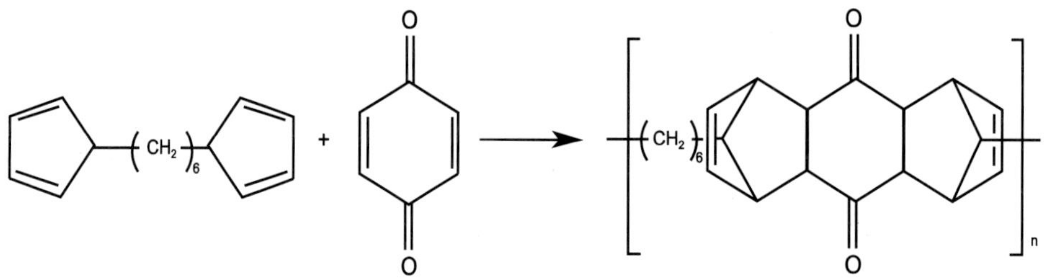

3. 내부에스테르(락톤)는 부반응물의 발생 없이 산촉매에 의해 개환되는 사슬 성장 속도론을 따라 중합된다. 그러나 생성되는 폴리에스테르는 고분자 주사슬이 헤테로 원자로 구성되어 있는 축합 고분자이다. 더욱이, 6-탄소 폴리에스테르는 ω-히드록시카르복실산의 전형적 단계 성장 중축합에 의해 형성된다.

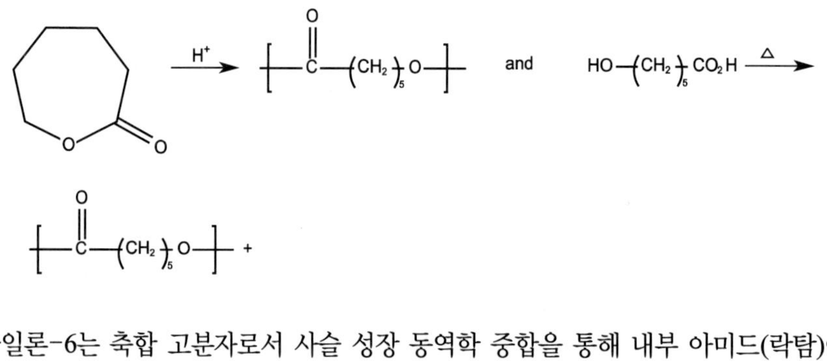

4. 나일론-6는 축합 고분자로서 사슬 성장 동역학 중합을 통해 내부 아미드(락탐)에 의해 중합되기도 하고, ω-아미노산의 단계 성장 반응에 의해 중합되기도 한다.

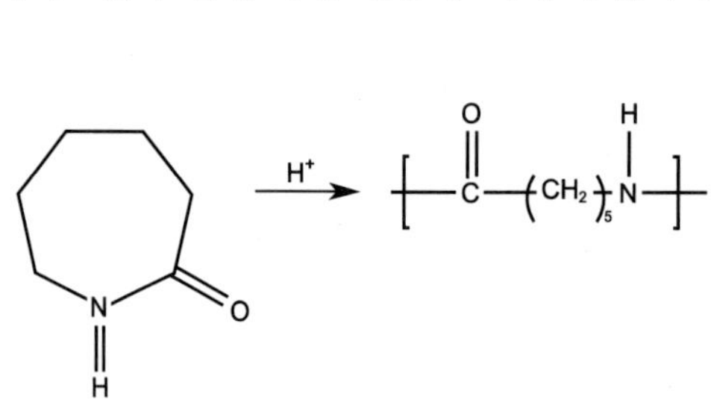

그리고

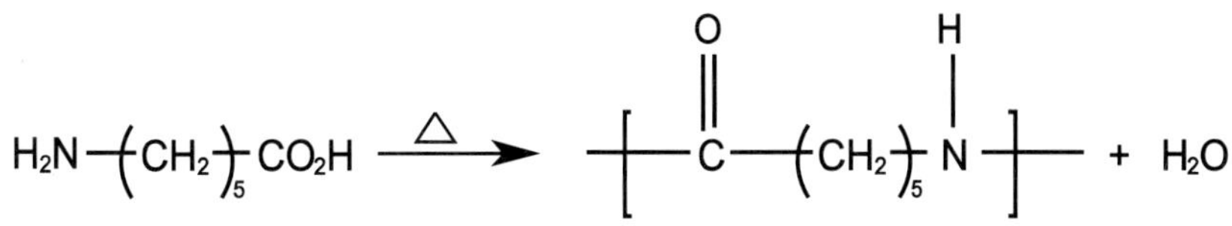

5. 탄화수소 고분자는 Wurtz 반응을 이용해 1,8-이브롬화옥탄의 단계중합을 통하거나 에틸렌의 전형적인 사슬 성장 중합을 사용해 만들어질 수도 있고, 디아조메탄(diazomethane)을 삼플루우오르화붕소(boron trifluoride) 촉매를 이용해 사슬 성장 속도론으로도 중합 가능하다.

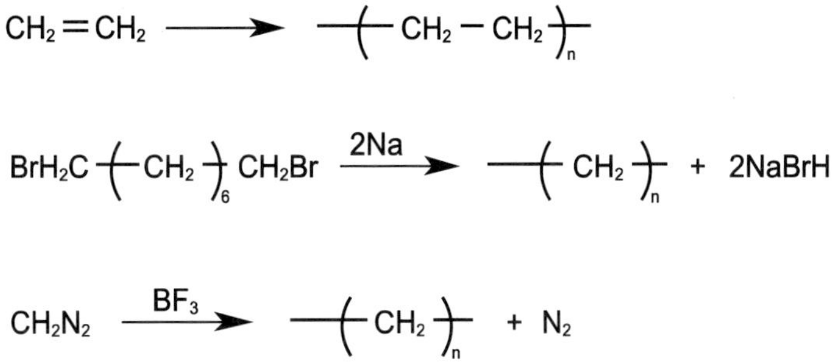

6. 폴리에틸렌옥시드는 촉매를 사용한 에틸렌옥시드의 사슬 성장 중합으로 주로 생산되고, 에틸렌글리콜의 단계 성장 반응을 이용하는 축합 중합으로도 소량 생산된다.

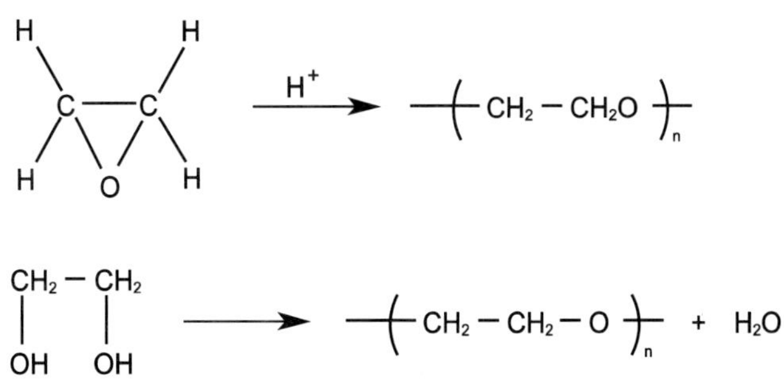

7. 폴리우레탄, 폴리에스테르, 폴리아미드, 폴리우레아 등과 같은 계면 형성 축합 고분자는, 계면 중축합 반응에 사용되는 반응물들의 높은 반응성과 공단량체(comonomer)의 이동 한계 때문에 사슬 성장 방식에 의해 미세한 구조로 형성된다.

이상의 예들은 고분자 주사슬의 본질과 그러한 고분자를 형성하는 속도론을 연관하여 설명하는 것이 완전히 일치하지 않음을 보여준다.

표 1.3에 나타내었듯이 거의 모든 비닐 고분자들이 자유라디칼(>50%), 착물 배위(complex coordinate)(12~15%), 음이온(10~15%), 양이온(8~12%) 등의 네 가지 공정에 의해 대량으로 생산된다.

**표 1.3** 중요 비닐 고분자의 생산에 사용되는 주요 기술

| | | |
|---|---|---|
| 자유 라디칼 | 저밀도 폴리에틸렌(LDPE)<br>폴리염화비닐<br>폴리아세트산비닐<br>폴리아크릴로니트릴과 아크릴 섬유<br>폴리메타크릴산메틸<br>폴리아크릴아미드<br>폴리클로로프렌<br>폴리비닐피리딘<br>스티렌-아크릴로니트릴 공중합체(SAN)<br>폴리사플루오르화에틸렌<br>폴리플루오르화비닐리덴<br>아크릴로니트릴-부타디엔-스티렌<br>공중합체(ABS)<br>에틸렌-메타크릴산 공중합체<br>스티렌-부타디엔 공중합체(SBR)<br>니트릴 고무(NBR)<br>폴리스티렌 | Low-density polyethylene(LDPE)<br>Poly(vinyl chloride)<br>Poly(vinyl acetate)<br>Polyacrylonitrile and acryl fibers<br>Poly(methyl methacrylate)<br>Polyacrylamide<br>Polychloroprene<br>Poly(vinyl pyridine)<br>Styrene-acrylonitrile copolymers(SAN)<br>Polytetrafluoroethylene<br>Poly(vinylene fluoride)<br>Acrylonitrile-butadiene-styrene<br>copolymers(ABS)<br>Ethylene-methacrylic acid copolymer<br>Styrene-butadiene copolymers(SBR)<br>Nitrile rubber(NBR)<br>Polystyrene |
| 양이온 | 폴리이소부틸렌<br>부틸 고무<br>폴리아세탈 | Polyisobutylene<br>Butyl Rubber<br>Polyacetal |
| 음이온 | 열가소성 올레핀 탄성체<br>(부타디엔, 이소프렌, 스티렌 공중합체)<br><br>폴리아세탈 | Thermoplastic olefin elastomer<br>(copoly-mers of butadiene, isoprene, and<br>styrene)<br>Polyacetal |
| 착물<br>(Complex) | 고밀도 폴리에틸렌(HDPE)<br>폴리프로필렌<br>폴리부타디엔<br>폴리이소프렌<br>에틸렌-프로필렌 탄성체 | High-density polyethylene(HDPE)<br>Polypropylene<br>Polybutadiene<br>Polyisoprene<br>Ethylene-propylene elastomer |

### 3) 라디칼 중합

사슬 성장 반응에서는 사슬 성장의 시작을 위해서 개시 단계를 필요로 한다. 여기에서 벌크 반응계에서의 자유 라디칼 개시제 R'(과산화물, 아조화합물, 산화반응계 등)에 의해 일어나는 스티렌 분자의 개시 단계를 소개하겠다.

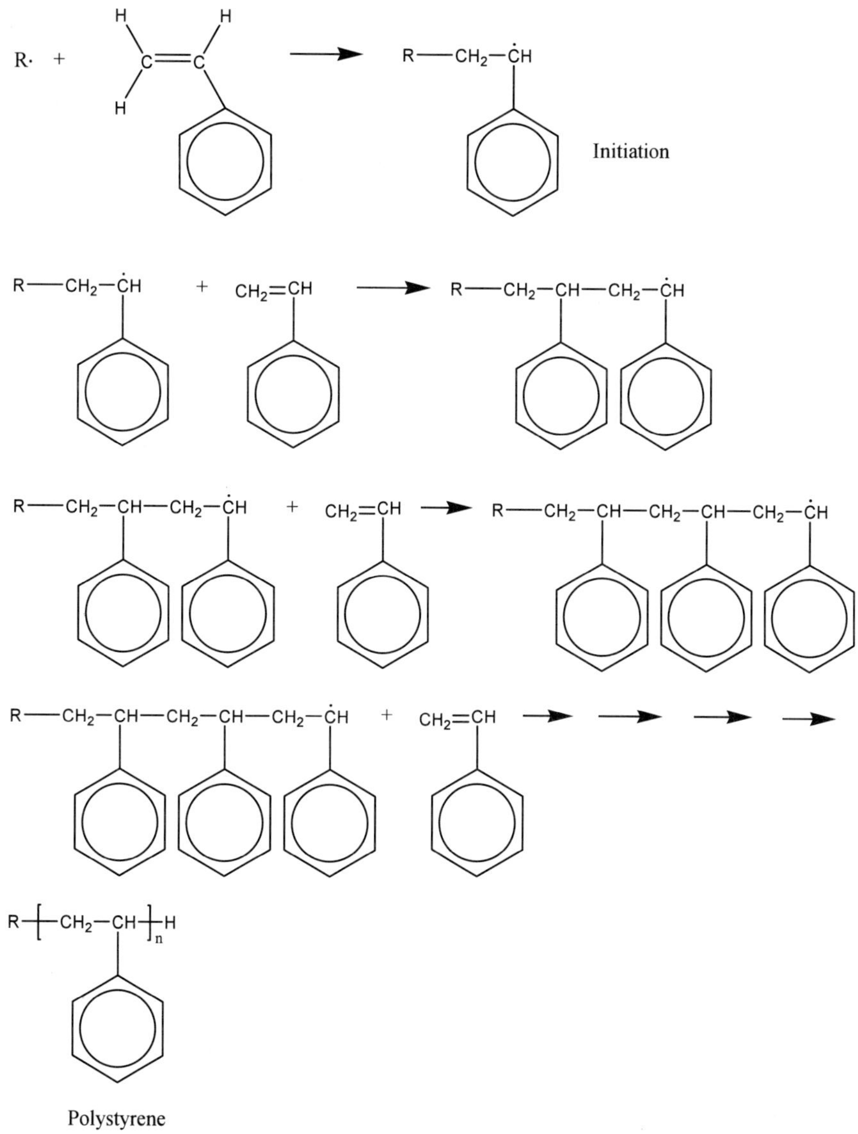


Polystyrene

이 자유 라디칼은 빠르게 스티렌 단량체와 결합하여 자신이 가지고 있던 홀자유 전자를 스티렌 분자로 이동시킨다. 이렇게 형성된 홑전자를 가지고 있는 새로운 활성 사슬은 또 다른 스티렌 단량체와 결합하여 마찬가지로 홑전자를 사슬 말단으로 이동시킨다. 이런 반응이 반복됨으로써 결과적으로 사슬이 긴 폴리스티렌이 형성된다.

이러한 성장은 정지 반응이 사슬을 불활성(inactive)으로 만들 때까지 계속된다. 중합은 오직 활성 사슬에서만 일어나고 사슬 성장에 필요한 활성화에너지도 낮고, 성장사슬의 양은 어떤 시점에서도 적은 양이기 때문에, 긴 사슬이 빠르게 형성된다. 그리고 대부분의 스티렌 단량체는 반응하지 않은 채로 남아 있다.

### 4) 이온 중합

대부분의 비닐 단량체는 자유라디칼 중합을 하지만, 이온 중합을 하는 것도 소수 존재한다. 양이온 중합은 알콕시, 페닐, 비닐 그룹과 같은 전자주게기를 가진 단량체를 필요로 한다. 이에 반해 음이온 중합은 카르복실, 니트릴, 할로겐기와 같은 전자받게기(electron-withdrawing group)를 가진 단량체가 있을 때 일어난다. 이런 차이는 음이온과 양이온의 안정화에 필요한 조건들이 다르기 때문이다.

자유라디칼 중합과 마찬가지로 이온 중합도 그 메카니즘이 명확하게 규명되지는 못했다. 반응은 불균일 개시제에 의해 일어날 수 있고, 불순물의 존재에 매우 민감하다. 따라서, 이온 중합의 속도론 연구는 매우 어렵고, 실험 결과들도 특정 반응 조건에 민감하게 변화한다. 더욱이, 고분자 형성 속도도 자유라디칼 중합보다 훨씬 더 빠르다.

양이온과 음이온 중합은 서로 비슷하여 양쪽 모두 이온 종들의 형성과 성장을 포함한다. 낮은 안정성을 가지고 있어서 대부분의 이중결합과 반응할 것으로 예상되는 높은 에너지를 가진 이온 종들은 형성되기도 어렵고, 일단 형성되어도 쉽게 파괴된다. 이는 전하를 띤 종(charged species)을 형성하게 해주는 '에너지 창(energenic window)'의 범위가 좁기 때문이다. 극성 용매가 이온들을 잘 용매화하나 용매로는 비극성 용매를 사용하는데, 이는 물과 알코올 같은 극성 용매들은 서로 반응을 일으켜서 이온 개시제들을 파괴하기 때문이다. 그리고 케톤 같은 다른 극성 용매들은 개시제와 함께 안정한 착물을 형성하기 때문에 개시 반응을 방해한다. 따라서 이온 중합은 헥산이나 염화에틸렌(ethylene chloride)과 같은, 낮은 극성 및 적절하게 조절된 극성 용매에서 중합된다.

### (1) 양이온 중합

양이온 중합 기술은 다른 많은 방식의 중합 방법과 마찬가지로 적어도 100년의 역사를 가지고 있다. 그러나 당시에는 초기 반응의 메카니즘이 규명되지 않았고, 당대의 과학자들은 현대의 거대 분자(macromolecule)의 개념을 파악하지 못했다. 그럼에도 불구하고 스티렌, 이소부틸렌 그리고 에틸비닐에테르의 물질들이 황산, 사염화주석, 삼플루오르화붕소 그리고 요오드와 같은 양이온 개시제에 의해 100년 동안 중합되어 왔다는 것은 흥미로운 일이다.

이 반응으로 최초로 중합된 종은 카르보양이온(carbocation)이나, 잘 알려지지 않았다. 현재 삼플루오르화 붕소 혹은 삼염화알루미늄과 같은 순수 루이스 산은 개시제로서 효과적이지 않으며, 물과 같은 양성자를 가지고 있는 루이스 염기가 미량 필요하다고 알려져 있다. 아래 식에서 보이듯이 루이스 염기는 친전자성 루이스 산과 배위하며, 이때의 양성자가 실제 개시제이다. 양이온은 혼자 존재할 수 없기 때문에 항상 짝이온(counterion 또는 gegenion)을 수반한다.

$$BF_3 \quad + \quad H_2O \quad \rightleftarrows H^{\oplus}, \quad (BF_3OH^-)$$

| Lewis acid (boron trifluoride) | Lewis base (cocatalyst) | Catalyst-cocatalyst complex |
|---|---|---|

이온 중합이 일어나는 데 필요한 활성화에너지는 적기 때문에, 이 반응들은 낮은 온도에서 일어날 것이다. 또한 마크로카르보양이온을 포함해서 카르보양이온은 서로 반발하기 때문에 결합 반응(combination)에 의해서는 정지 반응이 일어날 수 없고 불순물과의 반응 결과로 정지 반응이 일어난다.

개시 단계와 성장 단계 모두 카르보양이온의 안정성에 영향을 받으며, 이소부틸렌, 비닐 에테르 그리고 스티렌이 중합될 수 있다. 올레핀의 활성도는 $(CH_3)_2C{=}CH_2 > CH_3(CH{=}CH_2) > CH_2{=}CH_2$의 순서이고, 치환기의 활성도는 $OCH_3 > CH_3 > H > Cl$ 순이다.

반응 메카니즘은 단량체의 전자친화도와 짝이온의 양성자 친화도뿐만 아니라, 용매의 특성에 의해서도 영향을 받는다. 이온 중합에서는 재배열(rearrangement)이 일어날 수도 있다.

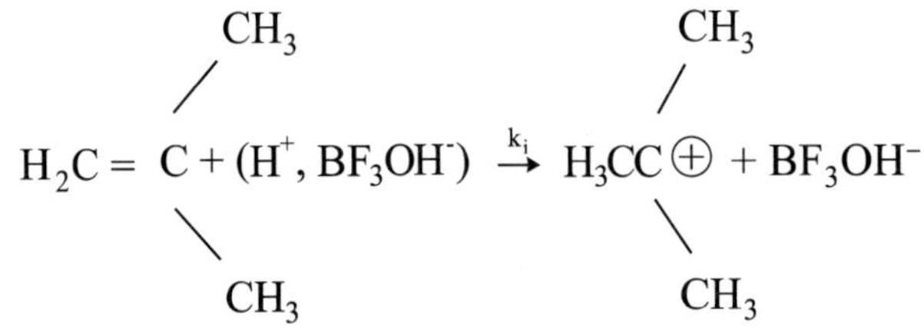


| Isobutylene (M) | Catalyst-cocatalyst complex (C) | Carbocation ($M^+$) | Gegenion |
|---|---|---|---|

$R_i = k_i[C][M]$

성장 반응 혹은 사슬 성장은 카르보양이온[$M^+$]이 다른 단량체 분자로 첨가되는 결과에 의해 머리-꼬리(head-to-tail) 구조로 일어난다. 속도 상수( k )는 모든 성장 반응 단계에서 동일하고, 용매의 유전 상수에 영향 받는다. 높은 유전 상수를 가진 용매에서 가장 빠른 성장 속도를 보이고, 카르보양이온과 짝이온 쌍의 분리를 촉진한다. 성장 반응의 화학식은 다음과 같다.

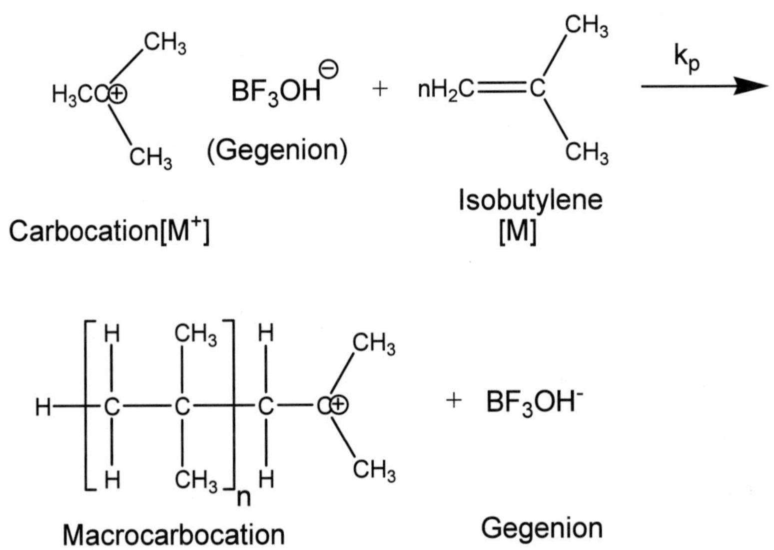


정지 반응은 사슬 이동(chain transfer)에 의해 일어난다. 즉, 양성자 한 개가 단량체 분자 [M]으로 이동하면서 [M]은 개시제로 사용될 양이온이 된다. 평균 중합도($\overline{DP}$)는 사슬전이가 일어날 때의 반응 속도론적 사슬 길이와 같다.

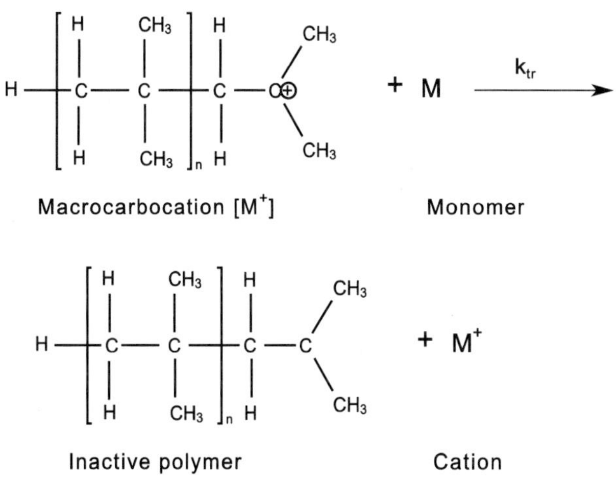


양이온 중합에 의해 합성되는 고분자의 분자량은 정지 반응이 어떻게 일어나는지 관계없이 개시제의 농도에 무관하다. 그러나 이온 사슬 중합 속도는 용매의 유전 상수, 카르보늄 이온의 공명 안정성, 짝이온의 안정성과 개시제의 양전성(electropositivity) 등과 관계가 있다.

모든 단일 단계 반응 속도는 온도의 상승에 따라 증가하나, 이런 경향은 양이온 중합을 포함하는 다단계 반응에는 적용되지 않을 것이다.

많은 양이온 중합의 경우에 '알짜 활성화에너지'는 음수이기 때문에 온도가 증가하는 경우에는 전체 중합 속도가 감소된다. 더욱이 $E_{Tr} > E_p$이기 때문에 온도가 증가될수록 전체 중합도가 감소된다.

폴리이소부틸렌은 매우 낮은 $T_g$(−70℃)를 가지는 점착성의 고분자로서 접착제, 마개 재료(caulking compound), 츄잉껌의 기본물질, 오일 첨가제로 사용된다. 오일 첨가제로 사용되는 것은 온도가 증가하는 경우에 발생되는 형태의 변화와 연관되어 있다. 즉, 윤활유는 폴리이소부틸렌의 좋은 용매가 아니기 때문에, 상온에서 기름과 섞여있을 경우 코일 상태로 존재한다. 그러나 온도가 증가되어 기름이 보다 좋은 용매가 될수록 사슬의 코일이 풀리는 경향을 보인다. 따라서 이러한 사슬 풀림 효과는 온도가 증가할수록 전체 기름의 점성이 증가하는 경향을 나타낸다.

내부 튜브(inner tube)와 봉지제(sealant)로 많이 사용되는 부틸고무(IR)는 적은 양의 이소프렌(10%) 존재 하에 이소부틸렌과의 양이온 저온 공중합으로 생산되며, 아래와 같은 반복단위를 가진다. 따라서 이 불규칙 공중합 사슬은 부틸고무가 가황 즉 경화될 때 소수의 고립된 이중결합이 폭넓게 분포되어 있어서 가교(crosslink)가 적게 되어 있을 것이다.

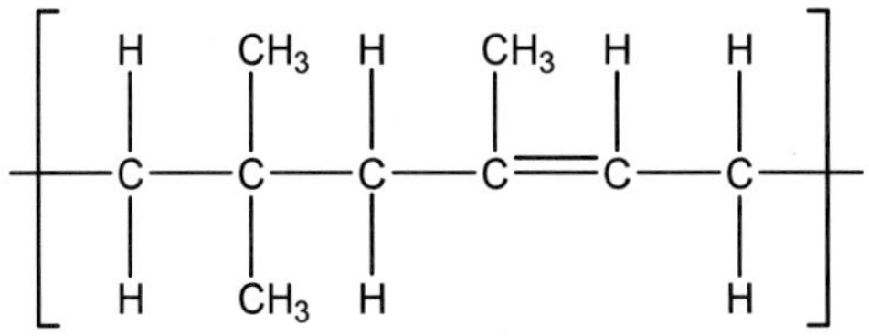

비닐이소부틸에테르(vinylisobutylether)의 중합시 짝이온과 카르보양이온이 −40℃에서 프로판과 함께 이온쌍으로 존재할 경우에는 입체 규칙성 고분자가 생산된다. 비닐알킬에테르의 카르보양이온은 산소 원자의 p전자가 비국지화됨으로써 안정화된다. 따라서 이 단량체들은 양이온 개시제에 의해 중합되며, 폴리비닐이소부틸에테르는 낮은 $T_g$를 가지고 있고 접착제와 적층수지로 사용된다.

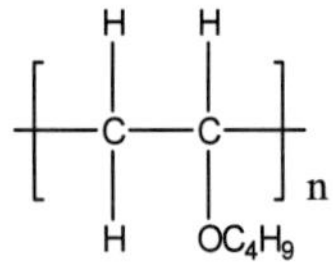

폴리아세탈(polyacetal)은 트리옥산(trioxane)의 개환으로 고분자가 생성되는데, 열적으로 불안정하기 때문에 히드록시 말단기를 무수아세트산으로 에스테르화시킨다.

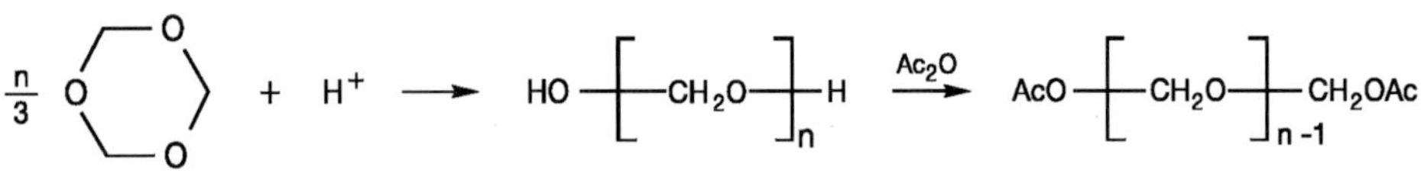


상업적 제품인 Delrin은 음이온 중합법으로 생산된다.

또다른 안정한 폴리아세탈[폴리옥시메틸렌(POM); Celcon]은 트리옥산과 디옥산(dioxane)의 혼합물을 양이온 공중합하여 상업적으로 생산된다. 이 공중합체는 아래와 같이 고분자 사슬에 두 반응물의 반복단위를 모두 포함하고 있어서, 공중합체 구성 중 불규칙한 부분이 고분자 사슬의 '사슬풀림(unzipping)' 분해 경로를 방해하는 것으로 알려져 있다.

폴리아세탈은 엔지니어링 열가소성 플라스틱(thermoplastics)이며, 엔지니어링 플라스틱은 일반 목적의 고분자보다 더 높은 강성과 열안정성을 가지고 있다.

$$HO-[-CH_2OCH_2O(CH_2)_2OCH_2O-]_n-H$$

폴리클로랄(polychloral)은 내연성(flame-resistance) 강화 플라스틱으로, 양이온 중합으로 생산될 수 있다. 그리고 말단기를 안정화시키지 않은 고분자는 58℃의 천정온도에서 분해되므로 이 온도 이상에서는 존재하지 않는다. 따라서 삼염화아세트알데히드와 개시제의 뜨거운 혼합체를 몰드(mold)에 부어 고체성형을 만들어 혼합체의 온도가 천정온도 이하로 내려가 중합이 일어날 수 있도록 해야 한다.

트리옥산의 개환 중합에 의해 폴리아세탈을 생산하는 것과 더불어서, 옥세탄과 테트라하이드로퓨란 같은 다른 동족의 고리형 에테르도 양이온 개환 중합에 의해 중합될 수 있다. 고리가 끊어지는 경향은 고리가 커질수록 감소하기 때문에 반응물과 함께 촉진제(promotor)로서 약간의 옥시란(oxirane)을 첨가하는 것이 일반적이다. 6-요소 고리인 옥사시클로헥산은 매우 안정적이어서 촉진제를 첨가해도 중합되지 않는다.

아래의 식에 나타내었듯이, 황산과 같은 개시제는 옥소늄 이온과 짝이온을 발생시킨다. 이 옥소늄 이온은 옥시란과 결합하여 성장을 거쳐 마크로옥소늄이온이 만들어지고, $H_2O$로 사슬 전이되어 성장이 정지된다.

이중 화살표로 나타내었듯이, 성장 반응은 평형 반응이고 이것은 고분자량의 고분자의 생산을 방해하는 경향이 있다. 염화메틸렌과 같은 극성 용매와 낮은 온도(-20 ~ -100℃)에서 고분자량의 제품이 얻어진다.

음이온 중합법으로도 생산될 수 있는 이 수용성 고분자들은, 특정한 분자량 범위에서 각각 Carbowax와 Polyox라는 상표명으로 이용된다. 화장품이나 약품에 수용성 기초물질을 주입하는 것 이외에도, 이 고분자들은 물의 유량을 증가시키기 위해 첨가될 수도 있다.

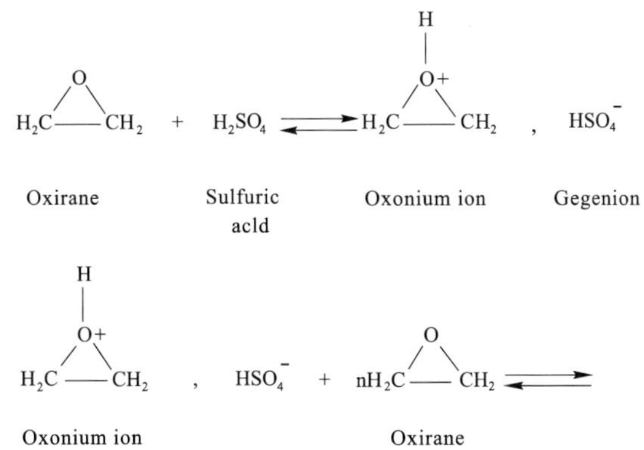

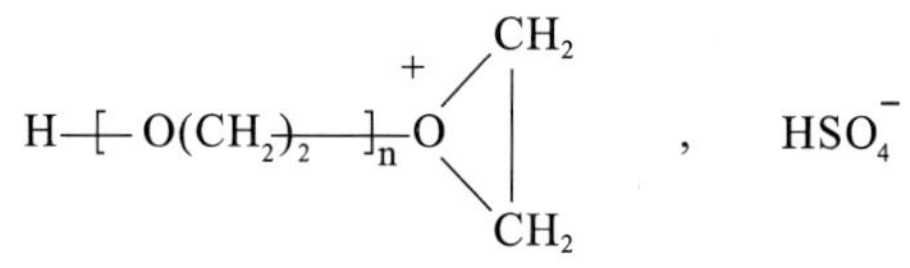

Macrooxonium ion　　　　Gegenion

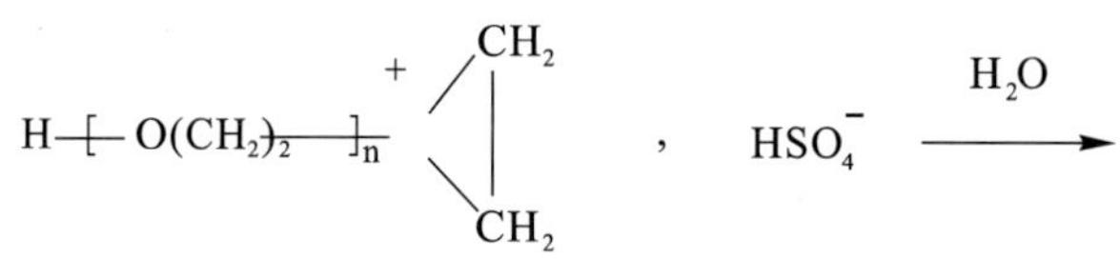

Macrooxonium ion　　　　Gegenion

$$H\!-\!\!\left[O(CH_2)_2\right]_n\!-O(CH_2)_2-OH \quad + \quad H_2SO_4$$

Dead Polymer　　　　Sulfuric acid

옥사시클로부탄(oxacyclobutane)의 유도체인 3,3-비스클로로메틸옥사시클로부탄은 불용성, 결정성, 비부식성 고분자를 생산하는 데 양이온 개환중합으로 중합될 수 있다. 아래에 나타내었듯이, 고분자(Penton)는 클로로메틸렌기를 차단기로 가지는 구조로 되어 있다.

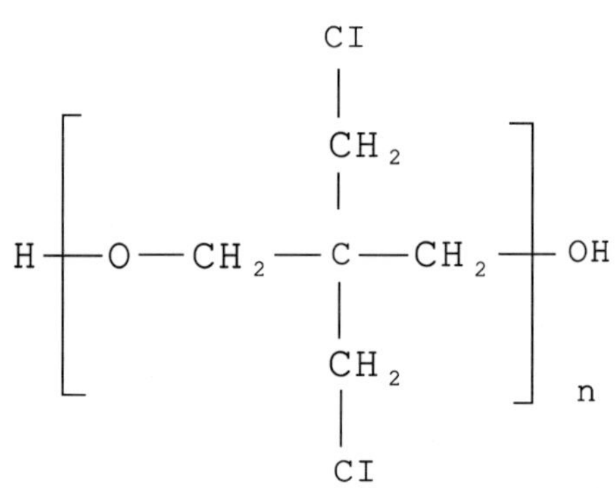

락탐은 보통 음이온 개환 중합으로 중합되지만, 무수 N-카르복실-α-아미노산 (NCA; N-carboxyl-α-amino acid anhydrides)은 양이온 및 음이온 중합법 모두로 중합될 수 있다. 현재는 Nylon-2라 불리는 이 제품은 1908년 Leuchs에 의해 최초로 생산되어 Leuchs의 무수물로 불린다. 아래 식에 나타내었듯이, $CO_2$는 성장 반응의 각 단계에서 제거된다.

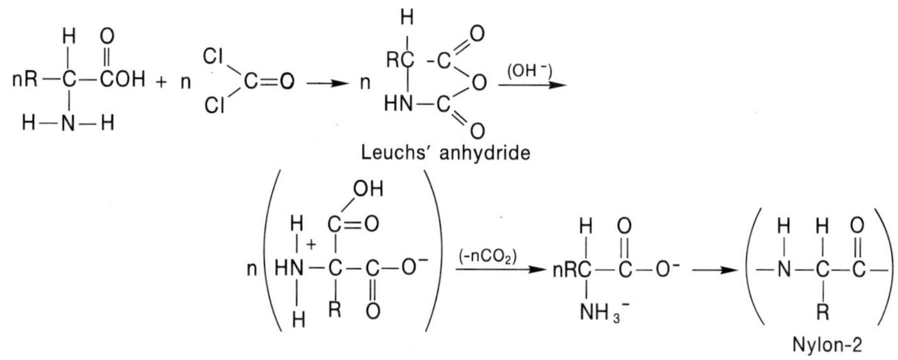



폴리테르펜(Polyterpene)은 불포화 고리 화합물의 양이온 중합으로 비교적 많은 양이 생산되는, 소위 석유 수지(petroleum resin)이다. 비교적 비싼 가격은 아니지만, 이 수지 상품은 고무, 코팅제, 바닥제 및 접착제의 첨가제로 사용된다.

가까운 미래에 양이온 중합으로 입체 규칙성 고분자가 생산될 것이라는 것이 알려져 있다. 많은 비닐 단량체가 이 목적으로 연구되었는데, 이 연구의 대부분은 비닐 에테르에 초점을 두었다. 몇 가지 일반적 사실들이 주목되었는데, (1)입체 규칙성을 띠는 정도는 개시제의 성질과 연관되어 있다. (2)입체 규칙성은 중합온도가 낮을수록 증가한다. (3)이소탁틱(isotactic) 혹은 신디오탁틱(syndiotactic) 고분자의 양과 종류는 용매의 극성과 연관되어 있다 등이 그것이다. 예를 들면, 아래에 나타낸 t-부틸 비닐에테르의 중합은 무극성 용매에서는 이소탁틱(isotactic) 구조가 선호되고, 극성 용매에서는 신디오탁틱 구조가 우세하다.

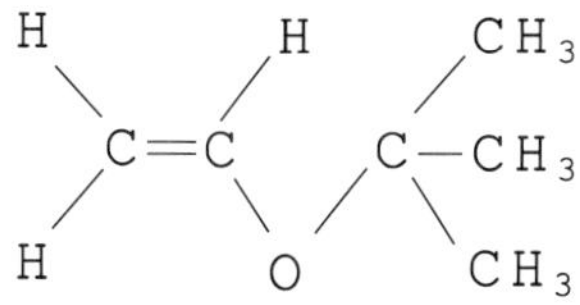

### (2) 음이온 중합

음이온 중합은 20세기 초에 부타디엔으로부터 합성 탄성체를 제조하는 데에 사용되었다. 초기의 연구자들은 개시제로서 액체 암모니아에서 알카리 금속을 사용했지만, 1940년대에 n-부틸리튬과 같은 금속 알킬로 대체되었다.

양이온 개시제로 중합되는 전자주게기를 가진 비닐 단량체와는 반대로, 전자받게기를 가진 비닐 단량체는 음이온 개시제에 의해 중합된다.

아크릴로니트릴은 음이온 중합으로 쉽게 중합되며, 아미드계 개시제의 활성 순서는 아크릴로니트릴 > 메타크릴산메틸 > 스티렌 > 부타디엔과 같다. α-탄소의 메틸기는 음이온 중합 속도를 감소시키고, α-탄소의 염소 원자는 활성을 증가시킨다.

아래의 화학식 및 속도식으로 나타내었듯이, 칼륨아미드가 아크릴로니트릴의 중합 개시제로 사용될 수 있으며, 음이온 중합에서 성장하는 종은 카르보늄 이온 대신에 카르바니온이다. 그러나 음이온 중합의 개시, 성장, 사슬 이동에 의한 정지 반응의 단계는 아래에 나타내었듯이, 양이온 중합과 비슷하다.

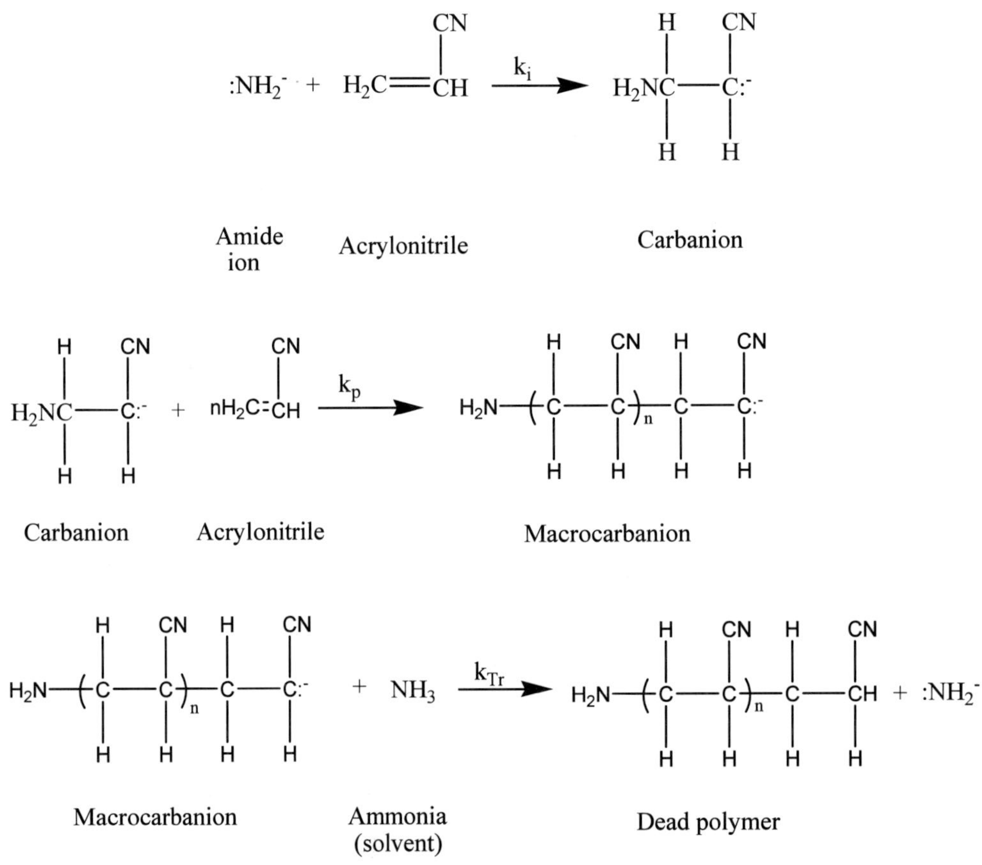


성장 반응 속도와 분자량은 암모니아 농도와 반비례의 관계를 가진다. 사슬 이동의 활성화에너지는 성장 반응의 활성화에너지보다 크며, 전체 반응의 활성화에너지는 약 +38 kcal $mol^{-1}$이

다. 따라서 온도가 증가할수록 반응 속도는 증가하고 분자량은 감소한다.

반응 속도는 용매의 유전율과 개시제의 전기음성도, 카르바니온의 공명 안정성, 짝이온의 용매화도(degree of solvation) 등에 의존한다. Grignard 시약과 같은 약한 극성의 개시제가 강한 전자받게기를 가진 단량체에 사용될 수 있지만, 약한 전자받게기를 가진 단량체는 n-부틸리튬과 같은 강한 극성의 개시제를 필요로 한다.

연간 약 76,000톤의 합성 시스-1,4-폴리이소프렌이 헥산과 같은 낮은 유전율의 용매에서 n-부틸리튬과 같은 개시제를 사용하여 생산된다. 부틸리튬 혹은 나트륨을 사용해 에틸에테르 같은 강한 유전율을 가진 용매에서 이소프렌이 중합될 때, 같은 양의 트란스-1,4-폴리이소프렌과 시스-3,4-폴리이소프렌이 생성된다.

음이온 중합으로 생성된 물질은 안정한 마크로음이온이기 때문에 불순물이 없는 상태에서 정확한 정지 단계가 나타나지 않는다. Szwarc는 이 활성종을 설명하기 위해 '살아있는 고분자(living polymer)'라는 용어를 사용했다. 따라서 이 마크로음이온 즉, 마크로카르바니온으로 아래에 주어진 것처럼 연속되는 비슷한 반복단위를 가진 블록공중합체를 생산할 수 있으며, 공업제품인 Kraton은 스티렌(A)과 부타디엔(B)의 ABA 공중합체이다. 이 경우에는 물, 에탄올, 이산화탄소, 산소의 첨가로 정지 반응이 일어나게 할 수 있다.

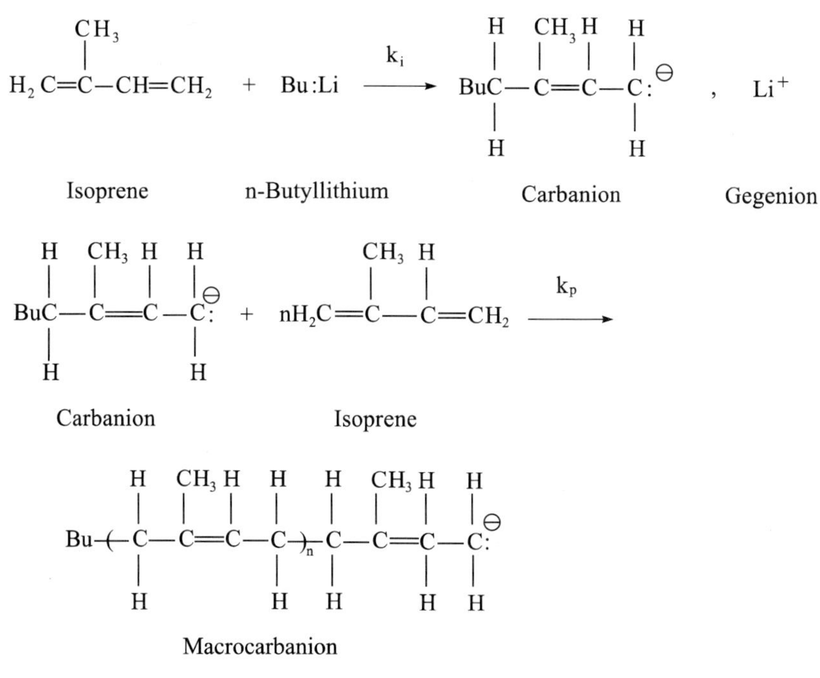

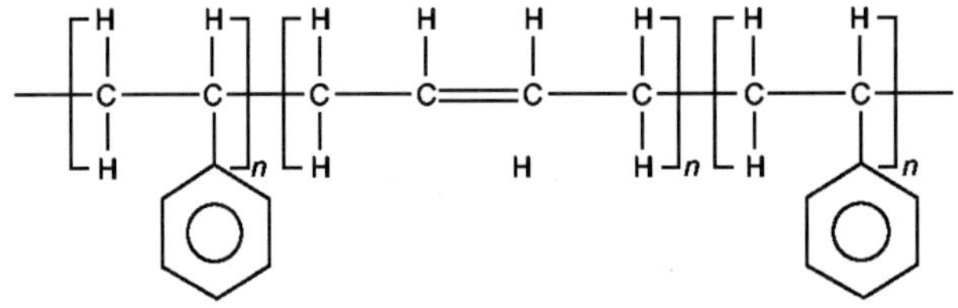

살아 있는 고분자(living polymer)는 일반적으로 개시 반응 속도가 중합 속도보다 매우 빠르고, 고분자의 분자량은 [단량체]/[개시제]와 연관되어 있다. 이것은 선형의 분자량-전환율 관계, 좁은 분자량 분포 및 telechelics, macromers, 블록공중합체, star polymers를 형성시키는 살아있는 말단기의 안정성 등의 특징을 가지고 있다.

암모늄 염(ammonium salts)의 열적 탈수소화 이외에도 폴리아미드를 락탐의 음이온 개환 중합에 의해 얻을 수 있다. 아래에서 보듯이, 카프로락탐의 중합은 나트륨메톡시드(sodium methoxide)에 의해 개시될 수 있으며, 생성 고분자는 6개의 탄소 원자를 각 반복단위마다 가지고 있으므로 나일론-6라고 불린다. 'monadic'이라는 용어는 나일론-6처럼 한 가지 반응물에 의해 중합되는 나일론을 나타낸다. 그리고 'diadic'이라는 용어는 나일론-66과 같이 두 가지 반응물에 의해 중합되는 나일론을 나타낸다.

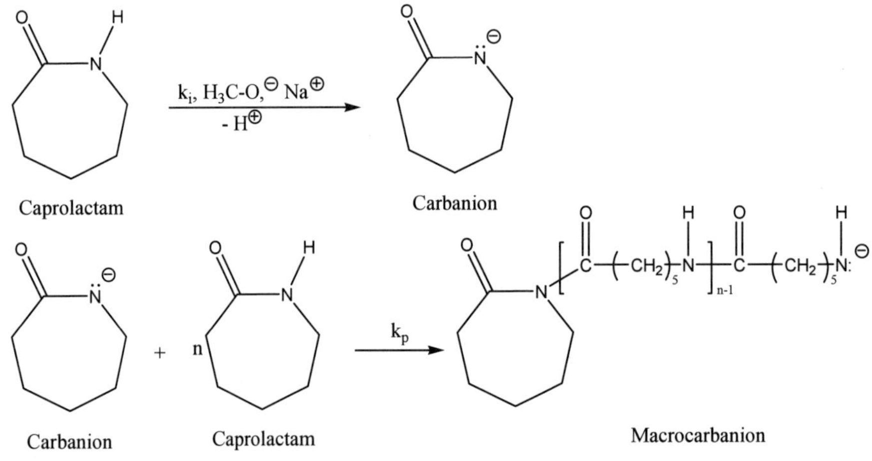


락탐의 개환 중합시 유도기간(induction period)은 염화아세틸과 같은 활성제(activator)의 첨가로 짧아질 수 있다. 나일론-4, 나일론-8, 나일론-12는 섬유와 코팅제로서 상업적으로 이용된다.

락톤 또한 음이온 개환 반응으로 중합될 수 있지만, 5-요소 고리(γ-butyrolactone)는 어렵다. 이보다 더 작은 고리는 쉽게 선형 폴리에스테르로 중합되며 이 고분자들은 생분해성 플라스틱과 폴리우레탄 발포제로서 상업적으로 이용된다. 락톤의 개환 중합으로 제안된 일반적인 반응식은 다음과 같다.

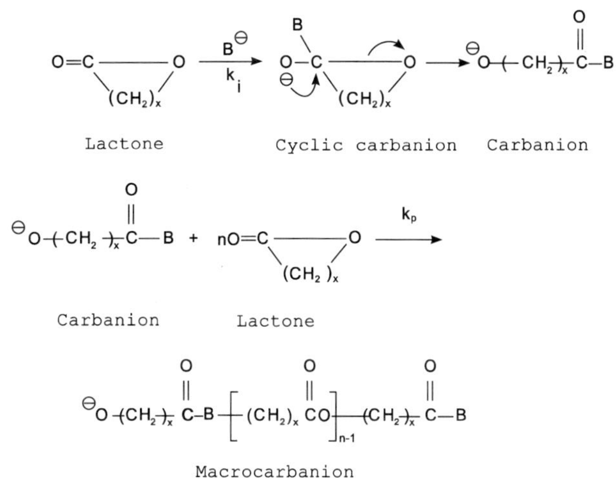


음이온 중합의 입체 화학은 양이온 중합과 비슷하다. 낮은 온도에서 용해성 음이온 개시제를 사용한 경우, 극성 용매에서 신디오탁틱 고분자가 생성되는 반면에, 비극성 용매에서는 이소탁틱 고분자가 형성된다. 따라서, 음이온 중합의 입체화학은 양이온 중합의 경우에서처럼 짝이온을 가진 성장하는 사슬의 양에 크게 의존하게 된다.

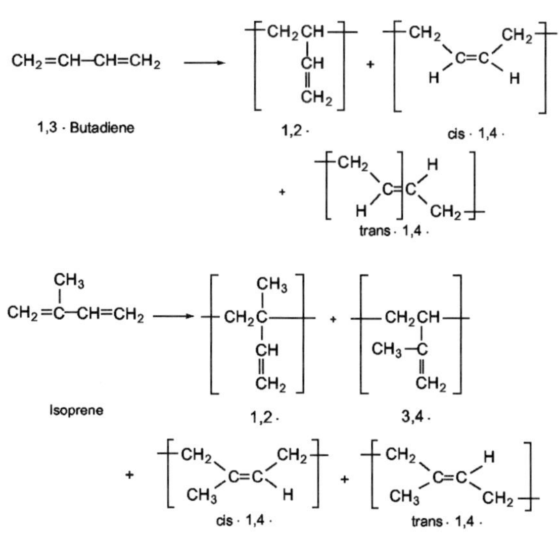

디엔 중합의 입체화학도 마찬가지로 용매의 극성에 크게 영향 받는다. 예를 들면, 무극성 용매에서 이소프렌이나 1,3-부타디엔의 중합시 개시제로 알킬리튬을 사용하면 시스-1,4 반복단위의 비율이 증가한다. 이소프렌의 음이온 중합을 통해 천연의 hevea 고무와 비슷한 고분자를 얻을 수 있으나 나트륨과 칼륨 개시제를 사용하면 시스-1,4 반복단위는 감소하고 트란스-1,4와 트란스-3,4 단위가 우세하게 된다.

그룹 이동 중합(group transfer polymerization)에는 실리콘 중재된(silicon-mediated) Michael 첨가 반응이 이용된다. 아래에 나타내었듯이 이 반응은 말단기와 다른 작용기로 변환될 수 있는 정밀 조절된 살아있는 고분자의 합성을 가능하게 한다. 따라서 결국 용해성 루이스산, 플루오르화합물, 시안화물, 아지드화물, 이플루오르화물, $HF_2^-$와 같은 적당한 친핵성 촉매 존재 하에서 실릴케톤(silyl ketone)을 사용함으로써 α, β-불포화에스테르, 케톤, 아미드, 니트릴의 중합을 가능하게 한다.

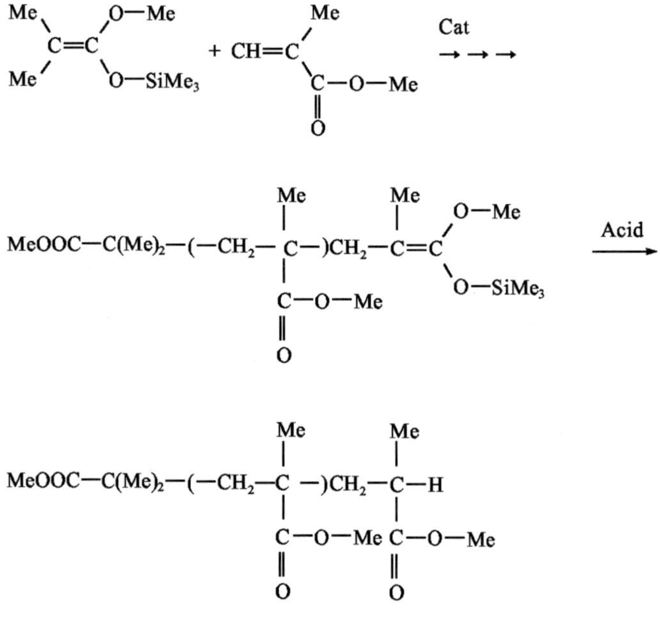

중합이 진행됨에 따라 성장하는 사슬로 첨가되는 반응성 실릴아세탈기는 각각의 새 단량체의 머리로 이동된다. 음이온 중합과 비슷하게 고분자의 분자량은 단량체와 개시제의 농도비에 의해 조절된다. 반응은 일반적으로 테트라하이드로퓨란과 같은 유기 용매에서 낮은 온도(약 0~50℃)로 진행된다. 물과 알콜과 같은 '활성' 수소를 가진 화합물들은 중합을 정지시키고

고분자 사슬의 성장을 멈추게 한다. 올바른 조건하에서 중합은 단량체 모두가 소모될 때가지 계속된다. '살아있는' 말단인 삼메틸실록시 말단기는 '살아있는' 말단이 중화되거나, 단량체를 모두 소모할 때까지 반복단위의 삽입을 계속한다.

### (3) 배위 중합

Ziegler-Natta 촉매나 메탈로센(metallocene) 촉매 등 유기금속화합물을 중합촉매로 사용하는 배위 중합(coordination polymerization)에서는 활성점(active site)과 단량체 간에 배위 결합(coordination bond)이 형성되며, 이때 단량체는 특정한 입체배향을 가지면서 배위하게 된다. 이렇게 특정 형태(conformation)로 배위된 단량체가 활성점과 성장하는 사슬 사이에 삽입(insertion)되면서 사슬이 성장하게 된다. 즉, 성장사슬 $M_n$-I(I는 개시제 조각)가 단량체 분자와 배위하는 평형 단계와 단량체가 삽입되어 사슬의 길이가 한 개 단량체 단위만큼 증가하는 단계로 중합반응이 진행된다.

$$Mn\text{-}I + M \longleftrightarrow [Mn\text{-}I][M]$$
$$[Mn\text{-}I][M] \longrightarrow Mn{+}1\text{-}I$$

따라서 얻어진 중합체에서는 단량체 단위가 특정한 형태로 결합하게 되어 입체특이성(stereo specificity)을 가지므로 배위 중합을 입체특이성(stereospecific) 또는 입체규칙성(stereoregular) 중합이라고도 부른다.

1950년 이전에 폴리에틸렌의 유일한 상업적 제품은 가지가 많은 고압 폴리에틸렌이었다. 선형 폴리에틸렌을 만들기 위한 기술은 1940년에 Marvel, Hogan, Banks와 1950년대 초 노벨상 수상자 Karl Ziegler에 의해 발견되었다. Ziegler는 삼에틸알루미늄과 사염화티탄의 혼합물을 이용하여 저온에서 에틸렌 중합에 의해 고밀도 폴리에틸렌을 만들어내었다. 노벨상 공동 수상자인 Giulio Natta는 결정성 폴리프로필렌을 제조하기 위해 Ziegler의 복합 배위 촉매를 사용하였다. 이러한 촉매는 오늘날 Ziegler-Natta 촉매로 잘 알려져 있다. Hogan과 Banks 또한 1950년대에 결정성 폴리에틸렌을 제조하였다.

일반적으로 Ziegler-Natta 촉매는 주기율표의 Ⅳ에서 Ⅷ족까지의 전이금속화합물과 Ⅰ에서 Ⅲ족까지의 유기금속화합물의 조합이다. 촉매로서 $TiCl_4$와 같은 전이금속화합물과 공촉매

(cocatalyst)로서 염화이에틸알루미늄과 같은 유기금속화합물이 주로 이용된다.

촉매와 공촉매 사이에는 여러 가지 교환 반응이 일어나는데, Ti(Ⅳ)중 일부는 Ti(Ⅲ)으로 환원된다. 입체규칙성(stereoregular) 고분자의 제조를 위한 촉매로서 $TiCl_3$의 α, γ 또는 δ 형태 중 어느 한쪽을 사용하고 β결정성 형태는 사용하지 않는다. 입체규칙성의 크기와 중합속도는 삼에틸아민과 루이스산 등의 첨가에 의해 증가한다. 적어도 이소탁틱 고분자의 98%는 프로필렌을 삼에틸아민, 삼염화티탄, 염화이에틸알루미늄의 존재 하에서 중합할 때 제조된다.

프로필렌과 같은 단량체 분자는 성장하는 사슬에서 티탄 원자와 말단의 탄소 원자 사이에 삽입되고, 이 성장 반응은 공촉매의 에틸기에 의해 촉매 표면에 생성된 활성 자리에서 일어난다는 것이 일반적이다. 단량체 분자는 항상 사슬의 말단기에 삽입되어 결합한다.

π복합체의 형성은 단일금속(monometallic)과 두금속(bimetallic) 메카니즘 모두로 추정된다. Natta에 의해 주창된 두금속 메타니즘은 아래에서 보여지는 바와 같이 고리(cyclic) 전자부족 전이복합체와 관련되어 있다.

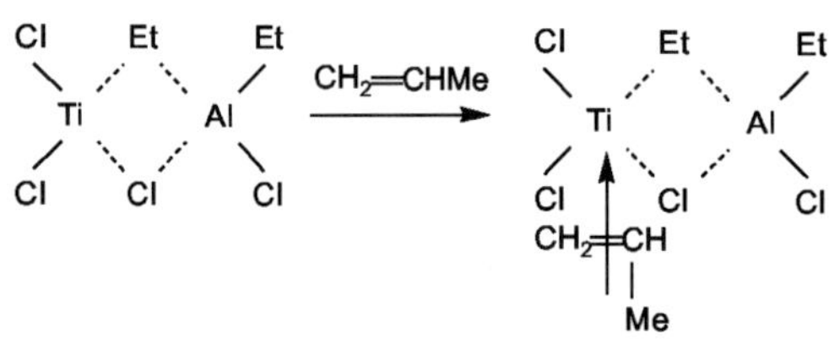


다음 식에서 나타나는, 보다 일반적인 단일금속 메카니즘에서 삼에틸알루미늄은 티탄화합물과 반응하여 프로필렌과 같은 무극성 비닐단량체의 중합을 위한 활성자리를 만들며 이때 부산물로 염화이에틸티탄이 생성된다.

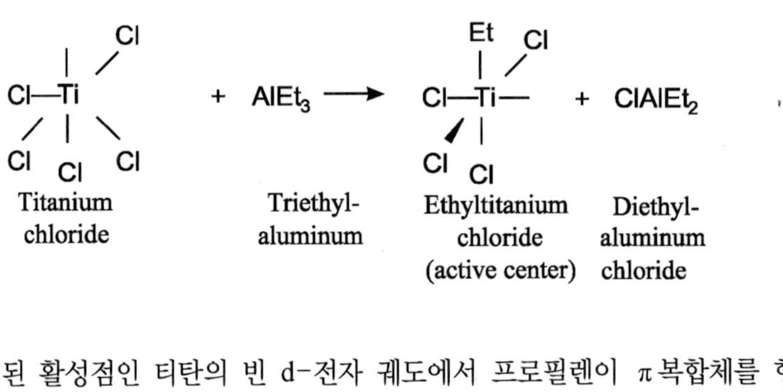


위에서 생성된 활성점인 티탄의 빈 d-전자 궤도에서 프로필렌이 π복합체를 형성한다.

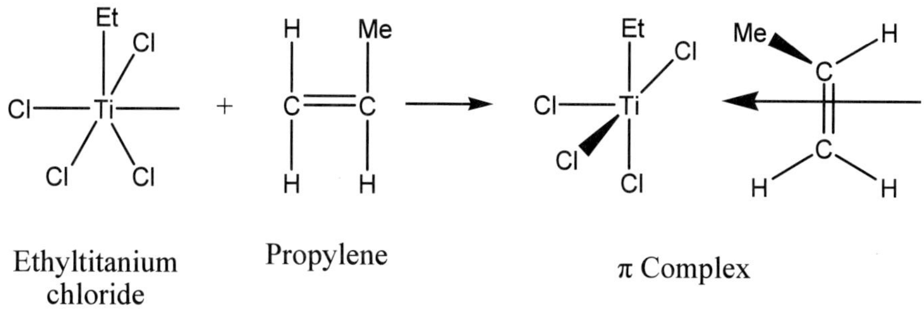


전이 상태 복합체의 형성으로 단량체의 삽입이 일어나고, 에틸기의 활성 중심의 재형성은 프로필렌기의 말단에 있다는 것을 아래 식에서 알 수 있다.

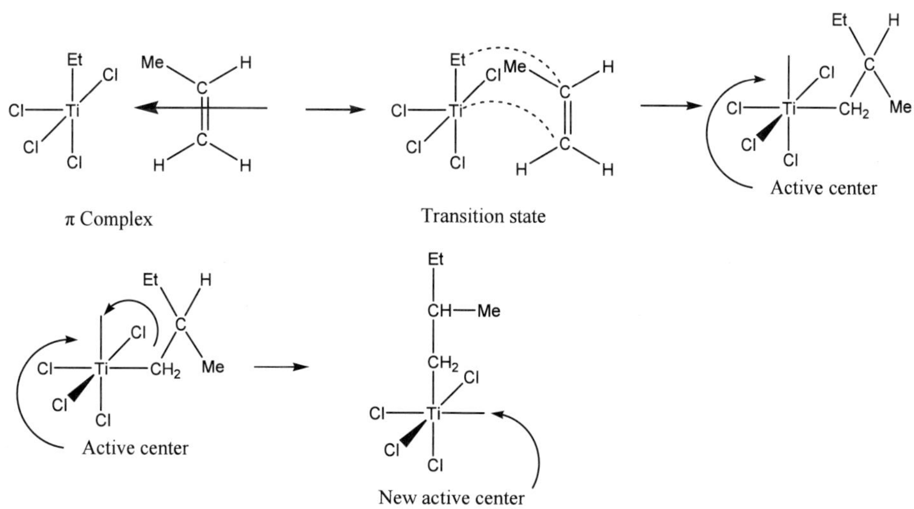


성장 반응은 위 반응의 반복이고 입체규칙성은 유지된다.

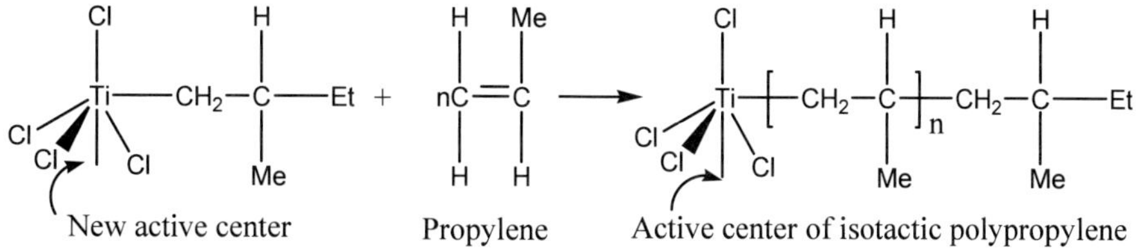

Ziegler-Natta 촉매는 대부분의 비닐 단량체에 대해 고분자의 이소탁틱 형태가 우세하도록 중합한다. 입체규칙도는 고체 화합물의 표면과 모서리의 활성자리 노출량에 의존하며 일반적으로, 노출된 활성점이 증가할수록 그로 인해 생긴 사슬에서 이소탁틱 부분은 감소한다.

1,3-부타디엔과 같은 공액디엔의 중합에 있어서 가능한 네 가지 형태 즉 이소탁틱-1,2; 신디오탁틱-1,2; 트란스-1,4; 시스-1,4 중 어느 것이든 적당한 Ziegler-Natta 촉매계를 사용함으로서 입체 구조 제어가 가능하다.

분자량은 단량체와 공촉매 사슬이동 이외에 내부 수소화물 이동에 의해서 감소하며, 반응을 종결시키기 위한 상업적 공정에 수소가 첨가된다. 저온에서 알킬기 이동을 지연시키는 것은 신디오탁틱 폴리프로필렌 형성에 유리하다. 상업적 이소탁틱 고분자는 보다 높은 온도에서 제조되고, n-헥산에 녹지 않은 고분자 비율을 이소탁틱 지수(isotactic index)로 부른다.

## 3. 중합체 구조

### 1) 결합 차이

#### (1) 폴리에틸렌(PE)

유기 화학에서는 일반적으로 이소부탄 같은 가지를 가진 사슬 분자를 비선형분자(nonlinear molecule)라 한다. 그러나 고분자 화학자들은 반응성을 가진 관능기가 어떻게 결합하여 존재하는가를 나타내는 데에 사용한다.

폴리프로필렌은 메틸 그룹을 치환기로 가지나 선형 고분자도 분류되는 반면, 고압 폴리에틸렌인 저밀도 폴리에틸렌(LDPE)은 가지형 고분자로 나타낸다. 왜냐하면 폴리에틸렌의 사슬 연장 또는 곁가지의 구조 가지점(branch point)에 의해 가지형 구조가 나타내어지고 그림 1.6와 같은 고분자 사슬의 불규칙적인 공간 배열을 가지기 때문이다.

저밀도 폴리에틸렌의 가지의 개수는 사슬 1.5개당 20개에서 사슬 하나당 2,000개에 이르기까지 다양하다. 이 가지는 간단한 알칸과 비슷한데, 가지 분자 공간이 증가함에 따라서 고분자의 밀도는 감소하게 된다.

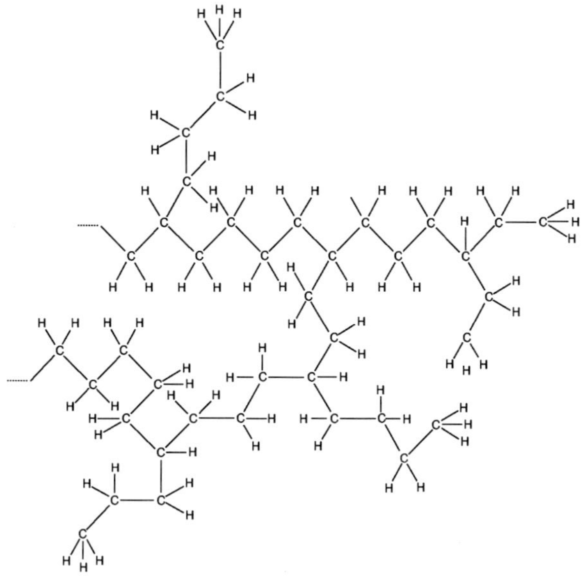

**그림 1.6** 가지형 저밀도 폴리에틸렌의 구조식

최근에는 저압 공정으로 선형저밀도 폴리에틸렌(LLDPE)을 생산할 수 있게 되었다. LLDPE는 선형이고 약간의 가지만을 가진다. 선형의 경우에는 강도(strength)를 가지는 반면에 가지형은 질김성(toughness)을 가진다. 선형과 비선형 양쪽 모두 열가소성 수지이나, 세 방향으로 가교되거나 망상형(network)을 가지는 고분자는 열경화성 고분자이다.

그림 1.7에서 나타나듯이 가교 밀도는 가황 고무의 저밀도 가교에서 에보나이트(ebonite)의 고밀도 가교까지 다양하다.

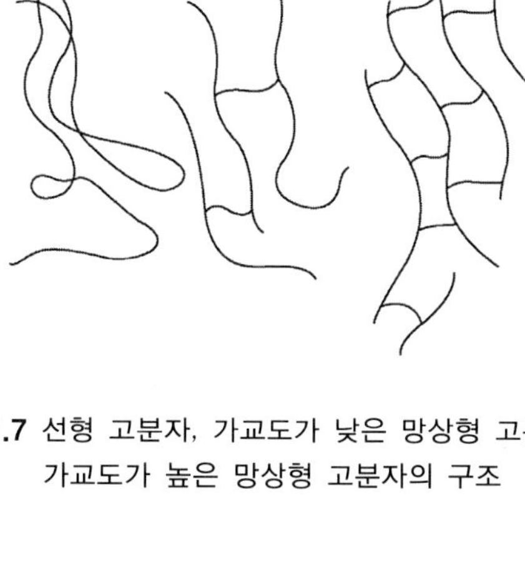

**그림 1.7** 선형 고분자, 가교도가 낮은 망상형 고분자, 가교도가 높은 망상형 고분자의 구조

폴리에틸렌은 가지의 대소에 따라 결정화도 및 밀도가 달라지게 되는 것을 표 1.4에 나타내었다.

**표 1.4** 전형적인 폴리에틸렌의 구분

| | 일반적인 구조 | 결정화도 | 밀도 |
|---|---|---|---|
| LDPE | 많은 가지를 가지는 선형 | 50 | 0.92~0.94 |
| LLDPE | 적은 수의 가지를 가지는 선형 | 50 | 0.92~0.94 |
| HDPE | 가지가 거의 없는 선형 | 90 | 0.95 |

### (2) 폴리프로필렌(PP)

폴리에틸렌에서는 하나의 반복단위의 배열만이 존재하나 폴리프로필렌과 많은 다른 고분자들의 경우 아래와 같이 머리-꼬리(head to tail) 또는 머리-머리(head to head) 형태 등으로 다양하게 존재한다. 보통의 배열은 머리-꼬리 배열이고 관능기가 모두 사슬상에서 같은 방향이다.

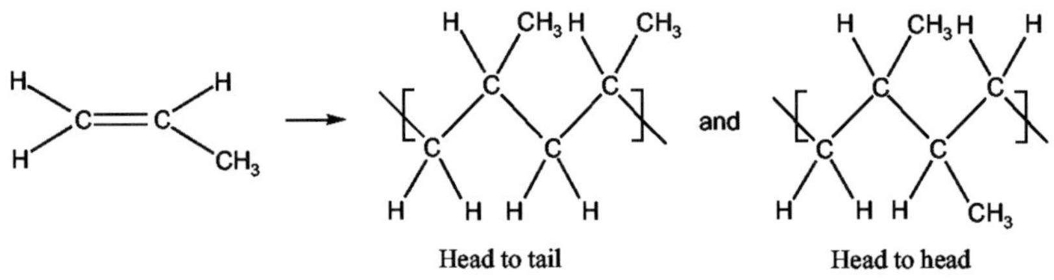


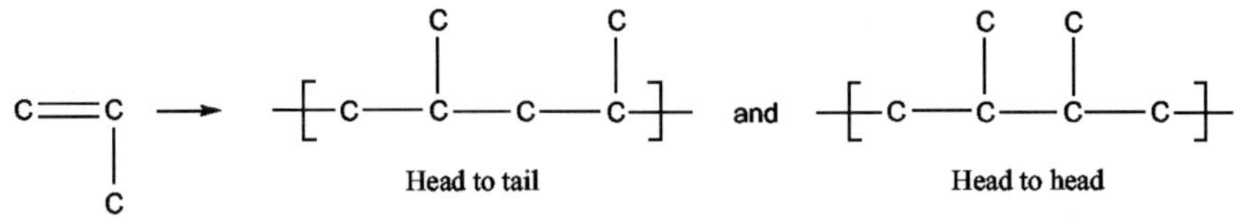


#### ① 폴리프로필렌의 구조와 물성

폴리프로필렌의 물성에 영향을 주는 인자는 입체규칙성, 결정 구조, 분자량 및 분자량 분포, 공중합 형태 및 공중합체 조성, 첨가제 등 매우 복합적인 형태로 나타난다. 폴리프로필렌은 동일한 수지일지라도 가공 조건 변화에 따라 상이한 물성을 나타낼 수 있다. 용융 가공 중분자량/분자량 분포, 전단율에 따라 민감한 영향을 받으며, 장력에 의해 유발되는 가로 및 세로 방향의 배향은 물성 차이를 발생시킨다. 용융 상태인 폴리프로필렌의 냉각 속도에 따라 결정화 및 결정격자 크기와 형태가 달라지며 투명성, 강성 등의 물성에 영향을 준다.

또한 연신 공정 등을 통한 폴리프로필렌 분자 구조의 재배열은 2차 결정화를 유도하여 결정성을 높이므로 강성 및 투명성, 기체 장벽(gas barrier)성을 증가시킨다.

폴리프로필렌은 사슬 중에 $CH_3^-$기의 존재로 그림 1.8과 같은 성질이 다른 세 가지 형태의 분자 구조를 가진다. 아탁틱은 폴리프로필렌의 주사슬에 $CH_3$기가 불규칙적으로 배열된 반면, 신디오탁틱은 $CH_3$기가 교대로 규칙적으로 배열되어 있으며, 이소탁틱은 $CH_3$기가 한 방향으로 규칙성 있게 배열되어 있다. 이 중 이소탁틱 폴리프로필렌만이 상업적으로 유용하며, 아탁틱 및 신디오탁틱 폴리프로필렌은 일부 특수 용도로 상업화가 시도되고 있을 뿐이다.

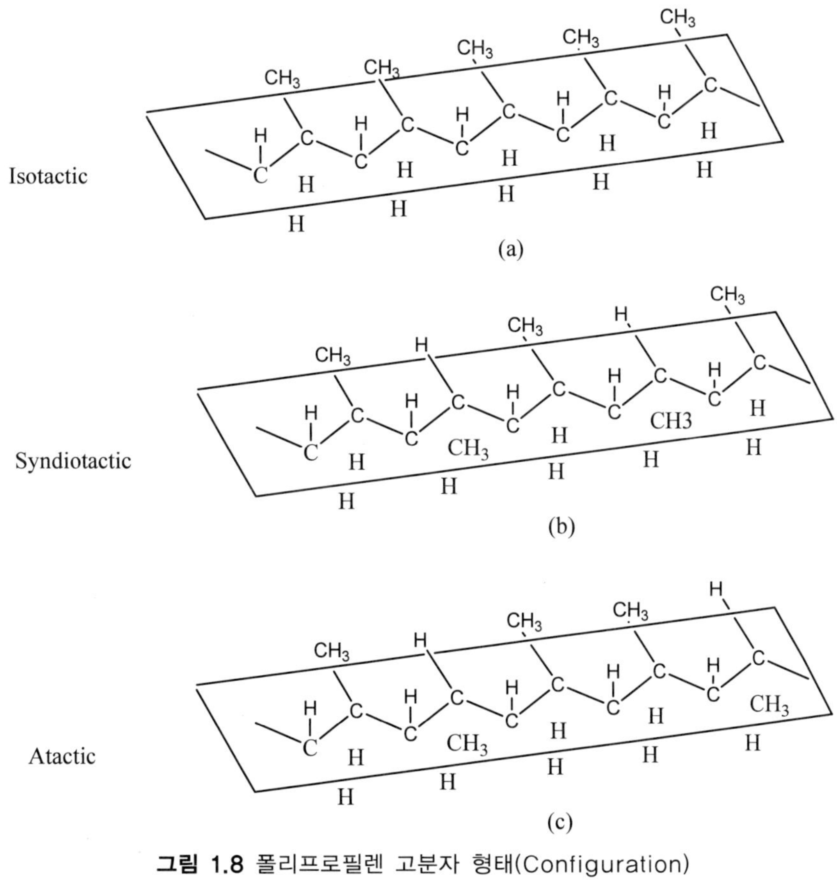


**그림 1.8** 폴리프로필렌 고분자 형태(Configuration)

입체규칙성 촉매가 개발되기 전에는 프로필렌 중합시 머리-머리, 머리-꼬리 구조들이 혼합되어 만들어졌으나, 촉매의 개발 촉진으로 배열에 유리한 머리-꼬리 구조들이 거의 대부분 만들어진다. 입체규칙성이 폴리프로필렌의 물성에 미치는 영향은 매우 크나 직접적으로 측정할 방법이 없으므로 아래의 방법을 이용하여 추정한다.

고분자의 입체규칙성 측정 방법

| 분석 방법 | 물리적 방법 |
|---|---|
| X-선 | 탄성율(Modulus) |
| 전체 가용 함량 | 경도 |
| NMR | 충격 강도 |
| 결정화도 | 인장 강도 |
| 녹는점 | 연신율(Elongation) |
| 밀도 | |

폴리프로필렌의 입체규칙성 측정법 중 NMR은 주사슬에 관한 많은 정보를 제공하므로 정확한 측정이 가능하나 데이터의 해석이 어려우며 고가의 경비가 소요된다. 따라서 NMR을 제외한 기타 방법 중에서 비교적 정확한 측정이 가능한 전체 가용 함량(total soluble content)법이 고분자의 입체규칙성 해석에 많이 사용된다. 일반적으로 폴리프로필렌의 이소탁틱성(isotacticity)을 측정하는 방법으로는 헵탄 불용성(이소탁틱 지수)과 크실렌 가용성 등이 있으며, 이러한 측정법들은 이소탁틱 폴리프로필렌에 비해 상대적으로 용해도가 큰 아탁틱 폴리프로필렌, 불완전한 이소탁틱 폴리프로필렌, 머리-머리, 꼬리-꼬리 폴리프로필렌 그리고 저분자량의 이소탁틱 폴리프로필렌을 분리하는 방법이다.

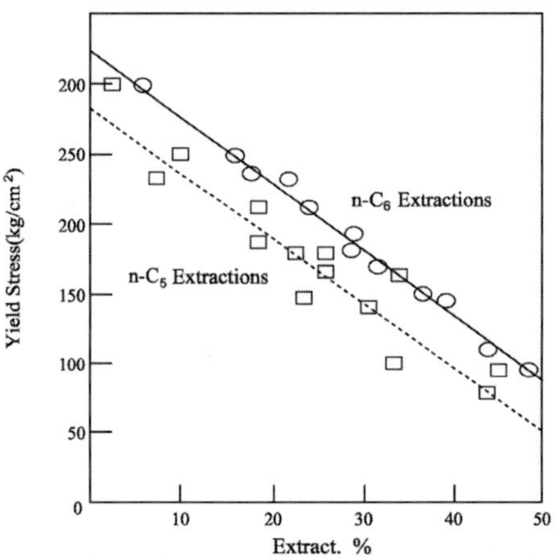


**그림 1.9** 폴리프로필렌의 항복강도와 가용성과의 관계

이와 같은 불규칙성 고분자들의 존재는 폴리프로필렌의 용해도를 높이며 폴리프로필렌 주사슬에 삽입되어 결정형성을 방해한다. 또한 폴리프로필렌 공중합체에서 공단량체 역시 결정형성을 방해하여 공단량체 함량이 많을수록 용해도가 증가한다. 상업적으로 시판되고 있는 폴리프로필렌은 약간의 아탁틱 폴리프로필렌을 포함하고 있다. 이러한 아탁틱 폴리프로필렌은 물성에는 좋은 영향을 주지 않으나 가공성을 향상시키므로 용도에 따라 적당량의 아탁틱 폴리프로필렌을 가지도록 조절하여 생산한다.

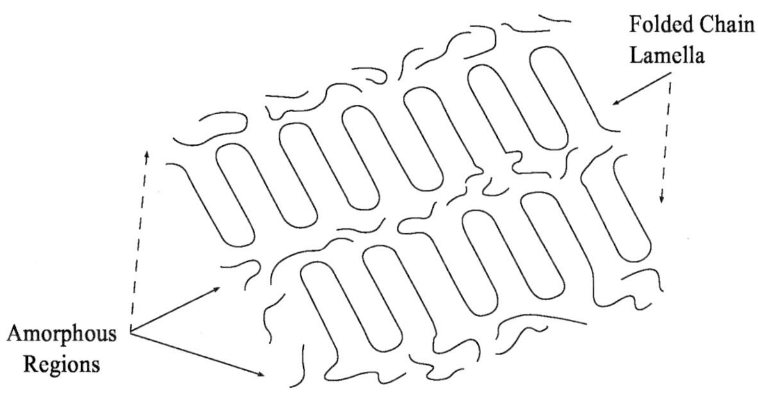


**그림 1.10** 폴리프로필렌 결정 영역

섬유, OPP 필름, 블로우(blow) 성형 등은 연신을 통해 높은 강도와 뛰어난 광학적 성질을 얻기 위한 성형 방법이다. 폴리프로필렌의 연신은 고상에서의 분자배열을 의미하며 주로 용융 성형 후 후가공에 의한다. 사출성형과 같이 용융상 분자배열 역시 물성 변화를 유도하지만 고상에서의 분자배열에 비해 매우 작다. 분자량이 클수록 결정 라멜라(lamellae) 사이의 연결분자(tie molecule)를 형성하기 쉬우므로 배향에 유리하다. 배향에 의한 물성 변화는 강성, 강도는 보강되나, 충격 강도는 배향에 무관하게 분자 엉김에 기인하므로 분자량이 클수록 높다.

그림 1.11에서 나타낸 바와 같이 연신은 용융점 바로 아래 온도에서 원하는 방향으로 성형품을 당김으로써 일어나는데, 이때 연신비 및 연신 온도는 분자량/분자량 분포 및 결정화도에 따라 달라진다. 분자 배향은 일차적으로 결정 라멜라가 응력 방향으로 평행하게 배열함으로써 2차 결정화가 일어난다. 아울러, 무정형 영역의 분자 사슬 또한 응력 방향으로 배향한다.

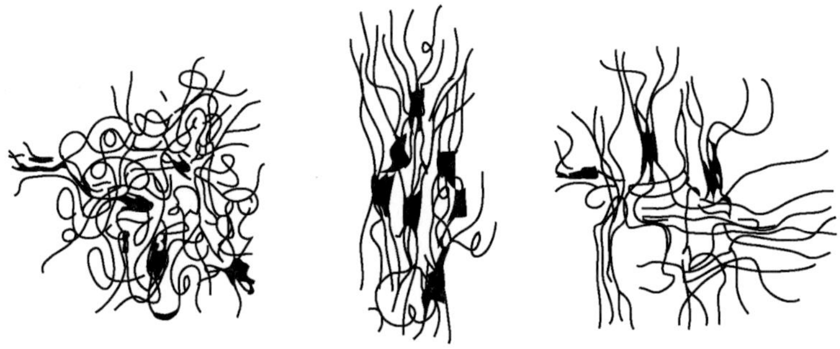

**그림 1.11** 고분자 연신에 따른 구조 변화

좁은 분자량 분포를 가진 제품은 라멜라 구조 간을 연결해 주는 고분자량의 함량이 작기 때문에 배향이 줄어들고 따라서 OPP 및 섬유 성형시 높은 연신비로 성형할 수 없다는 단점이 있다. 폴리프로필렌과 같은 고분자는 일반적으로 모두 동일한 분자량의 분자로 구성될 수 없으며 분자량이 서로 다른 분자들의 집합으로 구성되어 있다. 각 분자량에 대한 분자수의 비로 나타낸 것을 분자량 분포(molecular weight distribution, MWD)라 하며 분자량 분포는 촉매의 유형, 중합 조건 및 CR(control rheology)에 의해 변화시킬 수 있다.

수지의 평균 분자량 및 분자량 분포가 성형 조건 및 물성에 가장 큰 영향을 미친다. 폴리프로필렌의 경우 동일한 촉매에서 제조된 제품은 일반적으로 동일한 MWD를 가지므로, 평균 분자량이 물성 및 가공 조건에 미치는 영향이 가장 크다고 할 수 있다.

② 분자량 및 분자량 분포(MWD)

폴리프로필렌의 분자량 측정법에는 고유 점성도(intrinsic viscosity)와 겔 투과 크로마토그래피(gel permeation chromatography)를 이용한 방법이 있으나, 상기 방법은 분석 시간 및 경비가 많이 소요된다. 일반적으로 동일한 촉매(동일한 MWD) 하에서 생산된 제품에서는 비교적 단시간 내에 측정 가능한 MI(melt index)로 분자량에 관한 대부분의 정보를 얻는다.

평균 분자량이 동일하더라도 분자량 분포가 넓은 수지는 전단 속도가 높은 경우 점도가 낮아지므로 유동성이 좋아지는 반면, 분자량 분포가 좁은 수지는 치수 안정성, 내충격성 및 경도가 우수하지만, 가공 조건 선정이 상대적으로 어려운 단점이 있다.

③ 공단량체(Comonomer)의 영향

폴리프로필렌 사슬에 공단량체가 첨가되면 공단량체는 폴리프로필렌 결정 구조의 결함 부위로 작용하고, 녹는점과 굴곡강도(flexural modulus)의 저하 등 고분자 물성에 영향을 미친다. 이러한 공단량체로는 에틸렌, 부텐(1-butene), 헥센(1-hexene) 등이 사용되고 있으며 각각의 공단량체들이 폴리프로필렌 결정 구조에 변화를 주므로 특이한 물성을 나타낸다. 특히 소량의 에틸렌을 공단량체로 하여 프로필렌과 공중합하게 되면 기존의 폴리프로필렌에 비해 다른 물성은 저하시키지 않으면서 가공성을 향상시킨다. 공단량체의 증가에 따른 물성 변화를 표 1.5에 나타내었다.

**표 1.5** 공단량체 함량의 증가에 따른 물성 변화

| | |
|---|---|
| 결정화도(Crystallinity) | ↓ |
| 녹는점(Melt Point) | ↓ |
| 열봉합 초기 온도(Heat Seal Initiation Temp.) | ↓ |
| 강성(Stiffness) | ↓ |
| 투명성(Clarity) | ↑ |
| 충격 강도(Impact Strength) | ↑ |

④ 프로필렌/에틸렌 랜덤 공중합체

에틸렌은 폴리프로필렌 랜덤 공중합체용 공단량체로 가장 일반적으로 사용되는 것으로서, 에틸렌 1wt%당 녹는점은 약 5℃ 정도 저하된다. 따라서, 6wt% 정도일 때의 폴리프로필렌은 녹는점은 약 135℃이다. 공중합체의 녹는점과 함량과의 상관관계를 그림 1.12에 나타내었다.

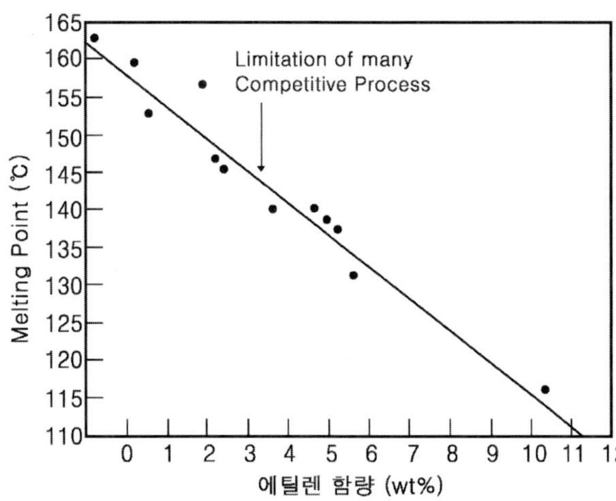


**그림 1.12** 에틸렌 함량에 따른 녹는점 변화

⑤ 부텐(1-Butene) 공중합체

1-부텐을 공단량체로 사용한 폴리프로필렌 공중합체는 에틸렌을 사용한 제품보다 강성이 높고 크실렌 용해도가 낮은 특성을 가진다. 부텐 공중합체의 부텐 함량이 높을 때 부텐-프로필렌 공중합체는 주사열량분석기(DSC)로 이중피크(double peak)를 관찰할 수 있는데, 이는 저온에서 볼 수 있는 피크는 감마형 결정구조 때문이다(그림 1.13). 크실렌 용해도가 낮은 특성 때문에 약 15wt%의 1-부텐 함량도 FDA 규격에 통과된다. 아래의 표는 동일 촉매를 사용하여 중합한 1-부텐과 에틸렌 랜덤 공중합체의 물성을 나타낸 것으로 MI 및 녹는점이 유사한 경우를 서로 비교하였다.

| 수지(Resin) | 단위 | A | B |
|---|---|---|---|
| 공단량체 | - | 에틸렌 | 1-부텐 |
| 용융흐름지수 | g/10min | 2.8 | 3.0 |
| 녹는점 | ℃ | 133 | 133 |
| Secant 굴곡 강도(FM) | Mpa | 524 | 690 |
| 크실렌 용해물 함량(23℃) | wt% | 10.5 | 7.0 |
| 노르말 헥산 용해물 함량(50℃) | wt% | 2.8 | 1.3 |
| 공단량체 함량 | wt% | 5.8 | 15 |

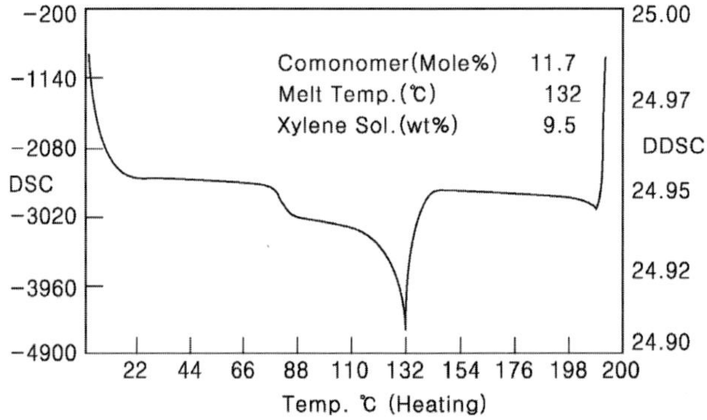


**그림 1.13** 1-부텐/프로필렌 랜덤 공중합체

⑥ 헥센(1-Hexene) 공중합체

1-헥센을 공단량체로 사용한 폴리프로필렌 공중합체는 1-부텐과 에틸렌 공중합체와는 달리 매우 독특한 특성을 지닌다. 특히 냉각 속도에 따른 결정화 온도의 변화는 다른 공중합체에 비해 독특한 경향을 나타낸다. 그림 1.14에서는 에틸렌 공중합체와 헥센 공중합체의 냉각 속도에 따른 결정화온도의 변화를 나타내었다. 낮은 냉각 속도일 경우에는 헥센 공중합체의 결정화 온도가 에틸렌 공중합체의 결정화 온도보다 높게 나타나지만 냉각 속도가 증가하면

헥센 공중합체의 결정화 온도가 에틸렌 공중합체에 비해 더 낮아지는 것이 관찰된다. 또한 1-헥센 공단량체의 사용시 다른 공중합체에 비해 투명성과 충격 강도가 우수하다.

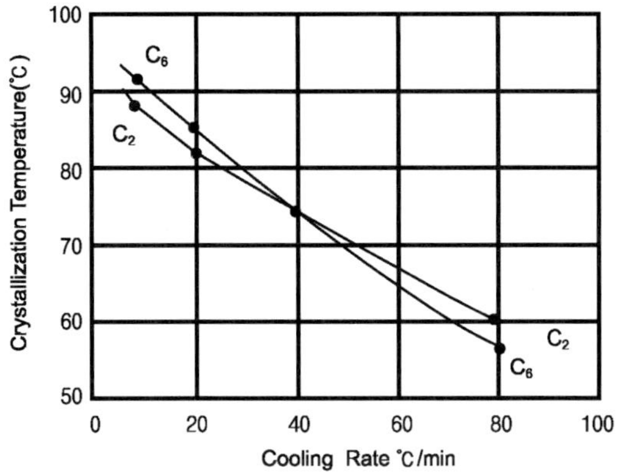


**그림 1.14** 에틸렌 및 헥센과 프로필렌과의 랜덤 공중합체에 대한 냉각 속도와 결정화 온도와의 관계

### (3) 폴리스티렌(PS)

PS중에서 신디오탁틱 폴리스티렌(syndiotactic polystyrene, sPS)은 입체규칙적인 구조를 가진 결정성 고분자로 뚜렷한 녹는점(Tm)을 가지고 있으며 표 1.6에서 주었듯이 sPS의 Tm은 iPS보다 30℃가량 더 높다.

PS에서 메틸렌기와 페닐기의 $C_1$탄소의 NMR 피크로 중합체의 배치를 확인할 수 있으며, 그림 1.15의 C-NMR 스펙트럼에 주었듯이 특히 페닐기의 $C_1$탄소는 PS의 입체규칙성을 나타내는 척도이다.

**표 1.6** 구조에 따른 폴리스티렌의 성질

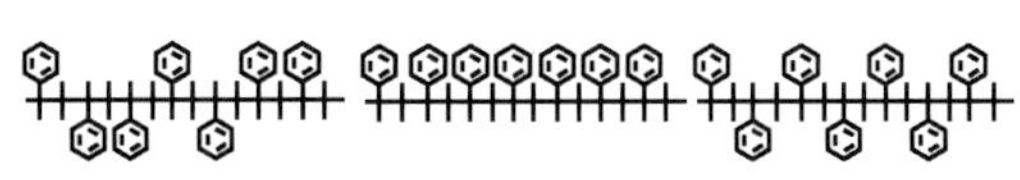

| | Atactic PS | Isotactic PS<br>1955<br>G. Natta | Syndiotactic PS<br>1985<br>N. Ishihara |
|---|---|---|---|
| | Amorphous | Crystalline | Crystalline |
| Crystallization rate | – | Slow | Fast |
| Tg(℃) | 100 | 99 | 100 |
| Tm(℃) | – | 240 | 270 |

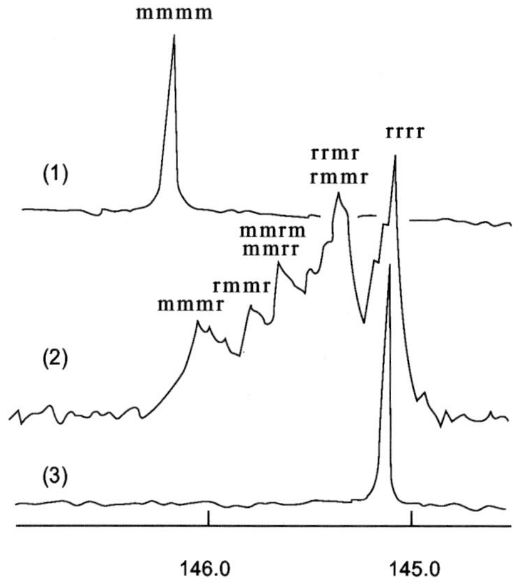


**그림 1.15** 폴리스티렌 주사슬 형태에 따른 C-NMR 스펙트럼
(1) 이소탁틱, (2) 아탁틱, (3) 신디오탁틱

aPS는 여러 배치를 나타내는 5개의 피크를 보이며, iPS는 낮은 자장에서 mmmm 형태를 나타내는 단일 피크를 가지는 반면에, sPS는 높은 자장에서 rrrr 형태를 나타내는 단일 피크를 가지고 있다.

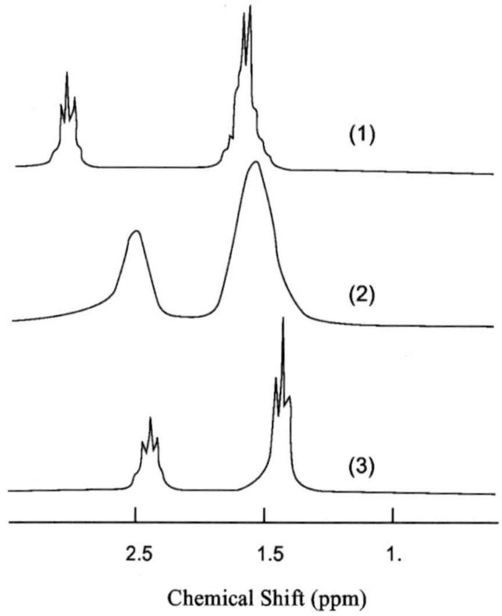


**그림 1.16** 폴리스티렌 주사슬 형태에 따른 H-NMR 스펙트럼
(1) 이소탁틱, (2) 아탁틱, (3) 신디오탁틱

H-NMR 스펙트럼(그림 1.16)에서 aPS는 하나의 넓은 메틸렌기의 시그널을 가지나, iPS의 메틸렌기의 두 수소는 동등하지 않으므로 8개의 피크를 나타낸다. 그러나 sPS의 메틸렌 수소는 triplet하고, 따라서 신디오탁틱한 구조인 것을 알 수 있다.

sPS는 조건에 따라 트란스 사슬 형태를 가지는 α, β 형태와 TTGG 나선 사슬 형태를 가진 γ, δ 등의 네 가지 결정 형태를 가질 수 있으며 α, β 형태는 완벽한 α″, β″ 형태와 결함이 존재하는 α′, β′ 형태로 나누어진다. α형태는 육면체(hexagonal)의 결정 구조를 가지며 β형태는 사방형(orthohombic)의 결정 격자를 가지고 있다. sPS는 용매 존재 하에서 결정화시키면 γ, δ, β″ 형태의 결정이 생성되며, 용융 상태에서 냉각 결정화시키면 α, β형태가 얻어지고 용융 상태에서 열이력을 없앤 후 급냉하여 무정형 상태에서 승온 결정화시키면 α형태가 생성된다.

sPS를 o-디클로로벤젠(ODCB)에 녹이고 100℃ 이하에서 캐스팅하거나 비용매에 침전시키면 용매가 고분자 사슬 내에 존재하나 착물을 만들어 δ형태의 결정을 형성한다. δ형태를 승온시키면 100℃에서 용매가 빠져나오면서 decomplexation이 되고 γ형태로 전이가 일어나는데 이때 사슬 구조는 변하지 않아 TTGG의 나선 구조는 그대로 유지된다. γ형태를 승온시키면 190℃에서 트란스 형태를 가지는 α형태로 전이가 일어난다. ODCB에 용해된 sPS를 140℃ 이상에서 고온 캐스팅하면 β″형태의 완벽한 β형태의 결정이 얻어진다.

반면에 α″, β″ 형태는 용융 상태에서 냉각 결정화시키면 얻어지며, 용융 상태에서 충분히 열이력을 없앤 후 급냉하고 무정형 상태에서 승온 결정화하면 α′ 형태가 생성된다.

이들 결정형의 X-선 회절 스펙트라를 그림 1.17에 나타내었다.

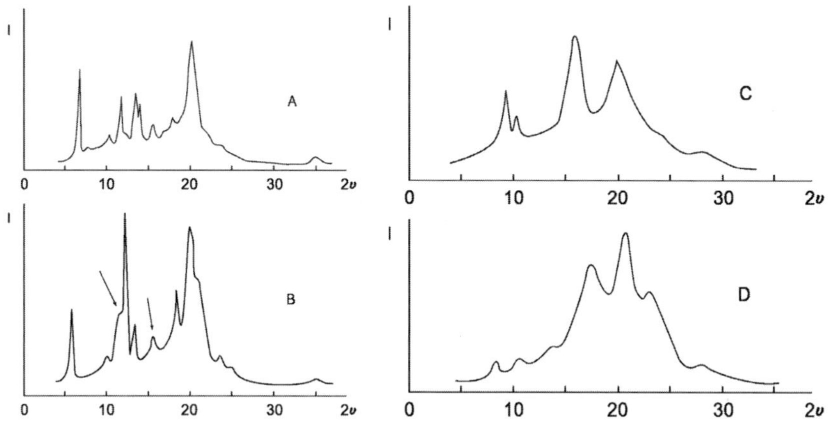


**그림 1.17** 신디오탁틱 폴리스티렌의 네 가지 결정형의 X회절 구조

(A) α″ 형태, (B) β″ 형태, (C) γ 형태, (D) δ 형태

그림 1.17의 (A)에서 육면체 형태를 이루는 α″형태 결정은 2θ=6.7°, 11.7°에서 피크를 볼 수 있고 (B)의 사방형 형태의 β″형태 결정은 2θ=6.1°, 12.3°에서 피크를 볼 수 있다. (C)와 (D)의 γ, δ형태 결정은 같은 helix TTGG를 가지나 γ형태 결정은 2θ=9.1°, 16.0°에서 δ형태 결정은 2θ=8.2°, 16.8°에서 각각 특성 피크가 나타난다.

sPS의 네 가지 결정형은 그림 1.18에 나타낸 것과 같이 IR 스펙트럼을 통해서도 구별할 수 있다. α, β형태에서는 1222cm$^{-1}$에 long trans sequence가 나타나는 반면에 γ, δ형태에서는 나타나지 않는다. 그리고 (B)의 860~940cm$^{-1}$ 영역에서는 α, β형태는 각각 902와 911cm$^{-1}$에 피크가 나타나지만 δ형태 결정은 TTG$^{+}$G$^{+}$ 나선 구조에 의해 505, 538, 571cm$^{-1}$에 피크가 나타나는 것을 볼 수 있다.

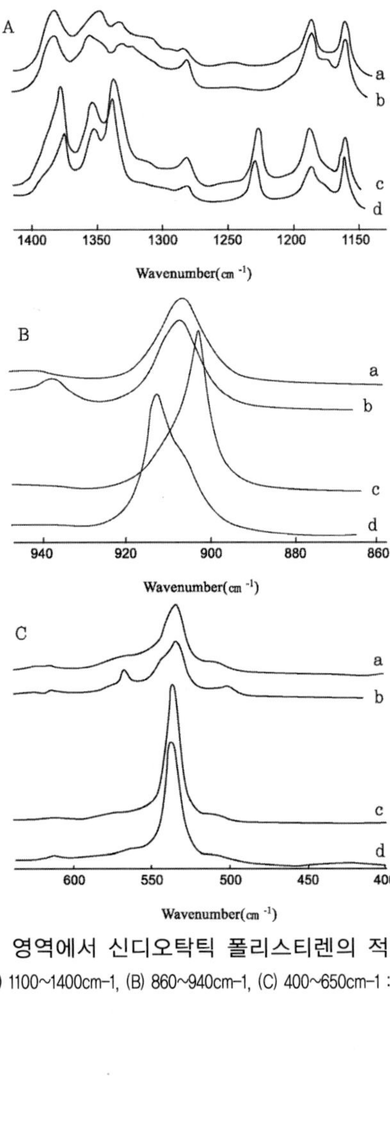


**그림 1.18** 세 영역에서 신디오탁틱 폴리스티렌의 적외선 스펙트럼

(A) 1100~1400cm-1, (B) 860~940cm-1, (C) 400~650cm-1 : (a) 무정형, (b) δ 형태, (c) α 형태, (d) β 형태

iPS의 결정화속도가 너무 느려 공업적 생산에 문제가 될 수 있으나, sPS의 결정화속도는 그림 1.19에 나타냈듯이 아주 빨라 정밀부품의 가공면에서 유리한 점도 있다.

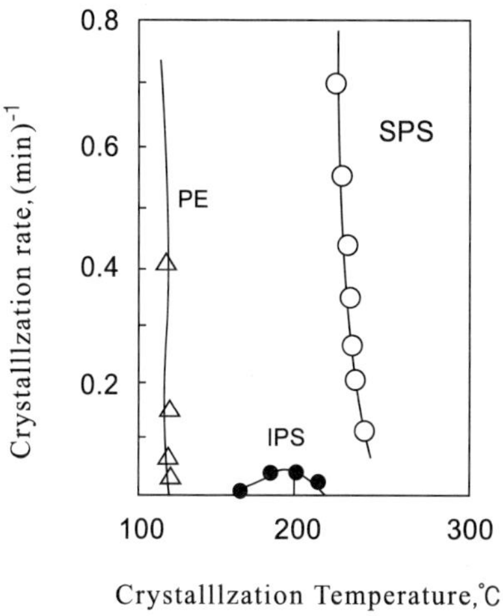


**그림 1.19** 탁틱 폴리스티렌의 온도에 따른 결정화 속도

sPS와 녹는점이 비슷한 폴리에틸렌테레프탈레이트(PET)의 물리적 성질과 sPS의 성질을 비교하여 표 1.7에 나타내었다.

**표 1.7** sPS 생산품에 대한 물리적인 성질의 요약

| Property | Neat resin | sPS 10% glass filled | 30% glass filled | PET 30% glass filled |
|---|---|---|---|---|
| Specific gravity | 1.01 | 1.09 | 1.26 | 1.55 |
| Tensile Strength(MPa) | 35.3 | 71.6 | 118 | 152 |
| Tensile Elongation(%) | 20.0 | 3.1 | 2.5 | 2.5 |
| Flexural Strength(MPa) | 63.7 | 115 | 185 | 196 |
| Flexural Modulus(MPa) | 2,550 | 4,000 | 9,020 | 9,810 |
| Izod Impact($KJ/m^2$) | 10.0 | 8.8 | 10.8 | 8 |
| DTUL 1.82MPa(℃) | 95 | 130 | 251 | 245 |
| 0.45MPA(℃) | 110 | 262 | 269 | 250 |
| Dilectric const(1MHz) | 2.6 | 2.8 | 2.9 | 3.5 |
| Dilectric loss tangent(1MHz) | $<0.001$ | $<0.001$ | $<0.001$ | 0.007 |

전기적 특성을 제외하고는 PET에 비해 낮지만 강성, 내열성, 치수안정성 등의 기본적 특성을 가지고 있으며 고주파 영역에서 유전율, 유전 손실이 낮아 고주파 관련 기기 분야 등의 전자

부품 소재로의 이용이 기대된다. 또한 내열성과 내약품성을 가지므로 자동차 부품으로의 이용도 가능하다.

### 2) 입체특이성

중합체를 형성하고 있는 각 반복단위는 여러 가지 형태(configuration)가 가능하여 서로 다른 입체특이성을 가질 수 있다. 이러한 입체특이성은 치환기를 가진 비닐중합체 특히 올레핀 및 디엔의 중합체에 대해서 반드시 고려되어야 한다.

입체특이성 고분자의 합성 및 규명은 중요한 연구 분야 중 하나이다. 입체규칙성(tacticity)이 다른 고분자는 IR 스펙트럼, X-선 회절, 용해도, 용해 속도, 밀도, 열역학적 거동 등의 특성이 달라진다. 예를 들면, 폴리메틸메타크릴레이트의 $T_g$는 아탁틱(atactic)의 경우 약 105℃, 이소탁틱의 경우 약 150℃, 신디오탁틱의 경우 약 115℃이다. 이런 물리적 차이가 나는 것은 정렬된 물질이 결정 배향을 취하려는 경향 혹은 가능성 때문이다.

1-치환 및 1,1-이치환 비닐부가고분자의 입체기하학(geometry)은 아래에 주어진 세 가지의 형태로 나뉘어진다. 이소탁틱 형태는 만약 분자가 선형 사슬에 배열되고 분자를 위에서 내려다 본다면 한 종류의 모든 치환기가 한쪽 면에 놓이는 경우를 말한다. 신디오탁틱 형태는 치환기의 교대배열을 유도하고, 아탁틱 형태는 치환기가 불규칙적으로 배열한다. 이러한 배열은 단량체의 머리-꼬리 부가로 추정된다.

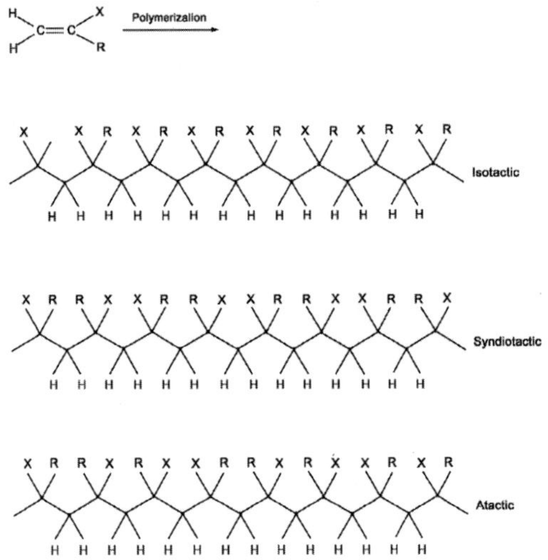

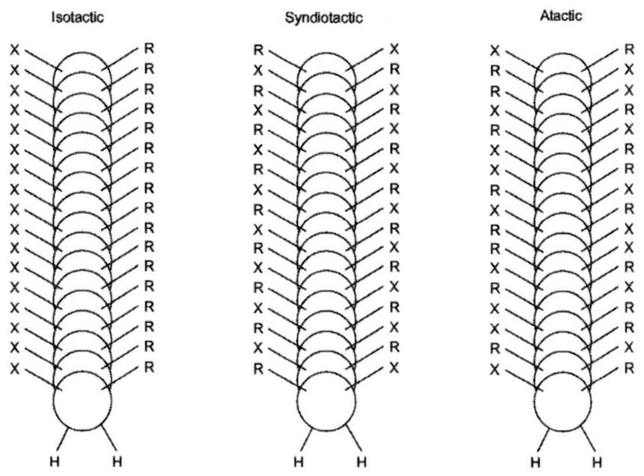


일반적으로 각각의 치환된 비닐탄소가 고분자 사슬에 포함되었을 때 잠재적인 광학적 면인 비대칭면이 나타난다. 그러므로 광학적으로 활성탄소의 수는 2n이며 여기서 n은 비대칭 탄소의 수이다. 중합계는 다양한 사슬 길이를 도입할 수 있으므로 입체기하학과 사슬 길이 조합의 가능한 총 수는 매우 많다. 스티렌과 같은 일반적인 단량체조차 여러 방법으로 중합될 수 있어 많은 형태의 사슬을 제조할 가능성이 있다.

### (1) 올레핀 및 비닐 중합체

올레핀 및 비닐 중합체에서 치환기의 입체적 배열에 따라 이소탁틱(isotactic), 신디오탁틱(syndiotactic) 및 아탁틱(atactic) 중합체로 구분될 수 있으며, α-올레핀 중합체에 대해 가능한 구조를 그림 1.20에 나타내었다.

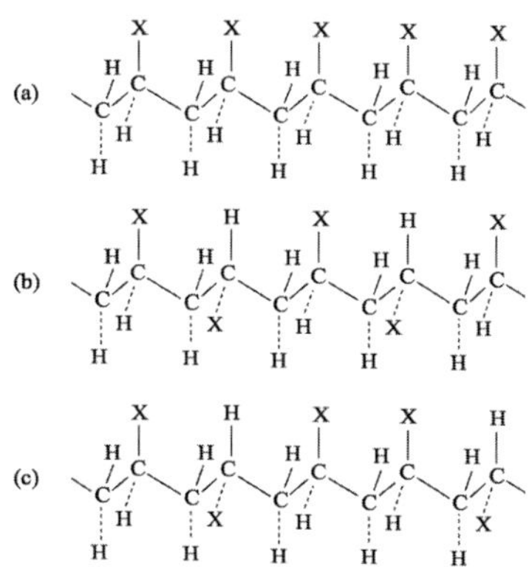

**그림 1.20** α-올레핀의 탁틱성 : (a) 이소탁틱, (b) 신디오탁틱, (c) 아탁틱

이소탁틱이나 신디오탁틱 구조를 가진 탁틱(tactic) 중합체는 그 규칙적인 형태로 인하여 쉽게 결정화되며 따라서 녹는점, 결정화도, 인장 강도 등의 물성이 불규칙한 아탁틱 중합체에 비해 우수하다. 그리고 n-헥산, n-헵탄, 톨루엔, 에테르, 케톤 등의 유기 용매에 대해 아탁틱 중합체는 잘 녹으나, 탁틱 중합체는 거의 녹지 않는다.

아래의 표 1.8에 몇 가지 탁틱 폴리올레핀의 성질을 나열하였다.

**표 1.8** 올레핀 중합체의 성질

| 중합체 | 녹는점(℃) | 비중(g/cm$^3$) |
|---|---|---|
| HDPE | 137 | 0.95 |
| 폴리프로필렌(이소탁틱) | 170 - 175 | 0.91 |
| 폴리프로필렌(신디오탁틱) | 130 - 135 | 0.89 |
| 폴리(1-부텐) (형태 1, 이소탁틱) | 137 | 0.91 |
| 폴리(1-부텐) (형태 2, 이소탁틱) | 125 | 0.91 |

폴리에틸렌의 밀도는 그 구조가 완전한 선형일 경우에 0.98g/cm$^3$ 정도의 값을 나타낸다. 그러나 Ziegler-Natta 촉매에 의하여 생산된 폴리에틸렌의 밀도는 대개 0.95~0.96g/cm$^3$인데, 그 이유는 에틸렌이 Zielger-Natta 촉매에 의하여 중합됨과 동시에 소량의 1-부텐 혹은 1-헥센으로 변하여 에틸렌과 함께 공중합됨에 따라 중합체의 구조가 완전한 선형으로 되지 않기 때문이다.

폴리프로필렌(PP)의 구조가 이소탁틱인 경우가 신디오탁틱의 것에 비해 40℃ 정도 더 높은 녹는점을 나타낸다. 공업적으로 생산되는 폴리프로필렌(PP)는 주로 이소탁틱 구조를 가지고 있으나 아탁틱 성분이 다소 포함되어 있다. 그러므로 n-헵탄을 용제로 하여 아탁틱 성분을 추출하고 남은 중합체의 무게 %를 이소탁틱 지수(isotactic index: I.I.)라고 하여, PP의 입체특이성 정도를 나타낸다. 그러나 PP의 유기 용매에 대한 용해도는 분자량에 크게 의존하므로 분자량이 낮거나 분자량 분포가 넓은 경우에는 보다 작은 값의 I.I.가 얻어진다. 이처럼 반정량적인 용해도의 차이를 이용하는 방법 이외에 IR, X-선 회절, $^{13}$C-NMR 등의 기기분석법으로 탁틱 중합체의 구조 및 그 함량을 정량적으로 측정할 수 있다.

이러한 입체특이성 이외에 프로필렌의 중합시에 머리-꼬리 또는 머리-머리(꼬리-꼬리)의 부가 방법에 따른 배열선택성(regioselectivity)도 PP의 물성에 영향을 준다.

PP은 PE과 달리 사슬 축에 탄소 원자가 하나씩 붙어 있어서 중합시 탄소 원자의 위치를 어떻게 제어하느냐 하는 것이 중요한 문제가 된다. 지그재그형의 탄소 원자 사슬축에 하나 걸러 하나씩 붙어 있는 메틸기를 어떤 방향으로 배열하느냐에 따라서 그 성질이 달라지게 된다. 따라서 고성능의 폴리프로필렌을 합성하기 위해서는 이러한 프로필렌의 배열을 정밀히 조절하는 것이 매우 중요하다. 촉매의 구조와 대칭성의 미묘한 제어는 그 촉매로 제조된 고분자에 영향을 미친다. 이는 자연이 효소를 사용하여 생체 내에 있는, 헤아릴 수 없을 정도로 많은 복잡한 물질들을 합성해 내는 것과 같은 원리이다.

입체특이성 고분자는 활성점 입체 구조 제어(enantiomorphic site control) 또는 사슬 말단기 제어(chain end control) 메카니즘에 의하여 생성된다. 활성점 입체 구조 제어는 촉매의 활성점 구조에 의하여 올레핀 단량체의 배위 방향이 결정되는 메카니즘이며, 사슬 말단기 제어는 올레핀 단량체의 배위 방향이 촉매 활성점에 결합되어 있는 고분자의 말단 단량체의 입체화학에 의하여 결정되는 메카니즘이다.

Bovey는 이소틱틱과 신디오탁틱 고분자에 존재하는, 서로 이웃하는 입체규칙적 탄소(dyads)를 지칭하는 것으로 m과 r문자를 사용할 것을 제안하였는데 m/r표시법은 더 긴 사슬에도 적용된다. 트리아드(triads)의 경우는 두 문자 심볼(mm, mr, rr)로 이루어져 있으며 테트라드(tetrads)와 펜타드(pentads)의 경우는 각각 세 문자 심볼과 네 문자 심볼로 이루어져 있다. 펜타드의 분포는 PP의 지문이며, 중합 메카니즘에 관련된 많은 정보를 갖고 있다.

PP의 물성은 입체 규칙성의 정도, 입체 결합의 분포, 다른 단량체와의 공중합, 분자량과 분자량 분포, 고무상의 존재, 열적 기계적 처리 등에 의존한다.

### (2) 디엔중합체

부타디엔이나 이소프렌과 같은 디엔은 중합 가능한 탄소-탄소 이중결합을 두 개 가지고 있어 여러 가지의 중합 양식이 가능하여, 서로 다른 구조의 중합체가 얻어질 수 있다. 즉 탄소 1,2의 이중결합에 대한 1,2-중합, 탄소 3,4의 이중결합에 대한 3,4-중합, 그리고 두 개의 이중결합이 모두 관여한 1,4-중합이 가능하다. 1,2-중합 및 3,4-중합에 의해 얻어진 중합체에서는 비닐중합체처럼 탁틱성이 존재하며, 1,4-중합에 의한 중합체는 그 주축에 탄소-탄소 이중결합이 존재함에 따라 기하이성체인 시스-1,4 및 트란스-1,4의 구조를 가질 수 있다. 부타디엔의 경우에서는 1,2-중합과 3,4-중합의 구분이 불가능하다. 폴리부타디엔의 가능한 입체 구조 중 몇 가지를 그림 1.21에 나타내었다.

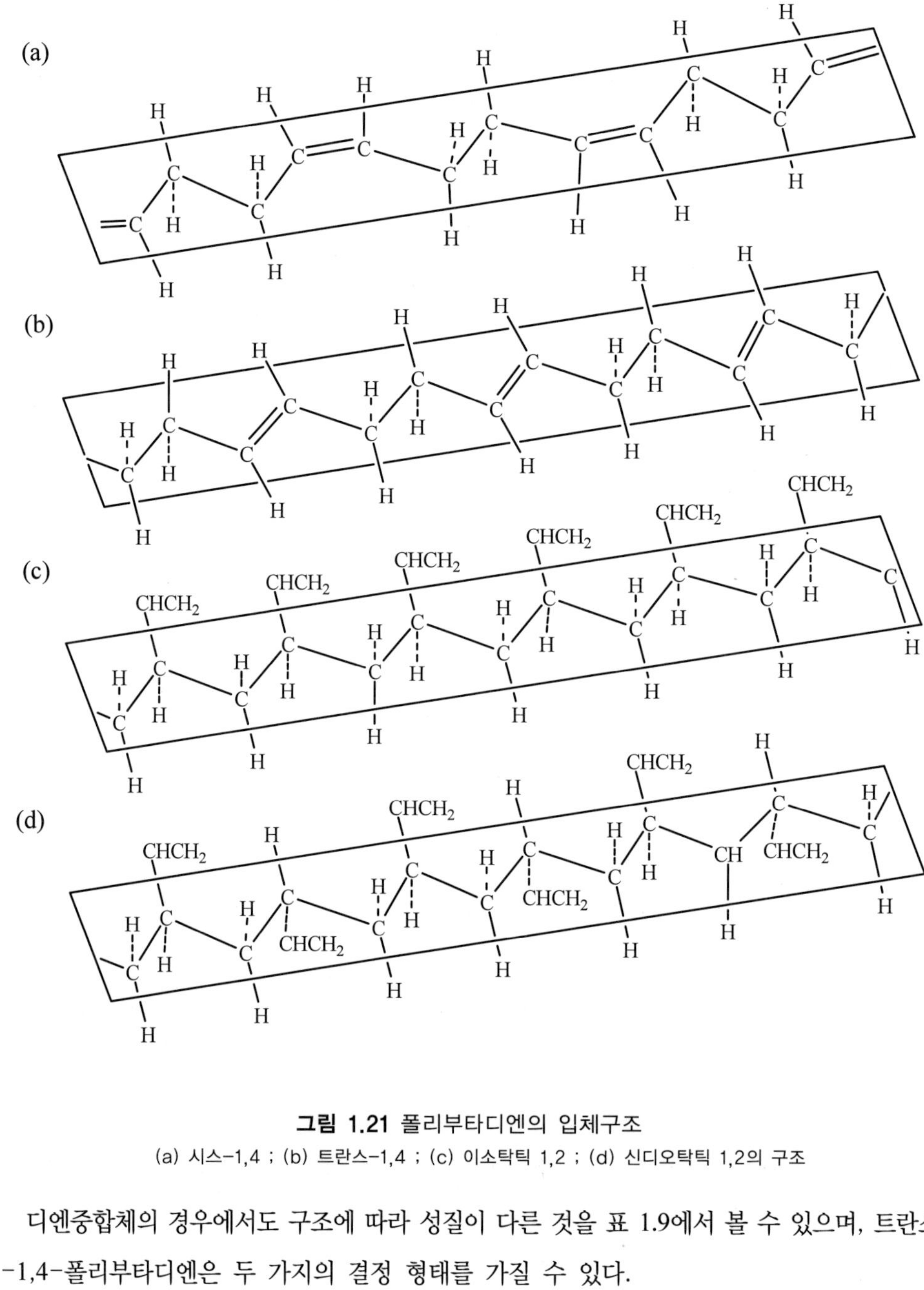

**그림 1.21** 폴리부타디엔의 입체구조

(a) 시스-1,4 ; (b) 트란스-1,4 ; (c) 이소탁틱 1,2 ; (d) 신디오탁틱 1,2의 구조

디엔중합체의 경우에서도 구조에 따라 성질이 다른 것을 표 1.9에서 볼 수 있으며, 트란스-1,4-폴리부타디엔은 두 가지의 결정 형태를 가질 수 있다.

**표 1.9** 입체특이성 중합으로 얻은 폴리디엔의 구조와 성질

| 중합체 | 녹는점(℃) | 유리전이온도(℃) | 비중 |
|---|---|---|---|
| 트란스-1,4-폴리부타디엔 | - | 70-75 | 1.02 |
| | 145 | -58 | 0.93 |
| 시스-1,4-폴리부타디엔 | 3 | -102 | 1.01 |
| 이소탁틱 1,2-폴리부타디엔 | 128 | - | 0.96 |
| 신디오탁틱 1,2-폴리부타디엔 | 156 | - | 0.96 |
| 시스-1,4-폴리이소프렌 | 20 - 30 | -73 | 1.00 |
| 트란스-1,4-폴리이소프렌 | 65 | -58 | 1.04 |
| 3,4-폴리이소프렌 | 비결정성 | - | - |

폴리디엔의 구조를 조사하기 위하여 IR, $^{13}C$-NMR 등을 사용하는 기기분석법이 주로 이용되고 있다.

다른 입체 구조 가능성은 공액 이중비닐화합물과 관련된 조건에서 존재한다. 예를 들어 중합 후에 반복단위당 하나의 남은 이중결합을 포함하는 1,3-디엔은 다른 형태(configuration)을 포함할 수 있다.

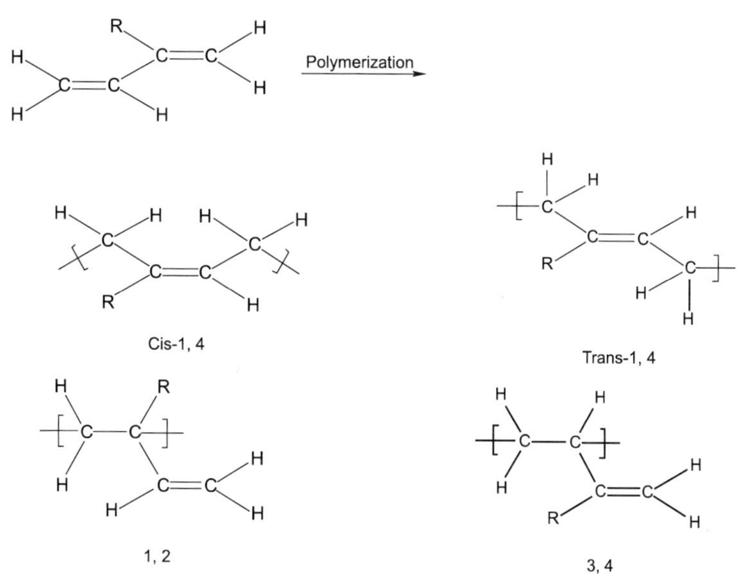

위에서 1,3-부타디엔의 경우에 R=H이므로 오직 세 가지 구조 시스-1,4, 트란스-1,4와 1,2만 가능하다. 1- 및 4-이치환 부타디엔 유도체들은 반복단위당 두 개의 비대칭 탄소 원자와 하나의 이중결합을 가지는 고분자를 제조하기 위해 중합될 수 있다. 대부분의 고분자는 하나 이상의 키랄 또는 비대칭 중심을 구조 반복단위에 가지며 키랄센터에 두 종류의 치환체(R, R′)가 존재할 경우에는 디이소탁틱(diisotacticity)가능하다. 이성질체는 아래에 나타나듯이 에리씨로디이소탁틱(erythrodiisotactic)과 씨오디이소탁틱(threodiisotactic), 에리씨로신디오탁틱(erythrosyndiotactic), 씨오디신디오탁틱(threosyndiotactic) 등으로 구분된다.

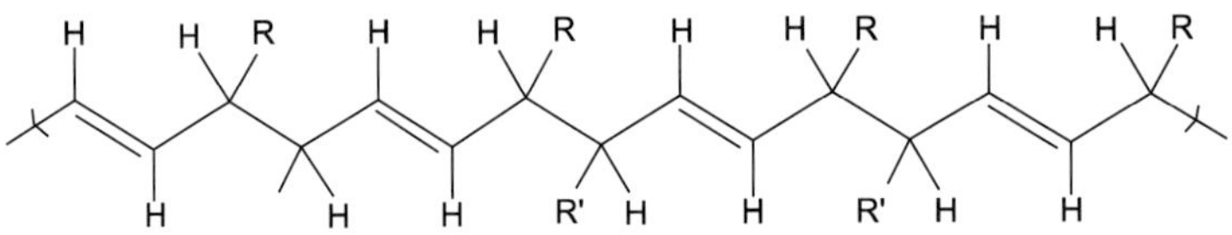

Trans-erythro

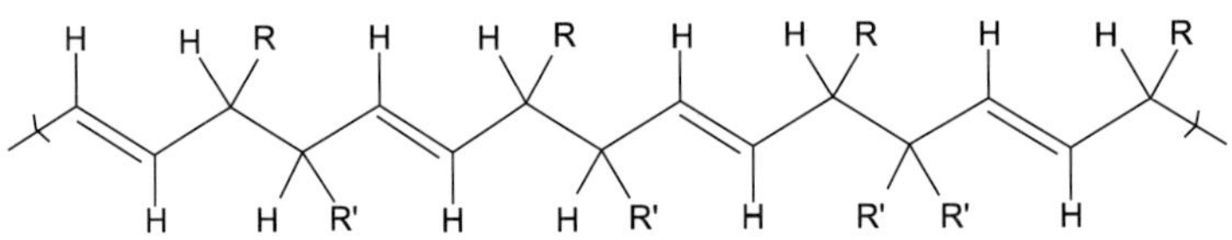

Trans-threo

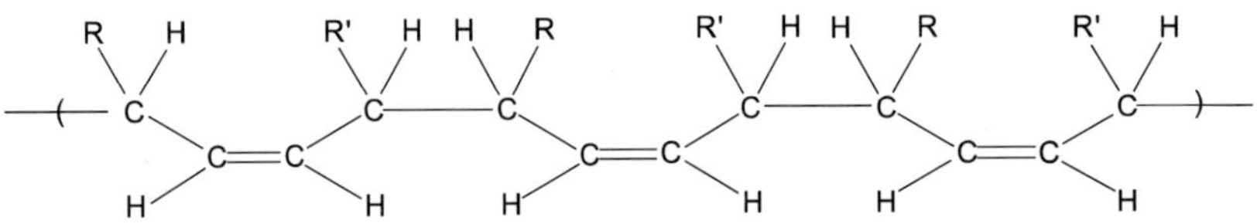

Cis -erythro

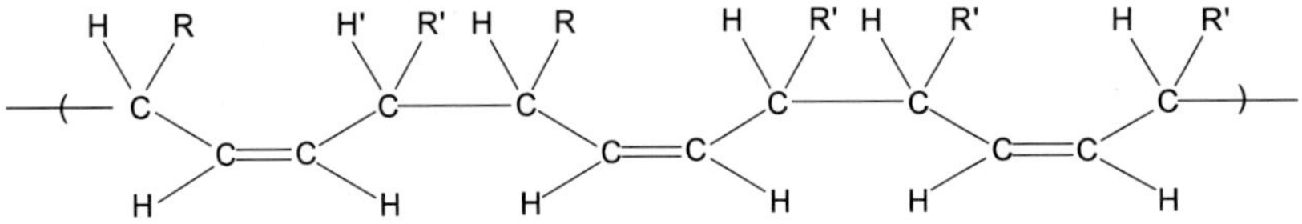

Cis-threo

## 4. 입체 형태(Conformation)

다양한 입체 구조는 탄소-탄소 결합의 회전에 기인한 것이며 n-부탄 [$H(CH_2)_4H$] 같은 간단한 분자는 뉴만 표시법으로 나타낼 수 있다. 아래 그림 1.22에서 나타내듯이, 가장 안정한 형태는 두 메틸기가 가장 멀리 위치할 수 있는 안티(anti) 또는 트란스(trans) 형태이다.

안티와 이클립스드(eclipsed) 형태 사이의 에너지 차이는 3kcal이고 두 각(0°에서 180°)사이에 수많은 입체 구조가 가능하다.

두 거울상 고우쉬(gauche) 입체 구조는 메틸기의 각이 60° 떨어져 있다. HDPE 같은 고분자는 그림 1.22에서 나타내듯이 메틸렌 그룹이 사슬상에 존재한다. 고분자의 유연성은 트란스에서 고우쉬로 얼마나 쉽게 전환하는지에 영향을 받는데, 이것은 압박기(hindering group)와 온도 상승으로 더욱 용이하게 된다.

폴리메틸메타아크릴레이트(PMMA)의 경우 실온에서 딱딱한데, 이는 극성 에스테르기의 회전이 제한되기 때문이며 반대로 폴리이소부틸렌은 실온에서 유연하다. 이러한 유연성은 두 종류의 고분자 모두 온도가 상승할수록 증가한다.

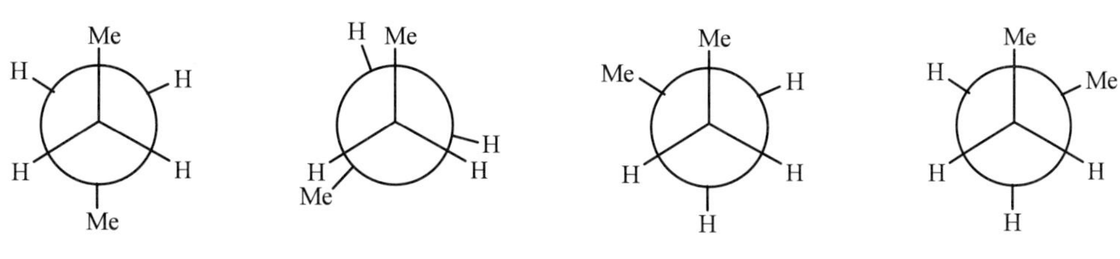


**그림 1.22** 뉴만 표시법에 의한 n-부탄의 여러 입체 구조

전체 사슬의 형태는 고분자의 총체적인 광학활성에 기여할 수 있다고 알려져 있는데, 예를 들면 나선형 형태는 광학 회전력의 주된 원동력이다. 입체규칙성 고분자의 직접적인 용도에 있어서 입체규칙성이 다른 제품을 형성하기 위한 '형판(templates)'으로도 널리 사용되고 있다.

# 제2장 Ziegler-Natta계 중합촉매

## 1. 개요

Ziegler-Natta 촉매는 공업적으로 고밀도 폴리에틸렌(HDPE)과 이소탁틱 PP(iPP)을 생산하는 데에 사용되기 때문에 석유화학 공업에서 차지하는 비중이 매우 크다. Ziegler-Natta 촉매의 가장 중요한 특징은 생성 중합체의 입체특이성 제어가 가능하며, 촉매와 단량체의 구조, 중합 조건, 전자 주게(electron donor)의 종류 및 양 등에 따라 여러 종류의 입체특이성 고분자를 합성할 수 있다는 것이다.

### 1) 발견

1953년 Karl Ziegler에 의한 에틸렌 중합용 촉매(Ziegler 촉매, $TiCl_4/Al(C_2H_5)_3$)의 발명과 1954년 Gulio Natta에 의한 입체규칙성 폴리프로필렌 중합용 촉매(Natta 촉매, $TiCl_3/Al(C_2H_5)_2Cl$)의 발명은 금세기 후반에 촉매와 고분자화학 분야에서 가장 중요한 업적 중의 하나라 할 수 있다. Ziegler 촉매는 1954년 Hoechst와 Montecatani(현 Bassel)에서 HDPE의 시험 생산에 최초로 적용하였다. 최초의 Natta 촉매는 유기용매에서 $TiCl_4$와 $AlEt_3$의 혼합 물질에 의해 얻어졌는데 폴리프로필렌의 이소탁틱 지수(Isotactic index: I.I)는 35~40%였다. Natta와 그의 공동연구자들은 계속하여 $TiCl_4$를 결정성이 개량된 $\alpha$-$TiCl_3$로 바꾸어 실험을 진행하였다. 이러한 개량된 Natta 촉매($\alpha$-$TiCl_3/AlEt_3$)로 폴리프로필렌의 I.I.가 80~90%까지 증가하게 되었고, 공업적 생산을 가능하게 하였다. 더 중요한 개선은 $\alpha$-$TiCl_3$를 $\gamma$ 혹은 $\delta$-$TiCl_3$로 대체하고 $AlEt_3$를 $Et_2AlCl$로 대체한 것이다. 이 두 발명, 즉 Ziegler-Natta 촉매의 발명은 화학 공업의 새로운 지평을 열어 PE, PP의 대량생산을 가능하게 하였다.

Ziegler-Natta 촉매 발명 후 1957년 이탈리아의 Montecatini사가 PP를 세계 최초로 슬러리 공정에서 상업 생산했다. 당시 섬유로서 우수한 성질을 가진 꿈의 섬유라 하여 기술 도입을 위해 많은 회사가 Montecatini사에 내왕한 것을 일컬어 'Monte 이야기'라고 하게 되었다. 그러나 초기 촉매의 활성은 약 20g-PP/g-촉매・atm・h로 낮고 입체규칙성 I.I.도 약 90%로 낮아 초기 중합 공정으로는 고분자 중 촉매잔사를 제거하기 위한 탈회 공정과 부생하는 아탁틱 폴리프로필렌(aPP)를 제거키 위한 탈aPP 공정이 필요하였다.

Ziegler-Natta 촉매의 정의는 Ⅰ-Ⅲ족의 유기금속화합물(예: $Al(CH_3)_3$, $Al(C_2H_5)_3$, DEAC, EADC, TIBA 등)과 Ⅳ-Ⅷ족의 전이금속의 할로겐화합물(예: $TiCl_4$, $TiCl_3$, $TiBr_3$, $VCl_4$, $VOCl_3$ 등)의 복합체로 구성된다. 이들 원소의 모든 조합이 올레핀 중합에 활성을 가지지는 않으며 가장 많이 사용되는 원소는 Ti와 Al이다. 일반적으로 Ziegler-Natta 촉매는 반응액 중 고체로 남아있어 불균일상 촉매로 존재한다.

## 2) 발전

초기의 촉매는 중합 활성 및 입체규칙성이 모두 작아서 중합 후 잔존촉매 및 아탁틱 성분의 제거 등 제조 공정도 상당히 복잡하였으며, 이러한 문제 해결을 위한 촉매의 개량연구가 요구되었다. 촉매의 개량은 크게 전이금속의 산화 상태 변화에 의해 중합 활성 및 입체규칙성이 향상된 촉매 제조, $MgCl_2$ 등 표면적이 높은 담지체에 담지시켜 중합활성이 향상돼 촉매 제조 및 전자공유체라는 제3성분의 첨가로 입체 규칙성이 향상된 촉매 제조 등으로 요약할 수 있다.

이온성의 결정인 $TiCl_3$은 $TiCl_4$로부터 수소, 금속(Al, Mg, Zn, As, Sn 등), 유기금속 화합물 등에 의한 환원법으로 만들어지며, 환원 조건에 따라 α, β, γ, δ 등 4종의 결정 구조가 된다고 알려져 있다. $TiCl_4$를 저온에서 수소 혹은 알킬알루미늄 화합물로 환원하면 갈색의 β-$TiCl_3$가 얻어진다. β-$TiCl_3$는 선상의 결정 구조로서 촉매 활성도가 낮으나 고온으로 환원하거나 또는 금속에 의해 환원하면 자주색의 층상 구조를 가진 α 또는 γ-$TiCl_3$가 얻어진다. 특히 금속 Al로 환원해서 얻어지는 γ-$TiCl_3$를 고용체로서 함유하고 있으며 이를 grinding하면 촉매 활성이 우수한 δ-$TiCl_3$로 전환된다(표 2.1, 표 2.2).

1972년 Solvay사는 β-$TiCl_3$를 유기알루미늄 화합물로 처리한 후 $TiCl_4$와 반응시켰는데, 이렇게 하여 큰 비표면적(100~200㎡/g)의 δ형 $TiCl_3$보다 10배 정도 높은 활성을 나타내고 입체규칙성도 큰 폭으로 향상되어(I.I. 95%) bulk 공정에 적용할 수 있는 촉매를 개발함에 따라 탈회 공정을 생략할 수 있게 되었다(그림 2.1).

**표 2.1** $TiCl_3$ 제조

| 반 응 |
|---|
| $TiCl_4 + H_2 \xrightarrow{800℃} \alpha\text{-}TiCl_4$ |
| $TiCl_4$ + 유기알루미늄 화합물 $\xrightarrow{\text{저온}} \beta\text{-}TiCl_4 \cdot xAlCl_3$ |
| $TiCl_4 + Al \longrightarrow \gamma\text{-}TiCl_4 \cdot xAlCl_3$ |
| $\alpha\text{-}TiCl_4 + AlCl_3 \xrightarrow{grinding} \delta\text{-}TiCl_4 \cdot xAlCl_3$ |

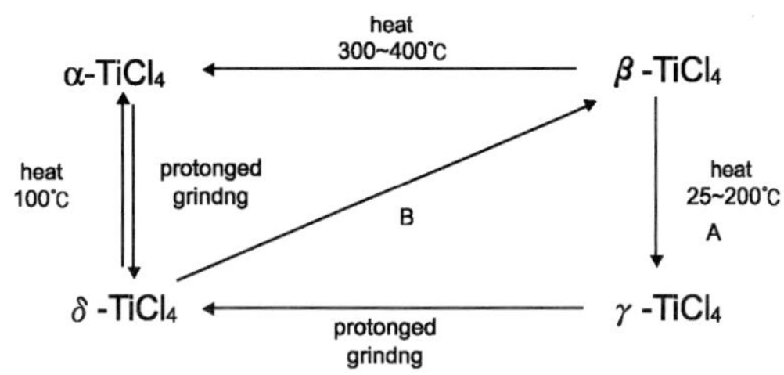


**표 2.2** $TiCl_3$ 결정 형태

| 상 | 색 | 결정형태 | 활성도(g-PP/g-Cat.) | I.I.(wt%) |
|---|---|---|---|---|
| 알파 | 자주색 | Hexagonal Close Pack | 56 | 82.4 |
| 베타(a) | 갈색 | 선형 사슬 | 561 | 76.2 |
| 감마(b) | 자주색 | Cubic Close Pack | 102 | 86.1 |
| 델타(c) | 자주색 | Hexagonal plus Cubic Close Pack | 1,150 | 89.8 |

* 중합 조건 : 142 psi $C_3$, 3.2 psi $H_2$, 70℃, 4hrs. [DEAL] : [Ti] = 4, n-헵탄 용매, PP
(a) 0℃에서 $TiCl_4$ + $(C_2H_5)_2AlCl$으로부터 제조, (b) $AlCl_3$

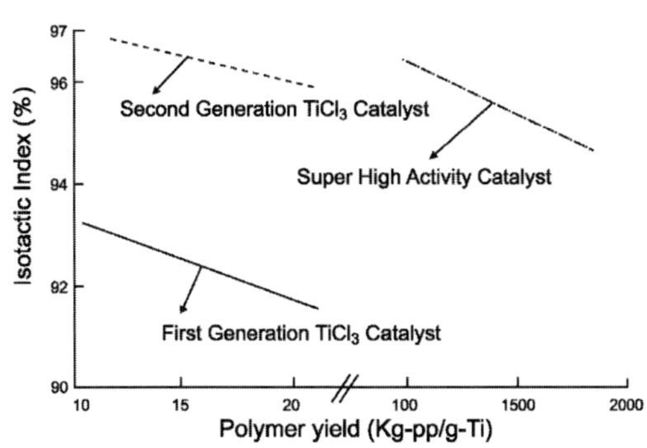


**그림 2.1** Solvay 촉매의 활성도 및 수율 관계

획기적인 촉매 개량의 진전은 $MgCl_2$에 담지시킨 $TiCl_4$촉매(담지촉매)계에 전자공여성 화합물을 첨가함으로써 달성되었다. 역사적으로 보면 담지촉매 개발은 Shell사의 특허(1960년)로부터 시작되었지만 $MgCl_2$ 담지촉매가 상업적으로 폴리프로필렌 생산에 최초로 적용된 것은 1975년 Mitsui 석유화학과 합작한 이탈리아 Montedison에 의해서였다. 이에 따라 Montedison은 1978년 기존의 폴리프로필렌 생산 시설에 촉매만을 교체하는 데 성공하였다. 그 결과 전형적인 슬러리법 제조 공정에서 촉매잔사 제거 공정을 생략하여 공정을 단순화하였으나, 경제적인 우위를 점하기 위해서는 좀더 개량된 촉매가 필요하였다.

그 후 $MgCl_2$를 알콜에 용해한 후 $TiCl_4$와 반응시키는 용해 추출 조제법에 의해서 촉매 입자의 크기가 조절된 고성능 촉매가 개발되었다. 이 촉매는 Himont사의 Spheripol 공정과 Mitsui 석유화학의 Hypol 공정에 적용되었는데 이 촉매계를 제3세대 촉매라 하며, 이로써 처음으로 완전한 공정을 달성할 수 있었다.

Ziegler-Natta 촉매의 변천을 크게 3세대로 구분하면 다음과 같다.

소위 제1세대의 Ziegler-Natta 촉매라고 일컬어지는 비담지 불균일상 촉매는 전이금속 할로겐 화합물($TiCl_4$)을 주촉매로, 유기금속 화합물($Al(C_2H_5)_3$)을 공촉매로 한다. 전이금속으로는 Ti이 가장 많이 사용되며 기타 V, Zr, Cr 등이 사용된다. 유기금속으로는 Al, Zn, Be, Mg 등이 사용되며 Al이 가장 많이 이용되고 있다. Ti화합물로는 $TiCl_4$, $TiCl_3$, $TiCl_2$ 등이 있으며 $TiCl_4$는 액상이고, $TiCl_3$ 및 $TiCl_2$는 고체 상태인데 이중 $TiCl_3$가 가장 높은 활성을 가진다. 중합반응 도중 Ti(Ⅲ)→Ti(Ⅱ)로의 환원이 부반응으로 진행되는데, 이는 촉매 퇴화의 원인이 될 수 있다. 그러나 1세대의 Ziegler-Natta 촉매는 활성이 너무 낮고 촉매 잔존물 제거 단계가 필요한 점 등 여러 문제가 대두되어 개선이 필요했다.

제2세대 Ziegler-Natta 촉매라고 불리는 Solvay 촉매는 1세대의 Ziegler-Natta 촉매보다 향상된 촉매 활성과 고입체규칙성을 갖는데, 대략 다음과 같은 방법으로 제조된다. $TiCl_4$와 DEAC를 저온(1℃)의 n-헥산중에 혼합하여 65℃까지 서서히 가열한 후 1시간 동안 유지한다. 생성 물질을 13vol% DIAE(Diisoamyl ether)의 n-헥산 혼합물에 현탁시킨 상태에서 $AlCl_3$가 용해되어 고체 덩어리로부터 추출되는데, 이 과정에서 큰 비표면적을 갖게 된다. 생성된 물질을 과잉의 40vol% $TiCl_4$의 n-헥산용액으로 65℃에서 2시간가량 처리하면 갈색의 Solvay 촉매가 얻어진다. Solvay 촉매의 개발로 더욱 안정된 고체 $TiCl_3$가 공업적으로 이용되기 시작했으나, 고체 내부의 Ti 원자가 반응에 이용될 수 없었기 때문에 반응에 직접 이용되는 Ti는 약 0.1~1% 정도에 불과했다. 반응 활성점이 $TiCl_3$ 결정 표면 위에 격자 결함 상태로 있는 Ti로 알려짐에 따라 다른 금속을 $TiCl_3$ 결정에 혼합시키거나 다른 금속 용액에서 추출을 통해 격자 결함을 증가시키려는 시도가 있었으나, 활성이 크게 진보되지 않았다. 또한 반응 활성점을 더 증가시키기 위해 담지체 표면에 Ti을 담지시키려는 시도가 있었으나 단순히 금속 산화물이나 활성탄에 Ti을 담지시킴으로써 활성을 현저하게 증가시키지는 못했다.

제3세대 Ziegler-Natta 촉매는 우선 공정상에서 생산량을 증대시키는 것에 목적을 두고 촉매상에 있는 활성점의 수를 증가시키는 방향으로 진행하였다. 이러한 목적을 위해서 비활성 고체인 무수 결정 $MgCl_2$의 표면에 Ti 화합물을 담지시켜 높은 활성을 얻을 수 있었고 또한 루이스 염기(전자공여체)를 도입하여 고입체규칙성을 갖는 폴리프로필렌을 얻을 수 있었다. 이 촉매는 촉매잔사 제거 및 비결정성 성분의 추출 공정이 필요 없는 수준의 활성과 입체규칙성을 가지므로 공업적으로 중요하게 되었다. 전이금속을 담지시킴에 따라 촉매의 활성이 증가하는 것은 활성을 가진 전이금속의 활성점이 담지하기 전에 비해 현격하게 증가하며, 성장반응 속도상수 자체도 10배 정도로 증가하기 때문이다.

**표 2.3** 폴리프로필렌 중합촉매의 개발 경과

| 촉매계 | 촉매 성능 (KgPP/g-Cat.) | 활성 (KgPP/g-Ti) | I.I. (%) | 공정 특징 |
|---|---|---|---|---|
| 제1세대 촉매<br>$TiCl_3 \cdot AlCl_3/AlEt_2Cl$ | 0.8~1.2 | 3~5 | 88~91 | 촉매잔사 제거 공정, 폴리프로필렌 정제 공정 필요 |
| 제2세대 촉매<br>$TiCl_3/AlEt_2Cl$ | 3~5 | 12~20 | 95 | 촉매잔사 제거 공정 필요 |
| 제3세대 촉매<br>$TiCl_4 \cdot ED \cdot MgCl_2$<br>$/AlR_3 \cdot ED$ | 5 | 300 | 92 | 폴리프로필렌 정제 공정 필요 |
| 제3세대 촉매<br>$TiCl_4 \cdot ED \cdot MgCl_2$<br>$/AlR_3 \cdot ED$ | 15 | 600 | 98 | 잔사 제거,<br>폴리프로필렌 정제 공정, 펠렛 공정 생략 가능 |

## 2. 촉매 성분

Ziegler-Natta 촉매를 사용하여 중합된 폴리올레핀 중에서 가장 대표적인 것은 PP이며, 사용하는 촉매의 조성 및 첨가제의 유무에 따라 입체특이성이 크게 달라지게 되는 것을 표 2.4에서 알 수 있다.

여러 가지 유기 전이금속 화합물과 삼에틸알루미늄 공촉매를 사용하여 프로필렌을 중합할 경우에 전이금속의 종류, 산화 상태, 결정 형태 등에 따른 입체특이성의 변화를 표 2.5에 나타냈다.

**표 2.4** 여러 가지 촉매계에 의한 PP의 입체특이성

| 촉매계 | 입체특이성(%) |
|---|---|
| $R_3Al$ + $TiCl_4$ | 35 |
| $R_3Al$ + $\alpha$-$TiCl_3$ | 85 |
| $R_3Al$ + $\beta$-$TiCl_3$ | 45 |
| $R_3Al$ + $TiCl_4$ + NaF | 97 |
| $R_3Al$ + $TiCl_4$ + P,As 또는 Sb 화합물 | 98 |
| $R_3Al$ + $TiCl_3$ + amine | 81 |
| $R_3Al$ + $Ti(O$-iso-$Bu)_4$ | 20 |
| $R_3Al$ + $V(acac)_3$ | 0 |
| $R_3Al$ + $Ti(C_5H_5)Cl_2$ | 70~90 |
| $R_3Al$ + $Ti(C_5H_5)Cl_2$ | 85 |
| $R_2AlX$ + $TiCl_3$ | 90~99 |
| $RAlX_2$ + $\gamma$-$TiCl_3$ + amine | >99 |
| $RAlX_2$ + $TiCl_3$ + HPT | 97 |
| RNa + $TiCl_3$ | 90 |
| RNa + $TiCl_4$ | 90 |
| RLi + $TiCl_4$ | 90 |
| $R_2Zn$ + $TiCl_3$ | 65 |
| $R_2Zn$ + $TiCl_3$ + amine | 93 |

**표 2.5** PP의 입체특이성에 대한 전이금속의 영향

| 전이금속 화합물 | 입체특이성(%) |
|---|---|
| $TiCl_4$ | 48 |
| $TiBr_4$ | 42 |
| $TiCl_3$ ($\alpha$, $\gamma$ 또는 $\delta$) | 80~92 |
| $TiCl_3$ ($\beta$) | 40~50 |
| $ZrCl_4$ | 55 |
| $VCl_3$ | 73 |
| $CrCl_3$ | 36 |
| $VCl_4$ | 48 |
| $VOCl_3$ | 32 |

## 1) 전이금속 화합물

Ziegler-Natta 촉매는 이성분계 촉매로 Ⅳ~Ⅷ 족의 전이금속 화합물과 Ⅰ~Ⅲ 족의 유기금속 화합물이 주로 사용된다. 전형적인 예로 $TiCl_3$ 또는 $TiCl_4$와 삼알킬알루미늄(trialkylaluminum)을 함께 사용하며, 공업적으로 수많은 종류의 촉매계가 사용되고 있다. 또 Ti, V, Cr, Co 및 Ni 등의 전이금속 화합물의 종류와 결정 형태도 촉매 효능에 큰 영향을 준다.

### 2) 공촉매

혼합촉매의 효능은 공촉매(cocatalyst)인 유기알루미늄 화합물의 종류에 따라 다르며, 보통 사용되는 유기알루미늄 화합물로는 삼에틸알루미늄(triethylaluminum, TEA), 삼이소부틸알루미늄(triisobutylaluminum, TIBA), 염화이에틸알루미늄(diethylaluminum chloride, DEAC), 이염화에틸알루미늄(ethylaluminum dichloride, EADC) 등이 있다.

### 3) 활성점 형성

결정성 고체인 $TiCl_3$를 지방족 탄화수소 중에서 현탁 상태로 한 후 유기알루미늄 화합물의 용액을 더하면 유기금속의 혼합촉매가 생성된다. 액체인 $TiCl_4$는 강한 환원제 역할을 하는 알킬알루미늄에 의하여 환원되어 산화수가 감소된다.

$Ti^{+4}$가 환원하여 생성된 $Ti^{+3}$는 에틸렌, 프로필렌, 1-헥센, 1,3-디엔류 등 여러 α-올레핀에 대해 중합활성을 가지고 있는 반면에, $Ti^{+2}$는 에틸렌에 대해서만 중합활성을 나타낸다. 그리고 활성점은 그 배위상태에 따라 1개 또는 2개의 빈 배위 자리(vacant site)를 가질 수 있는데, 2개의 빈 배위 자리를 가진 티탄 활성점은 아탁틱 PP를 만들고 1개의 빈 배위 자리의 활성점은 이소탁틱 PP를 생성한다.

촉매의 각 성분이 반응하여 혼합촉매가 생성되는 데에는 시간이 필요하기 때문에 반응 즉시 활성이 최고점에 도달하지 않는다. 따라서 대부분의 경우에 촉매 성분을 일정 시간 동안 반응시키는데, 이것을 촉매의 숙성(aging)이라고 부른다. 즉 촉매성분을 숙성한 후 단량체를 가하여 중합시킨다. 그리고 촉매성분의 농도비([Al]/[Ti])도 큰 역할을 하여 중합속도뿐만 아니라 중합체의 분자량에도 영향을 미칠 수 있다.

대부분의 Ziegler-Natta 중합은 불균일상으로 진행되기 때문에, 교반 속도에 따른 확산뿐만 아니라 고체인 전이금속 화합물의 입자 크기도 중요한 인자가 된다. 산소, 물, 알코올, 산, 염기 등과 같은 반응성의 불순물에 대해서도 촉매 활성이 민감하게 영향을 받는다.

유기금속의 혼합촉매를 사용하는 중합에서는 용제로 지방족이나 방향족 탄화수소가 많이 사용되며, 보통 20~100℃ 사이의 온도에서 행해진다.

Ziegler-Natta 촉매는 대부분 불균일상으로 사용되고 있으며, 중합이 진행됨에 따라 불균일상 촉매 입자 내로 단량체가 확산하여 촉매 입자는 더 작은 소입자로 균열되며 각 소입자는 각각의 중합체 소입자를 형성한다. 한편 중합반응에 의하여 발생한 반응열에 의하여 중합체 입자 내부의 온도가 상승하면 중합체 입자 내로부터 외부로 열 전달이 이루어진다.

중합체 입자에서 일어나는 단량체의 물질 전달과 열 전달을 고려하여 보면 중합개시 후 1초 이내에 중합체의 온도가 최고치에 도달하며 촉매 입자의 크기에 따라 이 최고온도는 급격히 상승한다. 따라서 중합반응기의 원활한 운용을 위해서는 촉매 입자의 크기가 작고 입자 크기의 분포가 좁아야 한다. 특히 촉매가 주입되는 부분에 반응열의 축적이 많이 이루어지지 않도록 설계 시 세심한 주의를 해야 한다.

### 4) 중합 메카니즘

Ziegler-Natta 중합에서 두 성분의 단순한 배위물이 활성점(active site)으로 거동하는 것이 아니며, 숙성 동안에 다음과 같은 반응에 의해 활성점이 만들어진다. 먼저 두 금속 사이에 치환기의 교환이 일어나 전이금속과 탄소와의 결합이 형성된다.

$$AlR_3 + TiCl_4 \rightarrow R_2AlCl + RTiCl_3$$
$$R_2AlCl + TiCl_4 \rightarrow RAlCl_2 + RTiCl_3$$

이렇게 생성된 유기티탄 화합물은 불안정하여 아래와 같은 환원분해(reductive decomposition)가 일어나게 된다.

$$RTiCl_3 \rightarrow R\cdot + TiCl_3$$
$$R_2TiCl_2 \rightarrow R\cdot + RTiCl_2$$

이 과정에서 전이금속이 환원되어 낮은 산화 상태로 되며 채워지지 않은 빈 배위 자리를 가지게 되는데, 이 낮은 산화 상태의 전이금속 종(species)이 실제로 촉매의 활성점이 된다. 이렇게 형성된 낮은 산화 상태의 전이금속에 있는 빈 배위 자리에 올레핀이 배위하여 $\pi$-착물을 만들게 되는데, 이러한 $\pi$-착물의 생성은 전이금속의 높은 산화 상태에서는 불가능하다.

올레핀의 배위 거동과 부가에 대한 메카니즘으로는 두 가지가 알려져 있는데, 하나는 전이금속의 빈 자리에 올레핀이 배위된다는 단금속(monometallic) 메카니즘이고, 다른 하나는 전이금속과 알루미늄 원자 모두가 올레핀의 배위에 관여한다는 두금속(bimetallic) 메카니즘이다.

그림 2.2에 나타낸 것이 단금속 메카니즘으로, 먼저 전이금속의 빈 배위자리에 올레핀이 배위한다(a). 그 다음에 R기가 금속에서 올레핀으로 이동하게 되며(b), 따라서 올레핀이 약한 금속-탄소 결합 사이에 삽입된다. 다음에 들어오는 올레핀이 새로운 빈 자리에 배위하고 금속-탄소 결합 사이에 삽입되는데, 삽입 방법은 금속-탄소 결합의 전환(switch) 방법과 빈 배위자리의 위치에 따라 달라지게 된다(c 또는 d). 이때 올레핀의 치환기가 배위 및 삽입의 기하구조를 입체적으로 결정하게 된다.

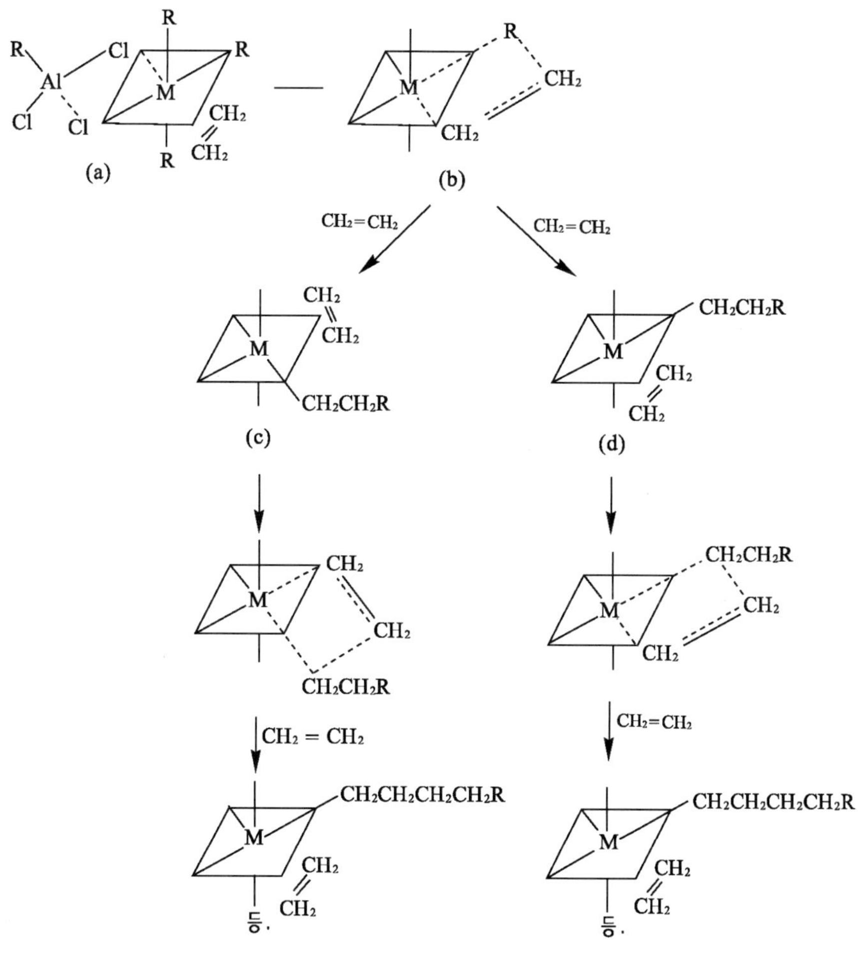


**그림 2.2** 입체특이성 중합의 단금속 메카니즘

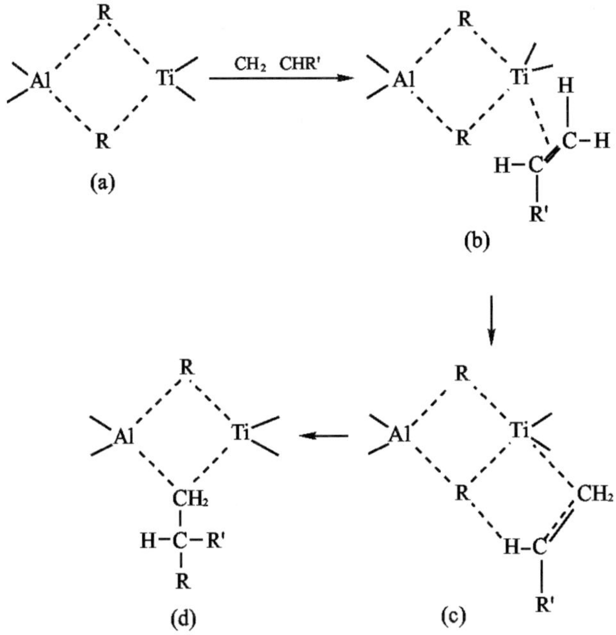

그림 2.3 입체특이성 중합의 두금속 메카니즘

두금속 메카니즘은 그림 2.3에 나타냈는데, 촉매에 있는 알킬기가 다리 결합을 만들게 된다(a). 올레핀이 처음 π-배위한(b) 후에 Ti-탄소 결합에 올레핀이 삽입되어 새로운 다리결합 종을 만든다(d). 이러한 배위 및 삽입 과정을 되풀이하여 중합체가 형성된다.

위의 두 메카니즘은 균일상 촉매에 대해서도 모두 적용될 수 있으며, 불균일계에 있어서는 결정표면의 결함도 입체특이성에 영향을 미치게 된다.

프로필렌 중합에 대한 반응기구는 표 2.6으로 요약될 수 있다. 이때 폴리프로필렌의 분자량은 성장 반응과 사슬이동 반응에 의하여 결정되며, 특히 수소로의 사슬이동 반응의 속도가 가장 빠르므로 PP의 분자량을 수소의 농도로 조절할 수 있다.

일반적으로 Ziegler-Natta 촉매에 의하여 생산되는 폴리올레핀은 대부분의 경우에 분자량 분포가 넓은데, 그 이유는 불균일상의 Ziegler-Natta 촉매에는 활성이 다양한 여러 종류의 활성점이 존재하기 때문이다.

1960년 내에 Cossee는 성장 중인 고분자 사슬과 단량체가 촉매의 중심이 되는 단일 금속원자에 동시에 일시적인 결합을 형성한다고 제안하였다. 성장 사슬 말단은 단량체에 전기적으로 끌리게 되어 결국 단량체 쪽으로 이동하게 되며, 결과적으로 단량체는 성장 사슬에 삽입 결합하

**표 2.6** 프로필렌 중합의 반응기구

**개시 반응**

$$[cat]\!-\!H + CH_2{=}CHCH_3 \longrightarrow [cat]\!-\!C_3H_7$$

$$[cat]\!-\!C_2H_5 + CH_2{=}CHCH_3 \longrightarrow [cat]\!-\!CH_2-\underset{\overset{|}{CH_3}}{CH}-C_2H_5$$

$$[cat]\!-\!C_3H_7 + CH_2{=}CHCH_3 \longrightarrow [cat]\!-\!CH_2-\underset{\overset{|}{CH_3}}{CH}-C_2H_5$$

**성장 반응**

$$[cat]\!-\!CH_2-\underset{\overset{|}{CH_3}}{CH}\,(CH_2-\underset{\overset{|}{CH_3}}{CH})_n-R+CH_2{=}CHCH_33 \longrightarrow [cat]\!-\!CH_2-\underset{\overset{|}{CH_3}}{CH}-(CH_2-\underset{\overset{|}{CH_3}}{CH})_{n+1}-R$$

**정지 반응**

(불균일화)

$$[cat]\!-\!CH_2-\underset{\overset{|}{CH_3}}{CH}\,(CH_2-\underset{\overset{|}{CH_3}}{CH})_n-R \longrightarrow [cat]\!-\!H+[cat]\!-\!CH_2=\underset{\overset{|}{CH_3}}{C}-(CH_2-\underset{\overset{|}{CH_3}}{CH})_n-R$$

($AlEt_3$에 의한 이동)

$$[cat]\!-\!CH_2-\underset{\overset{|}{CH_3}}{CH}-(CH_2-\underset{\overset{|}{CH_3}}{CH})_n-R+AlEt_3 \longrightarrow [cat\,]Et + AlEt_2-CH_2-\underset{\overset{|}{CH_3}}{CH}-(CH_2-\underset{\overset{|}{CH_3}}{CH})_n-R$$

(단량체에 의한 이동)

$$[cat]\!-\!CH_2-\underset{\overset{|}{CH_3}}{CH}\,(CH_2-\underset{\overset{|}{CH_3}}{CH})_n-R+CH_2=CHCH_3 \longrightarrow [cat]\!-\!C_3H_7+CH_2=\underset{\overset{|}{CH_3}}{C}-(CH_2-\underset{\overset{|}{CH_3}}{CH})_n-R$$

($H_2$에 의한 이동)

$$[cat]\!-\!CH_2-\underset{\overset{|}{CH_3}}{CH}\,(CH_2-\underset{\overset{|}{CH_3}}{CH})_n-R+H_2 \longrightarrow [cat]\!-\!H+CH_3-\underset{\overset{|}{CH_3}}{CH}-(CH_2-\underset{\overset{|}{CH_3}}{CH})_n-R$$

* [cat]–R은 활성점을 나타낸다.

여 성장 사슬은 더욱 자라게 된다. 사슬이 이동해간 빈 위치에는 새로운 단량체가 결합하여 다시 사슬의 이동 반응이 일어나게 되고, 이러한 연속적인 반응의 결과로 고분자 사슬은 계속 성장하게 된다고 제안하였다. 그중 하나는 사슬 말단 제어(chain-end control)라고 불리는 방법으로, 몇몇 촉매가 영하 30도 내지 영하 80도의 저온에서 보여주는 거동이다. 이러한 저온에서는 촉매에 배위되어 있는 고분자 사슬의 이동 속도가 느려지고, 따라서 어느 정도 길이의 이상적인 단량체 배열이 가능하게 된다. 프로필렌 단량체의 입체 배향을 제어하는 두 번째 방법은 촉매 자체가 입체 대칭성을 조절함으로써 단량체가 원하는 방향으로만 삽입되도록 하는 것이다. 이는 마치 자물쇠의 열쇠와 같은 원리로, 구조와 방향이 맡는 열쇠가 아니고는 자물쇠를 열 수 없다.

촉매의 중심 금속에는 두 개의 반응 장소가 있어서 각각 성장 사슬과 단량체가 배위하고 그 후 성장사슬이 이동하여 단량체 삽입이 일어나 사슬이 성장하게 된다. 그러나 문제는 각 반응 장소에 단량체가 배위될지라도 그 배향이 두 개의 반응 장소에서 항상 같은지는 알 수 없다는 것이다. Cossee는 직관적으로 성장 사슬이 이동하여 단량체가 삽입되고 난 후에 비어 있는 반응 장소에 새로운 단량체가 삽입되기 전에 성장 사슬이 아주 빠른 속도로 원래의 자리로 되돌아간다면 단량체는 항상 같은 방향으로만 배향되고 따라서 이소탁틱 PP의 제조가 가능하다고 생각하였다. 중합반응 메카니즘의 설명이 30년 동안 계속되었으나, 오늘날까지도 촉매활성종의 실제 구조와 반응성, 입체규칙성의 인자에 영향을 주는 요소는 아직 불확실하다.

또한 Arcus는 두 가지 인자 즉 단량체의 배향과 삽입 모양에 대한 중요성을 지적하고 새로운 이론을 제안하였다. 즉 프로필렌은 두 가지 입체이성질적(enantiotic)인 성질의 re(rectus)면과 si(simister)면을 가진 잠재광학활성(prochiral) 단량체이다. 한 면에서 '----re-re-re----혹은 ----si-si-si----'로 계속 진행되는 반응은 일정 배향을 가진 반응으로 설명되는 반면, '---re-si-re-si---'의 반복적 단계로 진행되는 것은 교대반복 배향(alternative presentation)에 해당된다. 시스나 혹은 트란스로 부가하는 모양은 단량체의 분자 평면 관점에서 단량체 단위가 이웃 단위에 연결되는 두 결합 방법을 설명한다. 일정한 부가 모형의 상태에서(항상 시스 혹은 트란스), 일정한 배향은 이소탁틱 고분자를, 교대 반복 배향은 신디오탁틱 고분자를 만든다. 실험적으로 중수소 단량체를 사용하여 IR 혹은 NMR로 분석을 한 결과 시스-부가가 이소, 신디오 과정 모두에서 일어난다는 것을 알았다. 두 번째 관점은 촉매 성질의 명확화이다. 오늘날 가장 일반적으로 의견이 일치하는 것은 고분자 사슬이 Ti 원자에 붙어 있다는 생각이다.

Cossee에 의하면, 아래 그림 2.4에서 나타내었듯이 Ti 원자에 대해 팔면체 구조를 가정하면, 촉매 활성종은 불포화 배위(coordinatively unsaturated)된 것으로 추측된다. 이는 Ti원자가 네 개의 염소 원자와 결합되어 있고(두 개는 다른 Ti 원자와 결합됨), 1개의 메틸기($AlEt_3$로부터 온)에 결합되어 있다. 비어 있는 배위자는 단량체 분자에 의해 포화되며, 그 후 Ti–C 결합의 사각 고리(four–center) 메카니즘으로 단량체가 삽입된다.

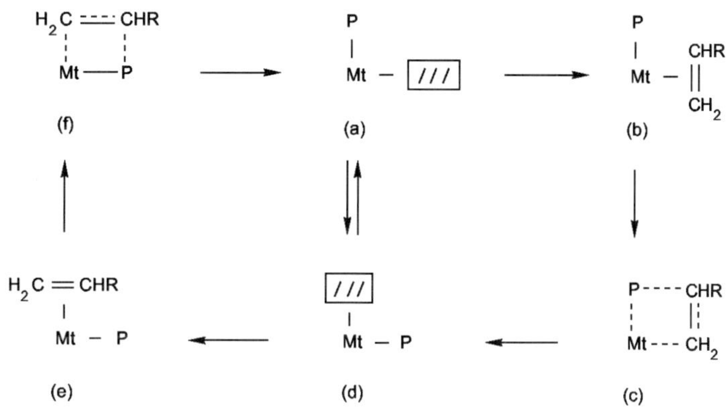


**그림 2.4** 단량체 삽입 메카니즘

세 번째로 가장 흥미 있는 것은 입체규칙 제어에 영향력 있는 입자들에 대한 설명이다. 효소에 의해 생성되는 화학반응을 제외한다면, 프로필렌 중합이 가장 입체규칙적 화학반응(specific chemical reaction)이라는 것이다. 입체규칙적 순도, m 디아드(diad)가 98~99%에 달하며, 이러한 값은 유기 혹은 무기화학에서 매우 찾아보기 힘들다. 형성된 고분자사슬에, 언급된 것과는 달리, 고분자 중합 과정 중 성장하는 사슬끝 부분은 광학적 활성(chiral)이며, 입체규칙제어는 비대칭 합성(asymmetric synthesis)의 모든 특징을 갖고 있다.

일반적으로 특정한 입체이성질체의 합성은 반응계에 어떤 광학활성 인자에 기인한다고 할 수 있다. 이 경우에 면밀한 관찰을 통해 두 가지 사항 즉 사슬말단기의 광학적 활성과 촉매 활성종의 광학적 활성에 대해 알 수 있다. 전자의 경우, 입체 규칙성은 1,3-비대칭 유도에 의한 것이다. 촉매의 경우에는 $TiCl_3$의 Ti 원자가 D3 대칭성을 가지고 있고 따라서 광학활성이며 각각의 Ti 원자를 고려할 경우 더욱 확실해진다. 위 두 가지 요인의 구별은 입체화학적 결함(stereochemical defect)이 발생한 후 고분자 구조가 어떻게 달라지는지를 관찰할 때 가능해진다. 사슬 말단 제어(chain end control)의 경우에는 입체적으로 한 번 바뀌진 결합(original mistake)은 바꿀 수 있는 회복력이 없다. 그래서 진행되는 사슬은 기존사슬의 반대 방향으로 배향된 치환체를 가지며 중합이 진행되며 그림 2.5의 5의 경우가 이에 해당된다. 이와 대조적으로, 촉매활성종이 광학활성을 가지고 있으면 사슬의 원래 구조로 복원시키는 힘을 갖는다(그림 2.5의 6).

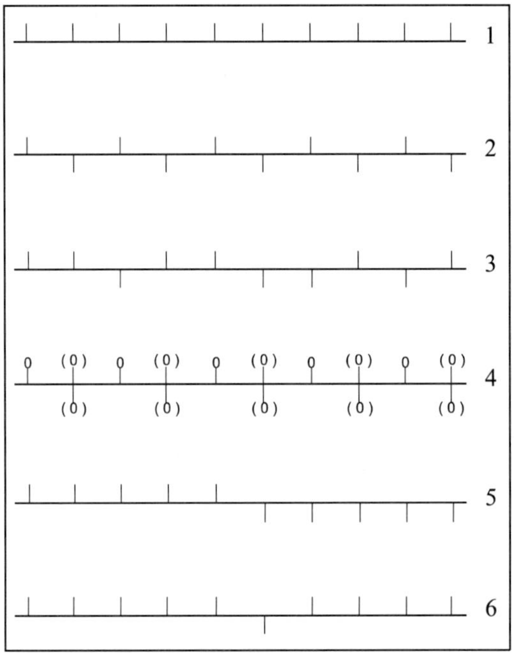

**그림 2.5** 고분자 사슬의 간소화한 Fischer 투사

1. 이소탁틱 고분자, 2. 신디오탁틱 고분자, 3. 아탁틱 고분자, 4. 헤미이소탁틱 고분자, 5. 사슬 말단을 제어하여 중합한 경우에 우세한 입체화학적 결함, 6. 촉매로 제어하여 중합한 경우에 우세한 입체화학적 결함

위의 두 경우는 NMR에 의해 명확히 구분된다. 즉 전자의 경우에는 $^{13}$C-NMR에서 메틸 영역에서 펜타드의 mmmr과 mmrm에 해당되는 두 개의 피크가 동등 세기를 가진 것으로 관찰된다. 후자의 경우에는 세 개의 피크가 관찰되는데 2:2:1의 비율로 mmmr, mmrr과 mrrm에 해당하는 피크들이 관찰된다. Zambelli와 동료에 의해 얻어진 실험적 증거는 후자의 경우와 일치한다.

종래 촉매의 중합 메카니즘의 주요 특성이 표 2.7에 소개되어 있다. 여기에서 이소탁틱 PP는 $\gamma$-$TiCl_3$+$AlEt_2Cl$으로, 신디오탁틱 PP는 $VOCl_3$+$AlEt_2Cl$ 촉매계로 얻을 수 있다.

**표 2.7** 전통적인 Zieger-Natta 촉매의 존재 하에서 중합 메카니즘의 입체화학적 특징

| 고분자 구조 | 촉매 | 삽입 | 부가 | 외 형 | 입체제어의 유래 | 입체화학적 순도 |
|---|---|---|---|---|---|---|
| 이소탁틱 | 불균일계 | 1차 | cis | 일정 | 촉매 활성점 | 높음 |
| 신디오탁틱 | 불균일계 | 2차 | cis | 교대 | 사슬말단 | 낮음 |

중합 메카니즘의 다양한 면이 분자 역학적 계산을 기초로 하여 Corradini에 의해 검증되고 있다. 그 모델에 의하면 촉매활성종의 광학 활성은 간접적 방식으로 단량체 삽입의 입체화학을 제어한다. 우선, 촉매활성종의 광학적 활성은 성장하는 사슬을 일정한 구조를 취하도록 한 후 리간드(결정의 염소원자, Cl)와 사슬 구조의 영향으로 단량체의 한 면(re면 혹은 si면)만이 배위되도록 한다.

결론부터 얘기하면, 중요한 메카니즘에 대한 확실한 대답은 없다. 그러나 지금까지 제시한 여러 이론들 중에서 두금속(bimetallic) 메카니즘과 단금속(monometallic) 메카니즘이 일반적으로 인정받고 있는 이론이다.

두금속 메카니즘은 Natta 등에 의해 처음으로 제시되었다. 이것은 고분자가 성장하는 촉매의 활성점이 금속알킬과 탄소와의 결합 외에도 전이금속과 탄소와의 결합에 관여한다는 이론으로, 다시 말해서 촉매 활성점에서의 Al-탄소 및 Ti-탄소 결합이 고분자가 성장하는 데 작용한다는 이론이다.

Ti-탄소 결합만이 고분자가 성장하는 데 관계가 있다는 단금속이론으로는 복잡하게 일어나는 알킬금속의 역할을 완전히 설명할 수 없다. 또한 한 금속알킬을 제거한 후 다른 종류의 금속알킬을 첨가하였을 경우에 중합반응 속도가 새로 첨가된 금속알킬 고유의 중합 속도의 거동을 따른다는 점이 두금속 메카니즘을 뒷받침한다고 할 수 있다.

이에 반해, Cossee에 의해 처음 제안된 단금속 메카니즘은 전이금속만이 고분자 성장에 기여한다는 이론이다. 단금속 메카니즘을 뒷받침하고 있는 사실은 금속알킬이 없는 경우에도 전이금속에 의하여 프로필렌 중합이 진행된다는 것이다. Nielsen은 $TiCl_3$ 결정의 가장자리에는 3종류의 활성점이 존재할 수 있으며 이들 활성점은 공촉매에 의해 활성 및 비활성으로 결정된다고 보고하였다.

두금속 메카니즘 및 단금속 메카니즘 이론 외에는 많은 이론들이 제시되어 있으나 중합 결과를 부분적으로 설명할 수 있을 뿐, 완벽하게 소화해 내지는 못하는 실정이다.

중합촉매 활성점의 생성은 공촉매뿐만 아니라 단량체에 의하여도 생성된다는 이론도 있다.

Schnecko 등이 보고한 바에 의하면 프로필렌의 중합 활성이 단량체를 투입한 후에는 상당한 수준으로 향상된다. 즉 단량체가 어떤 방법으로든 촉매 활성점을 안정화시키거나 또는 이들의 성장에 직접적으로 관계하는데, 이는 중합 속도가 촉매, 공촉매, 단량체 등의 투입 순서에 따라 크게 의존하기 때문이다. 여기서 중합 속도의 측정은 실험적으로 큰 의미를 가지는데 중합 활성점의 수 내지 농도는 중합 시간에 따른 수평균 분자량 또는 생성물의 수율 변화를 측정함으로써 얻을 수 있다. 그 외 방사선을 가진 요오드, 삼중수소알콜, 삼중수소물 등을 사용하여 촉매 활성을 신속히 정지시킨 후, 세척을 거쳐 중합체에 함유된 방사선 물질의 농도를 측정하는 방법이다. 이 방법에 의하면 사용된 정지물질이 성장하는 중합체 및 금속과 반응할 뿐만 아니라 공촉매로의 사슬이동 반응의 결과로 생긴 비활성의 중합체 결합과도 반응할 수 있기 때문에 측정된 중합체-금속 결합 수는 시간에 따라 점차 증가하므로 이를 보정하여야 한다. 그러나 모든 활성점들이 빠른 시간 내에 정지물질과 반응하는지는 확실하지 않다.

CO 또는 $CO_2$가 활성의 중합체-금속과는 반응하지만 연쇄이동반응에 의하여 생성된 비활성 중합체-금속결합 속으로는 삽입되지 못한다는 사실을 이용하여 활성점의 농도를 측정하는 방법도 있다. 이 방법으로 측정하면, 장시간 반응의 경우 반응기 내의 잔존 단량체에 의한 CO 소모 때문에 실제보다 활성점 농도가 낮게 측정될 수 있다. 그러나 결정성 중합체와 무정형 중합체를 분류시키고 난 후의 방사능을 측정할 수 있기 때문에 결정성 활성점과 무정형 활성점의 농도 및 성장 반응 속도 상수를 각각 측정할 수 있다는 장점도 있다. 첨가되는 반응 억제제의 함량과 반응 속도 저하에 따른 중합체 점도의 하락을 동시에 측정함으로써 활성점의 농도를 측정하는 방법도 소개되고 있다. 반응억제제로는 기체 상태의 allene과 CO가 이용되고 있다. 여러 농도의 반응억제제로 인하여 저하된 반응 속도와 반응 억제제의 농도를 도표화하여 100% 반응속도 저하 지점으로 외삽하였을 때의 반응 억제제 농도를 활성점 농도로 표시한다. 대부분의 경우에서 이 관계가 직선성을 나타내지 않는데 이러한 사실로부터 활성점들의 반응은 균일한 것이 아니고 활성의 분포를 가짐을 알 수가 있다. 즉 활성이 높은 활성점은 먼저 반응 억제제와 반응하고 이 활성점들이 반응한 후 낮은 활성의 활성점들이 반응하기 때문이다. 그러나 이 경우에도 공중합 등에 의한 반응 억제제의 소모가 생기는 등 시험 오차가 유발될 수 있다.

# 제3장 메탈로센계 중합촉매

## 1. 개요

메탈로센(metallocene)은 전이금속 또는 전이금속 할로겐 화합물에 시클로펜타디에닐(cyclopentadienyl, $C_5H_5^-$, Cp) 리간드가 배위결합되어 샌드위치 구조로 되어 있는데, 중심원자가 금속이라는 점과 샌드위치의 모양을 지니고 있다는 점에서 메탈로센으로 명명되었다. 메탈로센 화합물은 1954년에 페로센(ferrocene, $Cp_2Fe$)을 Wilkinson과 Fischer가 처음 발견함으로써 알려졌다. 4족 전이금속인 티탄계 메탈로센 화합물을 1950년대부터 중합촉매로 사용하고자 하는 시도가 있었으나, 활성이나 분자량이 낮아 실용화에 이르지 못하였다.

메탈로센계 화합물은 1980년 Kaminsky와 Sinn이 $Cp_2ZrCl_2$ (biscyclopentadienyltitaniumdichloride) 화합물이 물과 trimethylaluminum(TMA)으로 합성된 공촉매인 methylaluminoxane(MAO) 존재 하에서 에틸렌과 프로필렌 중합에 매우 효과적임을 보고한 후 알려지게 되어 중합촉매로서의 연구가 활발히 진행되었지만 유기금속화학 분야에서는 훨씬 오래전부터 잘 알려진 화합물이다. 1951년 Pauson과 Miller는 동시에 Fe와 시클로펜타디엔으로 구성된 화합물을 각각 다른 경로로 합성하였으며, Fe와 Cp기가 σ-결합을 하고 있는 구조 1(그림 3.1)을 제안하였다. 그러나 이듬해 Wilkinson은 Miller와 Pauson에 의해 합성된 오렌지색 고체의 구조는 2개의 Cp기가 Fe의 위 아래에서 π-결합을 한 샌드위치 구조임을 규명하였으며, 이것을 페로센(Ferrocene)으로 부름으로써 소위 메탈로센이 탄생되었다. 비록 유기금속 화합물은 1827년 Zeise에 의해 처음 발견되었으나 페로센의 합성 및 구조 분석은 유기금속화학 분야의 이정표적인 일이었으며, 많은 사람들은 페로센의 탄생이 현대적인 의미에서 유기금속화학의 출발점으로 인식하고 있다 해도 과언이 아니다. 페로센의 발견 이후 Cp기는 가장 유용한 리간드로 지금까지 이용되고 있다. 더구나 페로센의 발견 이후 Cp기는 거의 모든 전이금속과 안정한 화합물을 생성하는 것으로 밝혀져, 불균일계 금속촉매의 특성 연구를 목적으로 하는 유기금속 분야에서 요구되는 비교적 안정한 유기금속 모델 화합물의 합성에 널리 이용되고 있다. 더구나 페로센이 합성된 후 불과 몇 년 뒤인 1955년 유기금속화학의 또 하나의 이정표인 Ziegler-Natta 촉매인 $TiCl_4/AlEt_3$가 알려져 1950년대를 이 분야의 가장 화려한 시대로 기억하게 되었다. Cp 리간드는 균일계 촉매연구의 학문적인 분야에, Ziegler-Natta 촉매는 중합촉매 연구의 실용적인 면에서 각각 현저한 발전을 이룩하였다. 그 이후 1980년 Kaminsky의 MAO 발견으로 두 분야에서 균일계 메탈로센 중합촉매의 이름으로 함께 주목받게 된 것은 참으로 의미 있을 뿐 아니라, 페로센 및 Ziegler-Natta 촉매와 견줄 만한 기념비적인 물질로 관심을 끌고 있는 것은 더욱 재미있는 일이다.

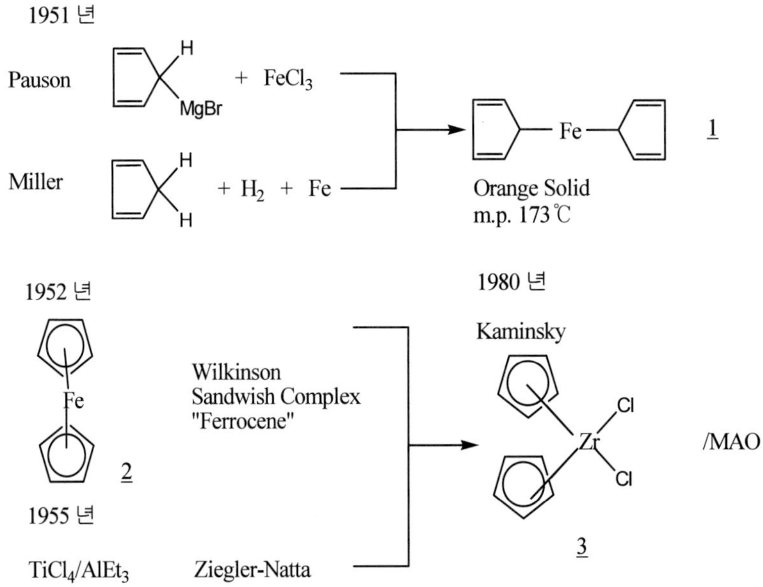


**그림 3.1** 메탈로센 촉매의 발견

1940년대는 속도론을, 1950년대는 비닐고분자의 제조 메카니즘을 연구하던 시기였다. 더욱이 1950년대에는 고체상의 입체규칙성을 가지는 폴리올레핀을 제조했다. 이는 1960년대에 입체규칙성의 비닐고분자를 합성하는 화학의 대변혁을 낳았다. 1990년대는 새로운 성질을 가진 비닐고분자의 제조와 관련되어 또다른 대변혁을 낳은 입체규칙성을 가지는 가용성 촉매인 메탈로센이 도입되었다.

입체규칙성을 가지는 불용성 촉매는 적어도 다음과 같은 문제를 가지고 있다. 첫째, 입체규칙적인 고분자는 알맞은 입체 구조의 제어로 형성되지만 고분자 성질은 여전히 예상 최대치보다 부족하였는데, 이것은 아마도 촉매활성점을 수반한 고체촉매 구조의 회합 때문인 것으로 생각된다. 둘째, 많은 경우 고체상 촉매는 오염물질로 성장하는 고분자 내에 혼합된다. 또한 원하지 않는 물질의 고분자를 제거하기 위하여 고분자 제조공정으로 추가적인 정제 단계가 필요하다. 셋째, 많은 고체상 촉매는 여러 종류의 중합활성점을 제공하여 정확한 구조와 중합활성점의 규명이 어렵다.

새로운 가용성 촉매는 위의 세 가지 문제점에 대한 해결책을 제공한다. 첫째, 활성점과 회합된 분자의 작아진 크기로 사슬 성장에 있어서 자연적인 경향을 이용하여 규칙적인 나선형 구조를 형성한다(고체상 촉매로부터 형성된 고분자와 비교해서). 둘째, 가용성 촉매는 촉매제가 약간 포함되거나 거의 없는 고분자의 합성이 가능하여 고체상 촉매로 제조된 고분자에 필요한 전형적인 부가 정제단계를 제거할 수 있다. 셋째, 보다 새로워진 가용성의 촉매 활성점은 균일하여 한 가지의 전자와 입체구조를 제공하여 더 균일한 고분자의 합성이 가능하다.

### 1) 발견

많은 학자들은 고분자 구조를 임의로 변화시킴으로써 고분자의 성질을 조절할 수 있는 기술을 개발하고자 하는 욕망을 가져 왔다. 이에 1980년 이후 Ziegler-Natta 촉매와 견줄 만큼 폴리올레핀 제조 기술에 혁신적인 영향을 미칠 새로운 촉매가 개발되었고 이를 이용한 공정의 상업화가 활발히 이루어지게 되었다. 메탈로센 촉매 혹은 균일계 촉매라고 일컬어지는 이 촉매 화합물은 기존의 촉매와 제조 방법으로서는 상상할 수 없었던 전혀 새로운 물성을 갖고 합성이 불가능하였던 고분자를 제조할 수 있는 기초가 된다는 점에서 그 발견이 올레핀 중합 역사에서 Ziegler-Natta 촉매 이후의 획기적인 사건으로 평가 받고 있다.

독일의 Kaminsky 및 Sinn 교수에 의해 1980년에 본격적으로 연구되기 시작한 메탈로센 촉매는 좁은 분자량 분포, 입체규칙성 조절 가능, 높은 공단량체 함량, 균일한 공단량체 종류 등의 특징을 가지고 있다.

반응 속도 연구에 적합한 균일계 촉매 즉 방향족 탄화수소에 녹기 쉬운 염화비스시클로펜타디에닐티탄(IV)이 $TiCl_4$ 대신에 올레핀의 중합에 사용될 수 있다는 것을 Breslow가 발견한 이후, 많은 연구자에 의해 연구 검토되어 왔다. 마침내 선형 PE에 대해 고활성($6\times10^4$g PE/g·Ti

·h·atm)이며 완전한 아탁틱 PP를 생성하는 $Cp_2Ti(CH_3)_2/AlR_3/H_2O$의 촉매계를 발견하기에 이르렀다. 이러한 Kaminsky-Sinn 촉매 이외에 V계 균일촉매에 의한 에틸렌-프로필렌 공중합 및 프로필렌의 신디오탁틱 중합을 중심으로 연구가 행해졌으며, 그 결과 아래에 주어진 여러 가지 착물을 사용하여 입체특이성 고분자의 합성이 가능하게 되었다.

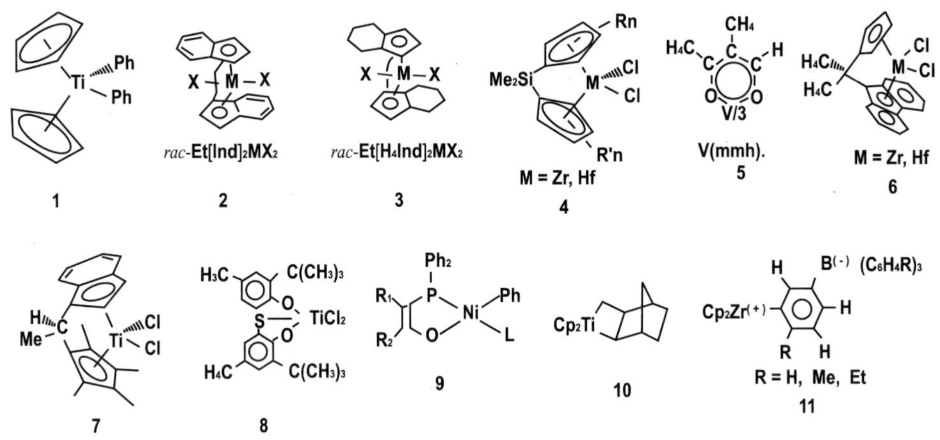


**그림 3.2** 입체규칙성 중합이 가능한 메탈로센 및 비메탈로센계 촉매

최근 유기금속화합물을 이용한 고분자의 합성이 학계와 산업계의 많은 주목을 받고 있다. 현 시점에서 가장 활발하게 연구되고 있는 분야는 소위 메탈로센계 화합물을 촉매로 이용하는 폴리올레핀 분야와 알킬리덴 금속 화합물을 고리 올레핀의 개환 중합촉매로 이용하는 복분해(metathesis) 분야이다. 이 중 메탈로센 촉매는 폴리올레핀이 폴라스틱 산업에서 차지하는 비중이 크다는 것, 폴리올레핀 생산업체가 연구개발 능력이 우수한 대기업이라는 점, 그리고 촉매 기술이 폴리올레핀의 물성에 직접 관련된다는 점 등으로 인해 매우 빠르게 발전하고 있으며, 경쟁 또한 치열하게 전개되고 있다. 특히 1991년 이후 세계적인 석유회사들이 경쟁적으로 연구 결과를 발표하고 있는데 이것은 향후 플라스틱 제조를 선도할 메탈로센 촉매 분야의 주도권을 잡기 위한 노력으로 보인다. 이러한 분위기에서 국내의 관련 업체들도 높은 관심과 함께 각 나름의 사정에 맞게 메탈로센 연구·개발을 준비·운영하고 있다. 메탈로센 촉매 연구에 투자된 전체 금액이 30억 달러에 다다를 정도로 많은 연구가 진행 되어 왔다.

1950년대 Ziegler와 Natta에 의하여 개발된 고밀도 폴리에틸렌과 폴리프로필렌 등장 이후로, 메탈로센 촉매를 이용하여 새로운 형태의 폴리에틸렌, 폴리프로필렌, 폴리스티렌 등이 개발되었고, 현재 고기능성, 특히 정보 및 광학 소재에 응용할 수 있는 고분자와 이를 제조하기 위한 촉매에 대한 연구가 많이 진행되고 있다. 그 결과 새로운 전이금속 촉매에 대한 연구를 통해 Ziegler-Natta 촉매가 구현하지 못한 고투명 저절연성 고분자가 개발되고 있다. 이러한 일련의 연구 성과로 고리형 올레핀계 고분자가 투명성, 내열성, 내약품성이 우수하고 복굴절률과 수분흡수율이 매우 낮아, CD, DVD, POF(Plastic Optical Fiber)와 같은 광학 소재, 콘덴서 필름, 저유전체와 같은 정보전자 소재, 저흡수성 주사기, 발포고 포장과 같은 의료용 소재에 다양하게 응용될 수 있다.

1980년대 후반 이후로 일본의 Mitsui 화학, JSR(구 Japan Synthetic Rubber), Nippon Zeon과 독일의 Ticona(구 Hoechst), 미국의 BF Goodirich 등에서는 고투명, 저절연성 고분자로서 폴리노르보넨(polynorbornene, PNB), 시클로올레핀 공중합체(cyclic olefin copolymer, COC)와 같은 고리형 올레핀계 고분자를 상업화하기 시작하였고 정보 전자, 광학, 의료 분야에 대한 응용을 연구하고 있다. 이와 관련한 고리형 올레핀 중합 기술은 ROMP(ring opening metathesis polymerization), 메탈로센 촉매 중합, Ni, Pd-촉매 중합 등을 들 수 있고 모두 전이금속 촉매를 사용하고 있다. 이러한 촉매들은 중심 금속, 리간드, 촉매 조성 변화 등을 통하여 서로 다른 중합 특성 및 고분자 구조를 가진다.

이러한 메탈로센 화합물이 중합촉매로서 주목을 받게 된 것은 1976년 독일 Hamburg 대학의 Sinn교수가 Ziegler-Natta 촉매와 같은 올레핀 중합촉매에 있어서 촉매독으로 작용하여 활성을 저하시키는 물이, 메탈로센 촉매계에서 소량 첨가되면 오히려 활성을 월등히 향상시킨다는 사실을 우연히 발견하면서부터이다. 같은 대학의 Kamminsky 교수는 소량 첨가된 물이 결과적으로 공촉매로 투입된 TMA(trimethylaluminium)와 반응하여 MAO(methylaluminoxane)이라는 새로운 화합물을 생성시키고, 이 MAO가 새로운 공촉매로써 메탈로센 촉매계에 작용한다는 사실을 밝혀내었다. 즉, 메탈로센 화합물을 촉매로, MAO를 공촉매로 하는 새로운 촉매계가 성립된 것이다.

지금까지 알려진 바로는 그림 3.3과 같이 MAO 공촉매가 배위적으로 불포화된 메탈로센 화합물의 양이온 활성종을 형성하고 동시에 이를 안정화시킴으로서 활성촉매를 형성한다. 활성화된 메탈로센 촉매에 이중결합을 지닌 올레핀 화합물이 접근하면 중심금속과 올레핀의 π-전자가 배위결합을 이루고, 이어서 불안정한 결합을 갖는 전이상태를 거쳐 올레핀이 알킬기와 삽입·결합함으로써 중합이 진행되게 된다. 이때 중심 금속으로는 Ti, Zr, Hf 등 4족(IVB족) 전이금속이 주로 사용된다.

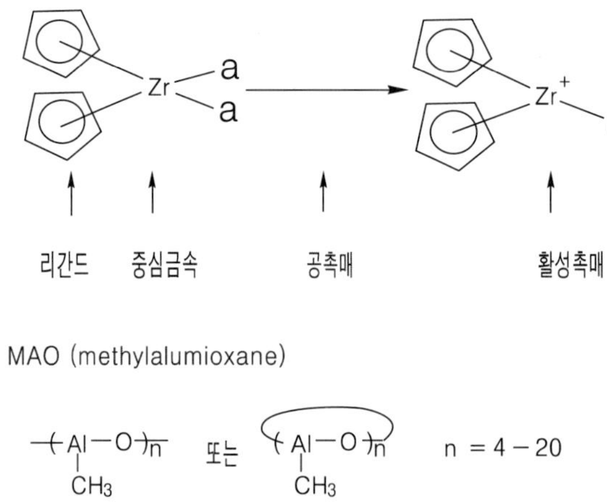


**그림 3.3** 메탈로센 촉매의 활성종과 MAO 구조

1981년 미국 Exxon사의 Ewen은 메탈로센 화합물에 배위된 Cp 리간드의 구조를 변형함으로써 중합된 고분자의 구조를 제어할 수 있다는 것을 발견하였다. 즉 촉매의 입체 구조에 따라 같은 단량체를 사용하더라도 서로 다른 입체규칙성을 가진 고분자를 얻을 수 있게 되었다. 아래 구조에서 보는 바와 같이 메탈로센 촉매는 다양한 구조를 갖고 있고 결과적으로 생성된 고분자도 다양한 구조이다. 목적에 따라서는 Cp 리간드가 하나뿐인 화합물도 촉매로 사용될 수도 있다. 메탈로센을 구조적 특징에 따라 대별해 보면 일반적인 굽은(bent) 메탈로센, 다리결합(bridged) 안사-메탈로센, 구속기하촉매(constrained geometry catalyst), 그리고 반쪽(half) 메탈로센 등이 있다.

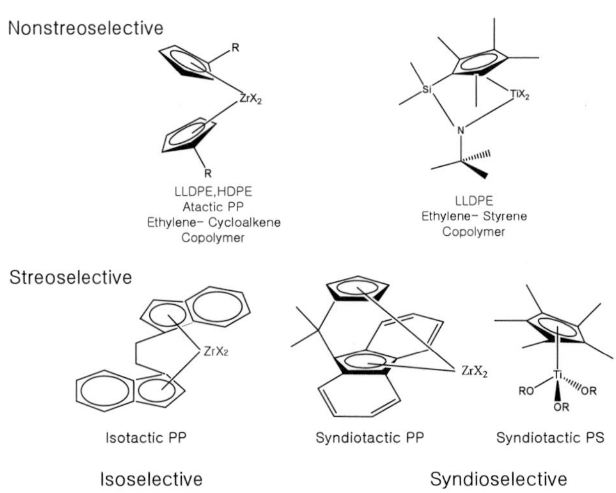


**그림 3.4** 대표적인 메탈로센 촉매

## 2) 소개

유기금속화학의 메탈로센은 샌드위치 형태의 비스시클로펜타디에닐금속 착물을 말하는 것이다. 그러나 오늘날에는 금속중심에 또 다른 치환이 있는 착물은 물론이고 '반쪽 구조' 또는 디시클로펜타디에닐 착물을 포함하여 여러 종류가 폭넓게 사용된다. 그럼에도 불구하고 'metallo-'라는 접두사는 B, Si 혹은 As과 같은 비금속원소를 포함하는 착물이 현재 발견되는 것을 고려할 때 제한적으로 사용될 수 밖에 없다. 사실, 메탈로센 같은 착물은 주기율표상의 많은 원소들에 대해 알려져 있다.

이 장에서는 주족 원소(1, 2, 13, 14, 15족)가 하나 이상의 시클로펜타디에닐 리간드와 $\pi$-결합을 하고 있는 많은 화합물을 개괄적으로 소개한다. 합성 순서, 특성, 구조 형식과 결합이 일반적 관점으로 분류되었고, 주기율표상의 각 족에 해당되는 원소들을 포함하는 착물의 정통적 예들이 더 자세하게 조사되었다. $\pi$-전자 시클로펜타디에닐 리간드를 포함하는 착물로 메탈로센이 제한되었지만, 많은 화학 분야가 헤테로시클로펜타디에닐, 아렌, 카프볼릴, 보라조일과 같은 시클로펜타디에닐의 유사체는 물론이고 확장 $\pi$-구조를 가진 시클로펜타디에닐 리간드를 포함하는 주족 착물에 대한 연구도 많이 발전되어 있다.

주족 메탈로센 화학의 현재 평가는 전이 메탈로센 화학의 성립과 비교할 때, 약 20년간 지체되었다. 그리고 현재 가지고 있는 대부분의 결과들은 고체와 가스상 구조의 데이터에서 얻어진 것들이다. 이 화합물들이 전이금속 유사체와 공통되는 특징들을 가지고 있지만, 유기금속화학의 새로운 장이 새로운 구조와 합성에 의해 열렸다. 대부분의 착물은 공기에 민감하고 표준보통 산화상태(standard formal oxidation states)에 있지만, 시클로펜타디에닐 리간드는 13족(+1)과 14족(+2)의 원소들이 더 낮은 산화 상태에서 외적인 안정성을 가지게 한다.

주족 원소는 구조적으로 오각형(pentagonal)실린더로 특징지을 수 있는 시클로펜타디에닐 리간드와 다양한 방법으로 상호반응 한다. 단합토(monohapto) 상호작용이라고 부르는 실린더 내부에 원소를 가지고 있는 화합물은, 내부 원소가 실린더형의 탄소 중심과 가까이 위치하여, $\eta^1$ 으로 표기된다. 만약 내부 원소가 실린더형의 하나 이상의 탄소 중심과 등거리에 있다면 그 착물들은 각각 $\eta^2$, $\eta^3$, $\eta^4$ 혹은 $\eta^5$의 합토성(hapticity)을 가지고 있다고 나타낸다. 이런 형식($\eta^1 \sim \eta^5$)의 착물도 메탈로센으로 분류되며 또한, 시클로펜타디에닐 실린더 외부에 원소가 있는 경우에는, 가장 가까이에 있는 탄소 원자가 보통 삼각형 평면성(trigonal planarity)에서 크게 비틀어져 있다. 그리고 시클로펜타디에닐 고리안의 결합 길이와 결합각이 불균등하게 되어 시클로펜타디엔의 경우처럼 변하게 되는데, 이러한 화합물은 원자와 탄소 중심이 $sp^3$ 혼성(hybridization)을 하고 있다고 생각되며 σ 착물로 분류된다.

M　　　　E

1　　　　2

이-, 삼합토 착물은 때때로 주변 배위(peripheral coordination)를 포함한 것으로 묘사된다. 위의 착물 1과 같이 전이금속 유사체와 편재된 이중결합의 시클로펜타디에닐 면(plane)을 가져 지속적인 비틀림을 유발한다. 반대로, 주족 메탈로센은 전형적으로 시클로펜타디에닐 리간드 안의 C-C결합이 상대적으로 작은 혼돈을 보이고, 합토성이 현저하게 감소하며 평면성이 화합물 2와 같이 유지된다. 더욱이, 주족 원소들의 경우 σ-와 다합토 구조의 에너지 차이는 작다. 가장 설득력 있는 것은 합토성 사이의 무시할 수 있을 만한 에너지 차(4~8KJ·$mol^{-1}$)를 보이는 삼시클로펜타디에닐알루미늄 유도체들의 실험적 및 이론적 연구이다. σ와 π 상호작용의 분명한 차이는 주족 원소의 많은 시클로펜타디에닐 유도체에서는 가능하지 않고, 합토성의 분류에는 불완전성이 있다는 것이다.

시클로펜타디에닐 유도체의 결합 모델에 대한 정의는 리간드-원소간 상호작용에서 이온특성도(degree of ionic character)에 의해 더욱 더 복잡하게 된다. 전기음성물질의 매우 넓은 범위는 전이금속원소보다 주그룹에 유용하다. 그러므로 대부분의 p-블록 메탈로센은 원소와 시클로펜타디에닐 리간드 사이의 공유 상호작용을 고려해야 하지만, 알카리와 더 무거운 알카리토류 메탈로센은 대개 이온으로 보이고 여전히 둘 다 전이금속 유사체와 관련된 구조적인 특징을 가지고 있다. 이러한 결합유형의 상이점으로 두 가지의 화합물 명명법이 발달되었다. 즉 많은 이온 화합물들은 대체로 분자식 $ECp_n$로 나타내고 '원소 시클로펜타디에나이드'로 언급되는 반면에, 공유 화합물들은 대개 분자식 $Cp_nE$로 '시클로펜타디에닐 원소'라고 부른다. 명명법과 분자식의 두 가지 유형을 유지하지만 대부분의 화합물이 이온과 공유적 특성을 나타내므로 반드시 결합 유형을 암시하지는 않는다.

주족 메탈로센의 발달은 치환된 시클로펜타디에닐 리간드의 사용을 촉진한다. 이들 중 가장 일반적인 것은 종종 모체인 시클로펜타디에닐 유사체보다 열안정성이 큰 착물을 제공하는 펜타메틸시클로펜타디에닐(Cp*)이다. 다른 유도된 리간드의 종류는 $Cp^{n\text{치환}}$로 표시되는데, 여기서 지수(n=1-5)와 치환기 유형(M=methyl, I=isopropyl, B=tertiary butyl, Ph=phenyl, Bz=benzyl, D=dimethylsilyl, T=trimethylsilyl, P=diphenylphosphino)을 나타내어, Cp*는 $Cp^{5M}$을 의미한다.

또한, 많은 Cp'리간드의 부피가 큰 성질은 착물에 대해 흥미로운 뒤틀림을 부과할 수 있지만 많은 조건에서 그들이 원소-탄소 분해(cleavage)와 함께 치환 반응을 일으키는 좋은 분리기라고는 할 수 없다. 중심 원소에 보조 배위를 할 수 있도록 곁가지 작용기($Cp^N$, $Cp^O$, N=dimethyaminoethyl, O=methoxyethyl)를 도입하는 방법은 여러 가지의 화학과 새로운 분자 구조와 함께 메탈로센 개발의 새로운 차원을 제공한다.

개환복분해중합(ROMP)을 포함하는 올레핀 복분해반응, 전이금속을 이용한 일산화탄소의 중합으로부터 폴리키톤(polyketone)의 형성, 그리고 단계성장 부가 · 제거 짝지음(coupling) 중합을 포함하는 더욱 많은 수의 금속촉매 작용을 하는 중합도 있다. 금속촉매 활성점의 연구는 현재 진행 중인 연구 중에서 강력한 분야이다.

### 3) 특징

일반적인 Ziegler-Natta 촉매는 활성점인 금속 성분이 불활성인 고체 표면에 분산되어 활성점의 성질이 균일하지 않기 때문에 다활성점 촉매(multi-site catalyst)라고 부른다. Ziegler-Natta 촉매로 에틸렌과 부텐을 공중합할 때 중합된 고분자의 분자량과 각 고분자에 함유된 공단량체인 부텐의 분포가 활성점에 따라 서로 다르다. 이에 반해 메탈로센 촉매는 일정한 구조를 갖는 하나의 활성점을 형성하고 모든 활성점이 동일한 특성을 갖는 단일활성점 촉매(single-site catalyst)라고 할 수 있으며, 따라서 중합된 고분자의 분자량과 공단량체의 분포도 균일하다. 또한 메탈로센 촉매는 일반적인 Ziegler-Natta 촉매보다 공중합 활성이 좋아 고분자내의 공단량체의 함량을 크게 높일 수 있다.

일반적으로 메탈로센 고분자는 분자량 분포가 좁기 때문에 고분자량 성분이 적어서 투명도가 좋으며, 저분자량 성분도 없어서 수지 특유의 맛이나 냄새의 문제가 없다. 또한 공중합 성능이 좋기 때문에 유연하고 강도가 크며 내환경성이 좋다. 이러한 특성을 이용하여 메탈로센계 폴리에틸렌으로 기존 제품보다 강도와 투명도가 극히 높은 필름을 만들 수 있고, 공단량체의 함량을 극대화시켜 밀도가 아주 낮은 거의 탄성체(elastomer) 영역의 제품이 개발되었다.

또한 폴리프로필렌의 경우에는 촉매 구조를 전환함에 따라 곁가지인 메틸기의 위치가 같은 방향으로 배열되게 하거나(iPP) 또는 교대로 엇갈리게 배열된(sPP) 구조를 선택적으로 만들 수 있다.

특히 폴리스티렌의 경우 일반적인 중합법으로 얻은 폴리스티렌은 곁가지인 페닐기의 배열이 일정치 않으나(atactic polystyrene, aPS), 메탈로센 촉매를 사용하면 곁가지가 교대로 엇갈리게 배열된 새로운 신디오탁틱 폴리스티렌(syndiotatic polystyrene, sPS)을 만들 수 있으며 이러한 sPS는 내열 온도가 극히 높고 내화학성이 우수하다.

이밖에 메탈로센 촉매의 탁월한 공중합 성능을 이용하여 제조된 EPDM (ethylene-propylene-diene terpolymer)은 가황 속도 증가 등 새로운 물성이 기대되고 있으며, 노르보넨(norbornene)과 같은 고리형 단량체와 에틸렌을 공중합한 시클로올레핀 공중합체(COC)는 무정형의 물질로 광학 소재로서 유망한 고투명 제품이다.

이러한 메탈로센 고분자 제품의 개발은 폴리올레핀과 같은 범용 소재를 고성능화하여 신규 수요를 만들어낼 뿐 아니라 값이 비싸고 재활용이 어려운 기존제품을 대체하는 효과가 있어서, 특히 중저급의 엔지니어링 플라스틱이 가장 큰 영향을 받을 것으로 생각된다.

메탈로센 촉매 기술이 갖는 더 큰 의미는 분자 수준의 고분자 구조와 물성 제어라는 개념의 도입이라고 볼 수 있다. 즉, 촉매의 구조를 설계함으로써 원하는 고분자의 구조를 결정할 수 있는 길이 열리게 된 것이다. 이는 신제품 개발을 용이하게 할 뿐 아니라, 궁극적으로는 고객의 수요를 반영하여 고분자를 설계하는 새로운 생산 방식으로 이어지리라 생각된다. 이 경우 제품의 물성이 사용된 단량체에 따라 결정되는 기존의 제품과는 달리 고객이 원하는 물성에 따라 정교하게 설계된 제품이 될 것이다.

Ziegler-Natta 촉매에 비하여 메탈로센 촉매는 여러 가지 특징을 가지고 있다. 첫째로 앞에서 언급하였듯이 메탈로센의 구조를 변형시킴에 따라 여러 가지 입체특이성을 가진 중합체를 제조할 수 있다. 둘째로 중합가능한 단량체의 종류가 다양하여 여러 가지 α-올레핀뿐만 아니라 시클로올레핀의 고리 구조를 유지시키면서 중합할 수가 있다. 셋째로 불균일성인 Ziegler-Natta 촉매계에서는 전이 금속의 일부만이 활성점으로 작용하는 데 반하여, 균일성인 메탈로센 촉매에서는 대부분의 금속이 중합에 참가함으로써 더 높은 중합활성을 나타낸다. 넷째로 Ziegler-Natta 촉매는 다양한 활성점을 가지나, 메탈로센 촉매는 균일한 성질의 활성점을 가지고 있어 분자량 분포가 좁은 중합체나 조성이 보다 균일한 공중합체를 제조할 수 있다.

메탈로센계 촉매가 많은 주목을 받고 있는 주된 이유는 원하는 구조를 가진 고분자의 합성이 가능하기 때문이다. 즉, 원하는 물성을 가진 고분자의 구조를 설계한 후 이에 알맞은 촉매를 설계하고 합성하여 계획된 고분자를 합성할 수 있을 것으로 기대되기 때문이다. 이것은 중합 분야에 종사해 온 촉매 및 고분자 합성 연구자들의 오랜 꿈을 실현시키는 것일 것이다. 그렇다면 메탈로센 촉매의 어떠한 특성이 원하는 구조를 가진 고분자의 합성을 유도하는지 살펴보기 위해서는 기존의 Zieger-Natta 촉매와 메탈로센 촉매의 특성을 비교해 보는 것이 바람직하다.

표 3.1은 이들 촉매의 특성을 나타낸 것이며, 이로써 다음의 세 가지 사항을 지적하고자 한다. 첫째는 두 촉매가 갖는 유사성이다. 거시적으로 보아 두 촉매는 모두 촉매 중심금속이 Ⅳ족에 속하는 금속이며, 공촉매는 Ⅲ족에 속하는 Al이다. 또한 촉매성분이 공촉매의 도움 없이는 촉매 활성점을 생성할 수 없다는 점과 생성된 활성점이 전자가 결핍된 양이온 특성을 보이는 점도 공통점이며 중합 메카니즘도 모두 배위 중합이다. 이러한 비슷한 점들로 인해 메탈로센 촉매를 크게 Zieger-Natta 촉매로 분류하여 균일계 Zieger-Natta 촉매라고도 부르는 것이다. 하지만 이러한 비교는 대단히 개괄적인 것이며, 촉매를 거시적으로 관찰한 것에 불과하므로 엄밀한 의미에서 촉매의 특성을 비교한 것으로 볼 수 없다. 왜냐하면 촉매 특성을 비교하기 위해서는 촉매 활성점의 관점에서 관찰하는 것이 의미 있기 때문이다.

따라서 두 번째 비교는 촉매의 활성점에 중심을 둔 것이며, 두 촉매가 현저하게 다름은 쉽게 알 수 있다. Zieger-Natta 촉매는 반응계 내에서 전기적, 입체적 성질이 다른 여러 개의 활성점이 생성되며 이들 활성점들은 활성점마다 특성에 알맞은 고분자를 생성하게 된다. 따라서 생성되는 고분자의 구조와 분포는 활성점의 수와 분포에 대응하여 표 3.2에 나타낸 것처럼 다양한 분자량과 곁가지 분포를 가진 고분자들이 혼합되어 있는 고분자가 제조된다.

**표 3.1** 메탈로센 촉매와 Ziegler-Natta 촉매의 비교

| 특성 | Ziegler-Natta 촉매 | 메탈로센 촉매 |
|---|---|---|
| 촉매성분 | $TiCl_4$, $TiCl_3$ | $Cp_2'ZrCl_2$, $Cp_2'TiCl_2$ |
| 공 촉 매 | $AlEt_3$ | MAO ($AlMe_3+H_2O$) |
| 공촉매/촉매 몰비율 | 100 이내 | 100 이상 |
| 중합 메카니즘 | 배위 | 배위 |
| 촉매 활성점 | 양이온 특성 | 양이온 특성 |
| 제조 고분자 | LLDPE, HDPE, VLDPE, IPP | VLDPE, LLDPE, HDPE, IPP, SPP, SPS, SPMMA etc. |
| 공단량체 종류 | 1-부텐, 1-헥센, 1-옥텐 | $\alpha$-올레핀($C_4$-$C_{30}$) |

**표 3.2** Ziegler-Natta 촉매와 메탈로센 촉매의 활성점 비교

| Ziegler-Natta 촉매 | 촉매 | 메탈로센 촉매 |
|---|---|---|
| 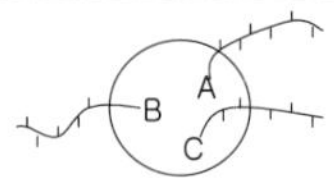 | 모양 | 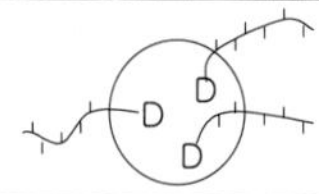 |
| 다중점 (A,B,C…) | 활성점의 수 | 단일점 (n개의 D site) |
| 활성점 수에 따라 다양 | 분자량 | n개의 일정한 고분자 |
| 넓다 | 분자량 분포 | ~1 |
| 활성점에 따라 다르다 | 공단량체와의 반응 | 일정하다 |
| 불규칙한 분포 | 곁가지 분포 | 규칙적인 분포 |
| 다양한 고분자 구조가 혼합된 것 | 전체 고분자 구조 | 일정한 고분자의 집합체 |

이러한 Zieger-Natta 촉매의 특성은 촉매 제조상 나타나는 본질적인 것이므로 특성 조절이 거의 가능하지 않다. 따라서 공정적인 변수 조절에 의한 고분자의 특성 조절이 활발히 연구되고 있으나, 촉매가 고분자 특성에 끼치는 영향이 공정에 미치는 영향보다 훨씬 크기 때문에 이런 접근은 한계가 있다. 반면 메탈로센 촉매는 활성점의 전기적, 입체적 특성이 균일하여, 생성되는 고분자의 특성 역시 균일한 분자량과 곁가지 분포를 이루어 촉매의 이름도 단일활성점 촉매라고 한다. 촉매의 구조가 바뀌면 다른 구조의 단일활성점이 생성되며 촉매 특성에 따라 활성점의 특성이 정해지고 생성되는 고분자의 구조 역시 정해지는 조직적인 연결성이 나타난다. 따라서 원하는 특성의 고분자가 설계되면 여기에 적합한 촉매를 제조하여 계획된 고분자를 합성하여 원하는 구조를 가진 고분자의 합성이 가능하게 된다.

세 번째는 생성되는 고분자의 종류 및 구조의 다양성의 비교이다. 표 3.1에 나타난 바와 같이 Zieger-Natta 촉매로는 VLDPE, LLDPE, HDPE 등의 PE와 iPP만을 생산할 수 있으나 메탈로센 촉매로는 PE, iPP뿐 아니라 sPP, sPS, sPMMA, polycycloalkene 등 기존의 Zieger-Natta 촉매나 기존의 중합법으로 만들 수 없었던 입체규칙성 고분자를 제조할 수 있으며 따라서 그 적용 범위가 또한 점점 넓어질 것으로 기대된다.

메탈로센 촉매는 사슬성장이 더 정확한 나선형 구조를 형성하는 것을 가능하게 할 뿐만 아니라 탁틱성 관점에서 입체규칙성이 증가된 비닐고분자를 얻을 수 있다. 게다가 촉매점의 균질성 때문에 좁은 분자량 분포를 가진 고분자 제조가 가능하다. 이러한 효과의 결과로 강도와 인장 성질이 향상된 고분자를 제조할 수 있다. 에틸렌에 대한 가용성 촉매의 사용은 Ziegler-Natta 촉매와 같은 고체상 촉매를 사용함으로써 제조된 PE와 비교하여 가지가 적게 달린 PE 사슬의

합성이 가능하다. 표 3.3은 Ziegler-Natta 촉매를 사용하여 제조한 PE와 가용성 촉매로 제조한 경우의 성질을 비교한 것이다.

**표 3.3** Ziegler-Natta 촉매와 메탈로센 촉매로 얻은 폴리에틸렌의 성질 비교

| 성질 | 단위 | 메탈로센 | Ziegler-Natta |
|---|---|---|---|
| 밀도 | g/㎤ | 0.967 | 0.964 |
| melt index | | 1.3 | 1.1 |
| 흐려짐(Haze) | | 4.2 | 10.5 |
| 인장률 | psi | 800 | 750 |
| 인장 강도 | psi | 9,400 | 7,300 |
| 연신율 파괴 | % | 630 | 670 |

## 4) 입체화학적 제어

메탈로센 촉매의 대표적인 두 가지 특성은, 촉매적인 관점에는 단일활성점 촉매라는 것과 생성 고분자의 측면에서는 다양한 올레핀을 입체특이성 구조로 중합할 수 있다는 점이다. 예를 들어, Zieger-Natta 촉매로는 iPP만 생산할 수 있으나 메탈로센 촉매로는 sPS를 만들 수 있는데 이와 같은 메탈로센 촉매의 입체화학적 구조 조절을 활성점의 관점에서 설명할 수 있다.

그림 3.5에 나타난 것과 같이 양이온 활성점은 두 개의 Cp기와 한 개의 R(성장하고 있는 고분자 사슬)이 금속 원자 주위에 있는 구조이며 중합은 단량체의 배위와 삽입으로 진행된다. 입체화학 조절은 활성점에 단량체가 배위될 때 결정되며 배위 결합은 중심금속 주위 즉 활성점의 크기 및 입체적인 환경에 의해 선택적으로 유도된다. 여기에서 단량체의 배위방향조절 메카니즘은 사슬말단 제어(chain-end control)와 활성점 입체구조 제어(enantiomorphic site control)로 구분될 수 있다.

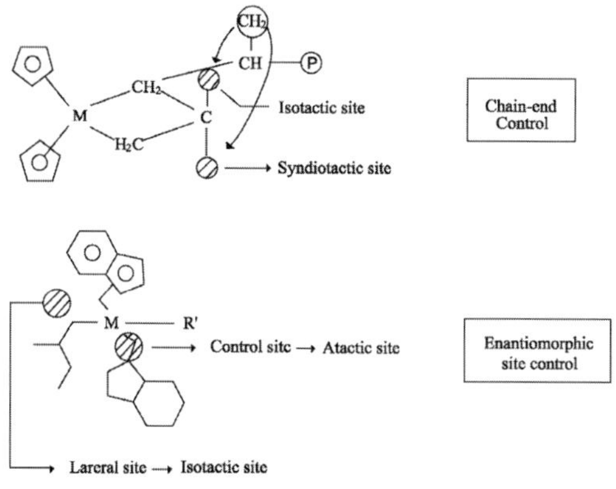


**그림 3.5** 사슬말단 제어와 입체구조 제어

사슬말단 제어는 단량체의 배위 방향이 바로 전에 삽입된 단량체 단위의 입체화학적 구조에 의해 결정되는 메카니즘이다. 그림 3.5는 프로필렌 단량체가 배위될 때의 4-요소 전이상태 (4-membered transition state)와 이미 삽입된 프로필렌의 메틸기가 서로 입체적으로 작용하여 이소탁틱 혹은 신디오탁틱 활성점을 조절하는 것을 나타낸다. 그림으로는 신디오탁틱 방향이 다소 유리할 것으로 기대되며 실제적으로 $VCl_3$에 의한 sPP합성이 이 메카니즘으로 처음 제안되고 설명되었다. 또한 사슬말단 제어에 의한 이소탁틱 PP의 구조는 표 3.4에 나타난 것처럼 입체블록(stereoblock) 형의 iPP를 생성하기도 하는데 이것은 중합 도중 한 개의 단량체가 반대 방향으로 배위 및 삽입되면 다음에 도입되는 단량체의 배위 방향이 영향을 받아 계속적으로 반대 방향으로 배위되기 때문이다.

**표 3.4** PP 제조시 메탈로센 화합물들의 입체화학적 제어

| 촉매 | 종류 | 탁틱성 | 입체화학적 메카니즘 |
|---|---|---|---|
| $Cp_2TiPh_2$ | Unbridged Metallocene | 이소탁틱 | 사슬말단 제어 |
| $VCl_3$ | Non-metallocene | 신디오탁틱 | 사슬말단 제어 |
| $Cp_2ZrCl_2$ | Unbridged Metallocene | 아탁틱 | 제어 안 됨 |
| $TiCl_4$ | Ziegler-Natta | 이소탁틱 | 입체구조 제어 |
| $Et(Ind)_2ZrCl_2$ | Bridged Metallocene | 이소탁틱 | 입체구조 제어 |
| $iPr(Cp)(Flu)ZrCl_2$ | Bridged Metallocene | 신디오탁탁 | 입체구조 제어 |

반면 입체구조 제어는 활성점의 리간드와 중심금속의 구조가 열역학적으로 유리한 방향의 단량체 배위를 유도하는 메카니즘이다. 그림 3.5는 대표적인 메탈로센 촉매의 $Et(Ind)_2ZrCl_2$의 활성점은 단량체 배위 자리로 중앙자리(자라는 고분자 사슬과 R 사이)와 뒷자리(자라는 고분자 사슬 옆자리)가 가능한데, 뒷자리에 배위되는 것이 에너지적으로 유리하다. 그런데 뒷자리는 인데닐기의 벤젠 고리 바로 아래이므로 프로필렌이 배위될 때 메틸기는 입체적 장애를 피하기 위해 벤젠 고리와는 반대쪽으로 활성점에 접근하여 배위된다.

결과적으로 뒷자리는 에너지적으로 유리하고 이소탁틱을 유도하는 자리가 되어, 생성되는 고분자의 입체화학을 조절한다. 이 메카니즘으로 생성된 iPP는 중합 도중에 한 개 단량체가 반대 방향으로 배위·삽입되어도 활성점 자체의 비대칭이 유지되므로 다시 원래 방향의 배위가 계속되어 표 3.4에 나타난 iPP를 만든다. 이 구조는 Zieger-Natta 촉매로 제조된 iPP와 같은

것이다. 따라서 Zieger-Natta 촉매의 입체화학적 제어는 입체구조 제어임을 알 수 있다. 여기서 한 가지 중요한 점은 촉매의 입체화학적 제어 메카니즘이 활성점으로 설명되지만, 활성점 구조를 직접 관찰하여 입증된 것이 아니라 생성된 고분자의 구조를 분석하여 활성점 구조를 밝히는 접근 방법으로 이루어졌다는 것이다. 이것은 활성점 자체를 관찰하는 것이 실험적으로 어렵기 때문인데 향후 좀 더 확실한 활성점의 특성조사에 기인하여 촉매 특성을 향상시키기 위해서는 활성점 모델 화합물의 합성과 중합 연구가 이루어져야 할 것이다.

표 3.4를 살펴보면 몇 가지 재미있는 점이 발견된다. 첫째, 사슬말단 제어는 중심금속 Ti나 V일 때 나타나고 Zr의 경우에는 나타나지 않는다. Ti(Ⅳ)의 이온 반경은 0.65Å인 데 비해 Zr(Ⅵ)의 이온 반경은 0.79Å이다. 따라서 Ti나 V의 경우 이온 반경이 작아 금속 주위의 배위구(coodination sphere)가 리간드와 고분자 주쇄로 밀집되어 있어, 미리 삽입된 단위의 입체적인 모양이 배위되는 단량체에 영향을 줄 수 있다. 반면 Zr은 상대적으로 이온 반경이 커서 앞과 같은 영향이 작기 때문이라 설명된다. 둘째는 촉매 구조의 영향이 크다는 점이다. 즉 일반(bent) 메탈로센은 입체화학적 제어가 없거나 있는 경우에는 사슬말단 제어로 진행되고 다리결합(briged) 메탈로센은 활성점의 입체구조 제어로 진행된다. 다리결합 메탈로센의 활성점의 구조가 유연성이 없으므로 배위 자리의 비대칭이 계속 유지되어 올레핀의 배위방향이 지켜지기 때문이다. 촉매 설계자의 관점에서는 활성점 입체구조 제어가 사슬말단 제어보다 매력적이다. 왜냐하면 사슬말단 제어는 촉매의 리간드 설계에 크게 영향 받지 않으나 활성점 입체구조 제어는 촉매의 리간드의 크기, 유연성, 전기적 및 입체적 영향 등에 의해 촉매 활성점의 구조가 결정되어 생성 고분자의 특성에 직접적인 영향을 주기 때문이다.

## 2. 촉매 성분

### 1) 메탈로센

새로운 가용성의 입체규칙성 중합촉매는 금속원자(활성)점, 공촉매 또는 짝이온(counterion) 그리고 리간드계의 세 가지 특징이 요구된다. 주요 금속 원자로는 Zr, Ti, Hf, Sc, Th 그리고 희토류(Nd, Yb, Y, Lu, Sm)기가 많이 사용된다. 시클로펜타디에닐(cyclopentadienyl, Cp)기는 가장 일반적으로 사용되어온 리간드이지만 치환된 Cp기와 다리결합 Cp기를 포함하여 다양한 구조들이 사용되고 있고, 금속 리간드기로는 이염화 지르코노센(zirconocene dichloride)가 가장 광범위하게 사용된다.

메탈로센은 시클로펜타디엔과 그 유도체인 인덴(indene), 플루오렌(fluorene) 등에서 얻을 수 있는 아래와 같은 기를 리간드로 가지고 있는 유기전이금속 화합물이다.

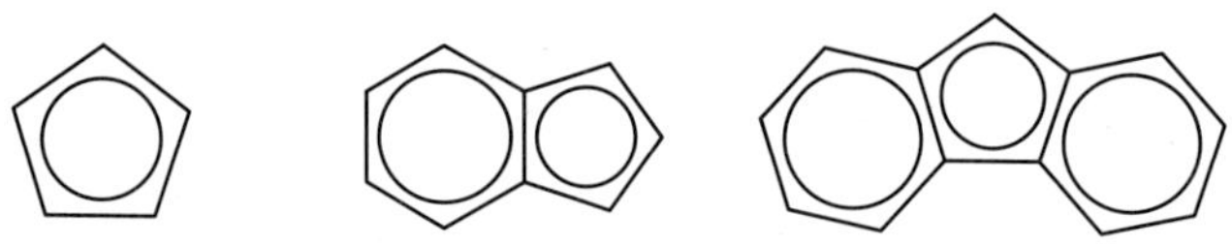

시클로펜타디에닐(Cp) I　　인데닐(Ind) II　　플루오레닐(Flu) III

가장 대표적인 메탈로센 촉매로는 아래와 같은 구조를 가진 것들이 있다.

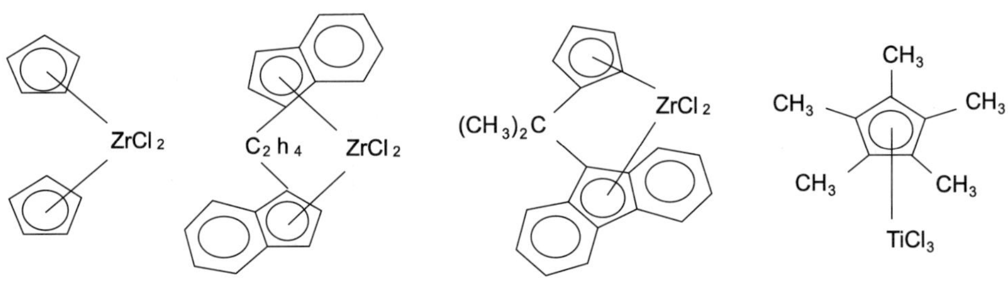


IV　　V　　VI　　VII

이염화비스시클로펜타디에닐지르코늄(bis(cyclopentadienyl)zirconium dichloride, $Cp_2ZrCl_2$)을 사용하여 에틸렌을 중합하였을 때 초고활성을 나타내었으나, 프로필렌 중합에서는 단지 aPP만이 생성되었다. 따라서 입체특이성을 가지고 있는 메탈로센 촉매의 필요성이 대두되었고, 이를 극복하기 위하여 입체 장애(steric hindrance)가 큰 리간드를 설계하여 새로운 메탈로센을 개발하는 데에 노력했다. 그 결과로 광학활성을 가지는 안사(ansa) 화합물인 이염화에틸렌비스(1-인데닐)지르코늄(ethylenebis(1-indenyl)zirconium dichloride, rac-$Et(Ind)_2ZrCl_2$, V) 등으로 iPP를 제조하게 되었고, 이염화이소프로필리덴-9-플루오레닐-1-시클로펜타디에닐지르코늄(isopropylidene-9-fluorenyl-1-cyclopentadienylzirconium dichloride, iPr[FluCp]$ZrCl_2$, VI) 촉매로는 신디오탁틱 PP(sPP)를 얻게 되었다. 이러한 안사-메탈로센으로 시클로펜텐, 노르보넨 등의 시클로올레핀의 중합 및 공중합도 가능하게 되었다. 또한 삼염화펜타메틸시클로펜타디에닐티탄(pentamethylcyclopentadienyltitanium trichloride, $Cp^*TiCl_3$, VII)을 이용하여 새로운 고분자 재료로 신디오탁틱 폴리스티렌(sPS)을 제조할 수 있다.

1980년 이후 여러 가지 형태의 메탈로센이 합성되어 그 특성이 연구되었다. 지금까지 알려진 화합물들은 구조적인 특성, 반응성 및 생성 고분자에 따라 몇 종류로 분류될 수 있다. 본 절에서는 효과적인 메탈로센의 특성 이해를 목적으로 메탈로센을 구조에 따라 분류하여 설명하고자 한다.

### (1) 굽은(bent) 메탈로센

여기서 속하는 화합물은 Kaminsky 촉매인 $Cp_2ZrCl_2$를 시작으로 초기 메탈로센 연구의 중심을 이룬 화합물로서 촉매활성은 높지만 입체특이성은 나타나지 않는다. 따라서 입체규칙성이 요구되는 고분자의 합성에는 적합지 않으므로 주로 PE 제조 촉매로 연구되어 왔다. 표 3.5는 알려진 화합물의 상대적인 촉매활성 비를 나타낸 것이며 여러 논문을 서로 비교하여 환산된 것으로 반응 조건에 따라 차이가 있을 수 있으나 대체적인 비교 자료로는 충분하리라 생각된다. 중심금속은 Zr이 대부분이고 Hf의 경우는 Zr보다 활성이 낮으나 분자량은 오히려 크며, Ti는 열적 안정도가 나쁜 것으로 알려지고 있다.

**표 3.5.** $Cp_2'MX_2$의 활성도 비교

| 촉매 | 촉매활성 비 | 비고 |
|---|---|---|
| (5,6-Dimethylindenyl)$_2$ZrCl$_2$ | 14 | |
| (Indenyl)$_2$ZrCl$_2$, (Indenyl)$_2$ZrMe$_2$, (4,7-Dimetylindenyl)$_2$ZrCl$_2$ | 7 | |
| $Cp_2Zr(CH_2SiMe_3)_2$ | 5 | Et(Ind)$_2$ZrCl$_2$ |
| $Cp_2Zr(CH_2Ph)_2$ | 3.5 | |
| $Cp_2ZrPh_2$ | 3 | |
| (MeCp)$_2$ZrCl$_2$ | 1.8 | |
| $Cp_2ZrMe_2$, $Cp_2ZrCl_2$ | 1 | $25\times10^6$gPE/g · Zr · h |
| $Cp_2HfCl_2$ | 0.7 | |
| (PentamethylCp)$_2$ZrCl$_2$ | 0.3 | |

따라서 중심금속은 특별한 경우가 아니면 Zr을 이용하는 것이 바람직하다. Cp리간드는 다양하게 사용되었으며 인데닐은 Cp보다 활성도가 7배 크고 인데닐의 4, 5 위치에 메틸기가 치환되면 활성도가 Cp보다 14배나 증가한다. 이런 경향은 전반적으로 촉매의 전기적인 효과로 설명된다. 즉 촉매에 전자 밀도를 증가시키는 방향으로 리간드를 변화시키면 활성이 증가된다. 이것은 전술한 바와 같이 양이온 활성점을 안정화시키는 효과가 좋기 때문이다. Cp 외의 리간드인 X의 효과는 다소 복잡하다. X가 Cl과 메틸은 큰 차가 없으나 페닐(phenyl), 벤질(benzyl), 네오실릴펜틸(neosilylpentyl)로 갈수록 활성도가 조금씩 증가한다.

다리결합이 없는 메탈로센 화합물이 모두 입체특이성을 보이지 않는 것은 아니다. 1991년 Erker는 입체적으로 매우 큰 치환체를 Cp에 붙인 메탈로센인 rac-$[Cp-CH(CH_3)Ph]_2ZrCl_2$와 rac-$[Cp-CH(CH_3)-cyclohexyl]_2ZrCl_2$를 합성하고 프로필렌을 중합시켜 iPP를 얻었다. 뿐만 아니라 최근 Razavi는 메틸이 치환된 플루오레닐기로 $(1-methylfluorenyl)_2ZrCl_2$를 합성하여 iPP를 얻었다.

이 결과는 다리결합을 하지 않은 메탈로센이라도 부피가 큰 치환체가 존재하여 리간드의 자유회전(free rotation)이 방지되면 활성점 주위에 비대칭이 생겨 입체화학적 성질이 나타남을 말한다. 따라서 입체화학적 성질의 문제는 다리결합의 유무가 아니라 활성점의 고정도(rigidity)가 문제임을 알 수 있다.

요약하면, 다리결합이 없는 메탈로센은 중심금속으로 Zr이 바람직하며 Cp리간드는 전자 밀도가 클수록 활성도를 향상시키고 높은 활성도와 낮은 입체특이성으로 인해 PE 제조에 매우 효과적인 촉매이다.

### (2) 다리결합(bridged) 안사-메탈로센

안사-메탈로센(안사: 고리 모양의 손잡이란 뜻)은 리간드가 연결된 구조로, 대칭성에 따라 세 가지로 나눌 수 있다. 즉 2개의 Cp기가 같고 C2 대칭성(symmetry)이 있는 대칭 다리결합 메탈로센, C2 대칭성은 없으나 σ 대칭성이 있는 비대칭성(nonsymmetric) 안사 메탈로센 및 무대칭성의 것이 있다. 이 중 대칭성 메탈로센이 가장 많이 연구되어 있으며 특히 다리결합이 에틸렌(ethylene)기 및 디메틸실릴(dimethyl silyl)기인 경우에 높은 활성과 이소탁틱 입체특이성을 보인다. 전기적 및 입체적인 영향은 전술한 바와 같이 전자주게기가 치환되면 양이온 금속 중심에 전자 밀도를 높여 활성도가 향상된다. 인데닐기의 경우에는 치환기가 5-요소고리

(5-membered ring)에 도입되면 입체 장애가 커서 활성을 감소시키는 반면에 6-요소고리 (6-membered ring)에 도입되면 입체 효과는 미약하고 전기적인 효과가 주로 영향을 미치게 된다.

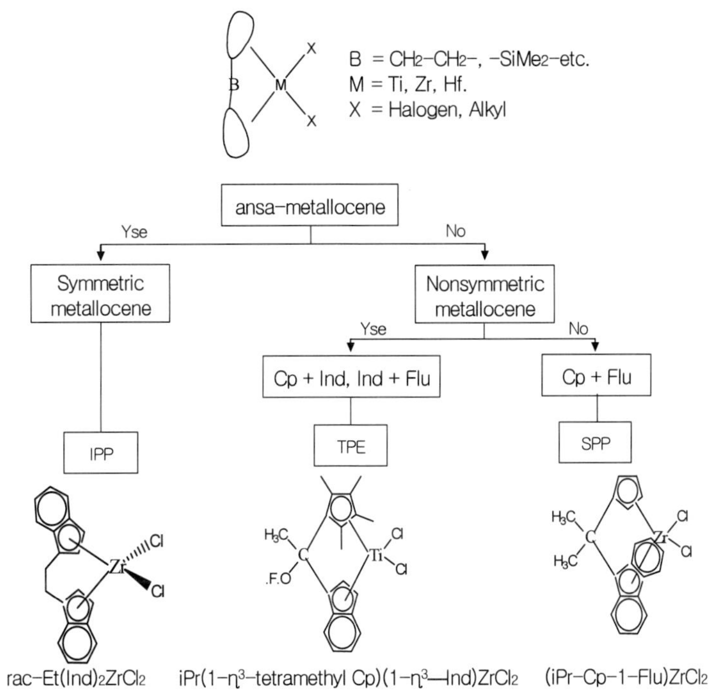


**그림 3.6** 입체규칙성 중합이 가능한 안사-메탈로센 구조

두 번째는 σ 대칭성이 있는 비대칭의 안사-메탈로센으로, 다리결합이 2,2-디메틸프로필리덴이며 분자 내에 σ 대칭성이 존재하는 Cp기와 플루오레닐기를 가진 화합물로 매우 효과적인 sPP촉매이다. 따라서 sPP촉매는 다리 결합의 종류보다 한 개의 Cp기와 한 개의 플루오레닐기가 존재하는 것이 더 중요하다. 세 번째 종류는 전혀 대칭성이 없는 것으로 TPE(thermoplastic elastomer)제조 촉매인데 1990년 Chien에 의해 처음 보고되어 지금에 이른다. 지금까지 알려진 촉매는 그림 3.6에 있는 것처럼 Cp기와 인데닐기로 된 안사-메탈로센과 인데닐기과 플루오레닐기로 구성된 안사-메탈로센이 있다. 전자의 경우 중합 도중 단량체가 인데닐기의 페닐 고리 위의 위치에서 배위, 삽입이 진행되면 이소탁틱성를 나타내고 반대 방향으로 중합이 진행되면 입체규칙성이 없어진다. 실험 결과 두 개의 활성점 사이의 에너지 차이가 작아 단량체 배위와 중합이 교대로 진행되어 이소탁틱 결정성 영역(isotactic crystalline region)과 아탁틱 무정형

영역(atatic amorphous region)이 존재하여 TPE(thermoplastic elastomer)를 만든다.

결론적으로 안사-메탈로센은 입체규칙성 제어가 가능하며, 리간드 구조와 대칭성에 따라 고분자의 입체규칙성이 변하므로 메탈로센 촉매 중에서 가장 중요하게 인식되어 활발히 연구가 진행되고 있다. 현 시점에서 이 촉매의 가장 큰 문제점은 촉매의 효과적인 합성 방법이 확립되지 않았다는 것이다.

그동안 지속되어온 제4족 금속(Ti, Zr, Hf)을 이용한 메탈로센 화합물의 주된 연구 중의 하나는 중합체의 입체적 특성을 정교하게 조절할 수 있도록 대칭적이면서도 공간적으로 견고한 다리결합 리간드(bridged ligand)를 가지는 다양한 형태의 안사-메탈로센의 합성과 그들의 α-올레핀 중합에 관한 것으로 그 결과는 현재까지 수많은 문헌에 보고되어 왔다. 이들에 의하면, 리간드의 방향족 고리에 입체적 장애를 주는 다양한 치환체를 도입하거나 다리 리간드의 크기나 원자수 그리고 원자의 성질을 적절히 변형시킴으로써 활성화된 메탈로센 촉매계의 중합 특성을 원하는 방향으로 이끌어 나가려는 수많은 시도가 성공적으로 진행되어 온 것을 알 수 있다.

에틸렌이나 스티렌 중합의 경우에는 메탈로센 촉매계의 구조적 변화는 중합체의 활성, 공단량체의 삽입 능력 그리고 분자량에 영향을 미친다고 알려져 있고, 프로필렌의 경우에는 이러한 요소가 중합 활성, 위치 선택성(regioselectivity) 및 입체 선택성(stereoselectivity), 분자량 그리고 매우 높은 입체 규칙성을 갖는 고분자에서 완전한 무정형의 소중합체에 이르기까지 탁틱성에 큰 영향을 미친다고 알려져 있다.

나아가 폴리올레핀의 입체구조는 중합체 물성에 큰 영향을 준다. 폴리프로필렌을 예로 들면, TPE는 1950년대 Natta에 의해 최초로 발견되었으며, 이들의 특징을 입체블록 고분자(stereoblock polymer)라고 설명하였다. iPP는 결정성 고분자인 결정성 열가소성수지(crystalline thermoplastic)을, aPP는 녹는점이 없는 무정성 고분자인 무정형 탄성체(amorphous elastomer)를 생성시키는데, TPE의 특징은 폴리프로필렌 사슬 구조 중에 입체화학 자체가 다른 단위가 규칙적 단위로 블록을 이루고 있는 구조를 지닌 것이다. TPE는 메탈로센 촉매 및 반응 조건을 변화시킴으로써 그 구조와 물성을 정교하게 조절할 수 있다.

1990년대 들어서 Chien은 대칭성이 전혀 없는 촉매를 사용하여 입체블록 고분자를 합성하였고, 1995년에는 Collins가 두 리간드가 탄소 혹은 실리콘 원자로 연결, 고정된 두 개의 비등방 활성점(inequivalent site)을 가지는 안사-메탈로센으로 입체블록 고분자를 합성하였다.

### (3) 구속기하 촉매(constrained geometry catalyst, CGC)

구속기하 촉매(CGC)는 아래와 같이 금속이 한 개의 헤테로 원자(heteroatom)에 연결되어 있는 구조이며, Dow Chemical에 의해 구속기하 촉매란 이름으로 알려졌다.

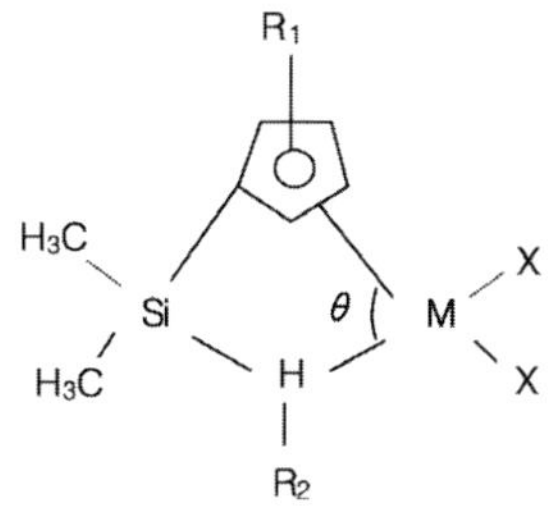


$R_1$ =H 또는 Alkyl
$R_2$ =Alkyl
H =N, O, S등의 헤테로 원자
M =Ti, Zr
X =Halogen, Alkyl
$\theta$ =Cp중심 −Metal−H사이의 각도

안사-메탈로센과 비교하여 하나의 Cp기 대신 헤테로 원자가 치환된 것으로, CGC의 특성은 바로 이 치환에서 비롯된 것이다. 헤테로 원자의 치환은 전기적으로 헤테로 원자의 큰 전기음성도로 인해 활성점의 전자 결핍 상태를 크게 하여 Cp기가 2개 있는 촉매에 비해 다소 낮은 활성을 보이며, 입체적인 효과로 Cp기보다 크기가 작은 헤테로 원자가 활성점의 입체적 혼잡을 줄여 단량체의 접근을 쉽게 해 활성에 도움을 주는 반면, 입체특이성은 감소시킨다. 그러므로 CGC는 입체특이성이 크게 요구되지 않는 에틸렌 중합촉매로 사용되고, 특히 활성점이 커서 공단량체의 반응성이 좋아 에틸렌 공중합체의 합성에 탁월한 장점을 보인다. 또한 합성된 LLDPE의 주사슬에 짧은 사슬 가지(short chain branch)뿐 아니라 긴 사슬 가지(long chain branch)도 미량 있으므로 타 촉매로 합성된 공중합체보다 좋은 물성을 나타낸다. CGC계 촉매의  특성 비교 수단으로 Cp기 중심과 중심금속 그리고 헤테로 원자 사이의 각인 θ를 사용한다. 보고에 의하면 θ가 작을수록 활성점은 커지고, 촉매의 공중합 특성도 향상된다. θ의 크기는 Cp기와 헤테로 원자 사이의 다리결합 길이와 헤테로 원자에 결합된 $R_2$의 종류에 영향을 받는다. θ가 가장 작은 것으로는 다리결합이 디메틸 실릴(dimethyl silyl)이고 $R_2$가 t-butyl인 경우로 102°이나, 가장 큰 것은 다리결합이 디메틸 실릴이 두개 연결된 것과 $R_2$가 벤질인 경우로 102° 정도이다. 따라서 촉매 설계와 합성시에 제조할 고분자의 구조를 감안하여 θ가 적합한지를 검토하는 것이 중요하다. 결국 CGC는 헤테로 원자를 도입함으로써 기존의 두개의 Cp기 촉매계와는 다른 특성과 개념을 도입시킨 촉매이며, PE 공중합체 제조에 효과적이다.

### (4) 반쪽 메탈로센(half-metallocene)

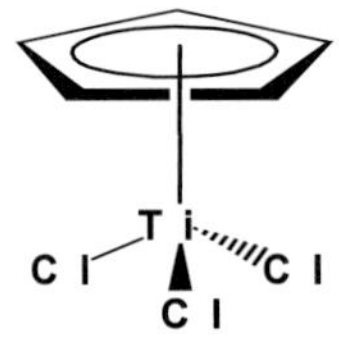

$CpTiCl_3$
half metallocene

단 한 개의 Cp 리간드 및 그 유도체를 가지고 있는 반쪽 센드위치 구조의 화합물은 Ishihara에 의해 알려졌으며 sPS 제조 촉매이다. 물론 sPS 제조 촉매로서 사벤질티탄 등의 화합물이 알려졌으나, 낮은 활성으로 인해 실용성은 기대할 수 없었다. 지금까지 알려진 sPS 제조 촉매의 특징은 메탈로센 화합물의 중심금속은 Ti이고, 같은 리간드를 가져도 금속이 Zr, Hf, V 등의 경우에는 중합 결과 아탁틱 PS만이 합성될 뿐 신디오탁틱성을 나타내지 않는다는 것이다. sPS 촉매는 반드시 1개의 Cp기만을 가져야 하고, Cp기에 알킬기 치환이 많을수록 활성이 향상된다. 2개의 Cp기가 존재하는 메탈로센은 알킬기가 1개 치환되면 전기적인 영향으로 활성이 증가하나 알킬기 치환이 증가하면 입체적 장애가 발생하여 오히려 활성이 떨어지는 경향이 있지만, 단일 시클로펜타디에닐 메탈로센은 Cp기의 알킬기 치환이 미치는 입체적인 장해보다는 알킬기 치환으로 양이온 활성점을 안정화시키는 전기적인 영향이 크게 작용한다. 이것은 Zambelli에 의해 제안된 아래와 같은 활성점 구조를 보면 쉽게 설명이 된다.

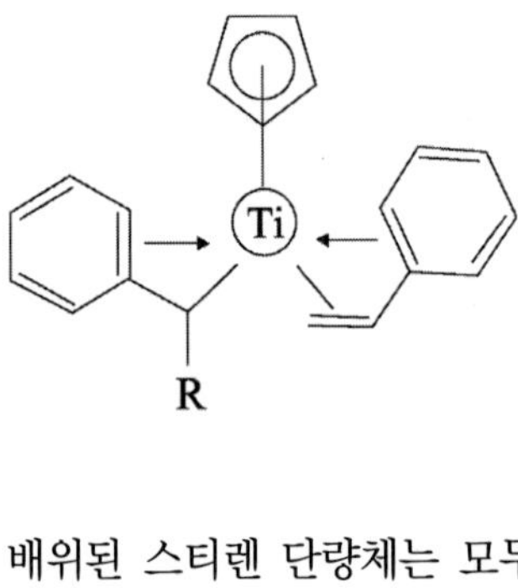


즉 성장하는 고분자 사슬과 배위된 스티렌 단량체는 모두 Cp기의 반대쪽에 놓여 있어, Cp기와는 큰 입체적 상호작용이 없음을 알 수 있다. 또한 배위된 스티렌은 2개의 이중 결합이 중심금속인 Ti와 결합하여, 신디오탁틱 입체규칙성에 필요한 단량체 배위를 이룬다. 그리고

Cp 리간드 이외의 리간드 X는 촉매 특성에 큰 영향이 없다. 즉 표 3.6을 보면 X가 Cl에서 메톡시(methoxy)기로 변하여도 활성도가 비슷함을 알 수 있다.

**표 3.6** $Cp'TiX_3$ 촉매의 sPS 제조 활성도

| 화합물 | 활성도(g · sPS/g · Ti) |
|---|---|
| $TiCl_4$ | 350 |
| $Ti(OC_2H_5)_4$ | 800 |
| $Cp_2TiCl_2$ | 90 |
| $CpTiCl_3$ | 8,600 |
| $CpTi(OMe)_3$ | 10,000 |
| $(Me_4Cp)Ti(OMe)_3$ | 130,000 |
| $(Me_5Cp)Ti(OMe)_3$ | 200,000 |

단일 시클로펜타디에닐 메탈로센 화합물은 sPS 합성에 매우 효과적이고 입체특이성을 얻기 위해 스티렌 단량체가 $\eta^4$ 형식으로 금속 중심에 배위하며 1개의 Cp기만이 존재하므로, Cp기의 크기가 큰 영향을 미치지 않고 전자밀도가 증가시킬 수 있는 Cp기일수록 효과적인 촉매이다.

한편, $CpTiCl_3$-MAO 촉매계를 이용하여 에틸렌과 스티렌을 공중합한 결과, 에틸렌-스티렌 공중합체가 얻어졌으며 이때 공중합체의 구조는 [MAO]/[Ti] 비에 의존하여 그 비가 작은 경우에만 랜덤 공중합체가 생성된다. 그리고 이 촉매계를 이용하여 기존의 담지 메탈로센의 단점인 활성 저하 문제를 해결할 수 있는 고활성의 $MgCl_2$-담지 $CpTiCl_3$-MAO 촉매계가 개발되어 폴리에틸렌과 유사랜덤(pseudorandom) 에틸렌-스티렌 공중합체를 얻었다는 사실이 보고되어 있다.

또한, $CpTiCl_3$-MAO 촉매계를 이용한 공액 디엔(conjugated diene)인 이소프렌과 부타디엔의 단독중합 및 스티렌과의 공중합에 대한 연구도 보고되어 있다. 즉 단독중합의 반응성은 이소프렌, 스티렌, 부타디엔의 순으로 증가하며, 스티렌과 부타디엔의 반응성 비의 곱($r_1r_2$)이 1.6으로 랜덤 공중합체가 생성된다고 하였다. 또한 이소프렌과 스티렌의 공중합에서는 $r_1r_2$가 2.3으로 역시 랜덤 공중합체가 얻어지지만, 중합 활성이 극히 낮다. 이는 촉매 활성점에서 이소프렌과 티탄과의 $\pi$-디에닐 배위가 스티렌과의 배위에 비해 강하기 때문이며, 따라서 소량의 이소프렌이 첨가되어도 활성은 급격히 감소한다.

### 2) 공촉매

중성인 메탈로센은 과량의 메틸알루민옥산(MAO) 등의 Lewis산과 같은 다른 적당한 공촉매와의 반응으로 활성점을 형성하고, 활성점은 생성된 양이온 메탈로센-알킬이다.

메탈로센 촉매의 공촉매로는 MAO가 많이 사용되고 있으며, 이 MAO는 삼메틸알루미늄(trimethylalumium, TMA)을 정교하게 가수분해하여 얻을 수 있다. MAO의 구조는 아직까지 확실하지 않으나 선형, 고리 및 구 형태 등의 구조를 갖는 중합도 4~20의 올리고머이다.

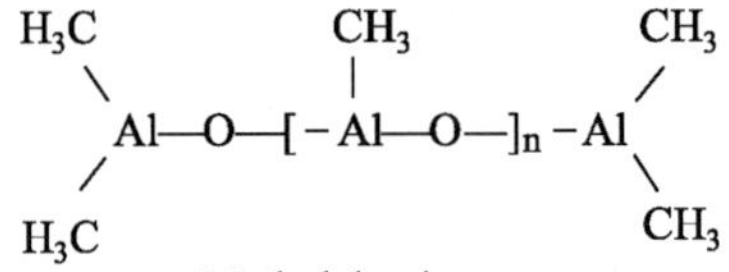

Methylaluminoxane

n=4~20

MAO의 발견으로 폴리올레핀 제조 및 이상적인 촉매 설계가 가능한 균일계 중합촉매가 개발되었으며, MAO는 몇 가지 역할을 수행한다. 즉 활성자리로 강하게 배위하는 것은 없지만 양이온으로서 촉매복합체를 유지한다. 또한 알킬기로 염화물 원자중 하나를 치환하고 2차 염소를 제거하여 메탈로센 염화물을 알킬화한다. 그러므로 배위로 불포화 양이온 복합체, $Cp_2MR^+$를 만든다.

메탈로센-알킬-올레핀 복합체 형태의 활성금속을 포함하는 이온쌍에 올레핀이 근접하여 배위하며 이 복합체는 성장하는 고분자 사슬로 올레핀 단량체를 삽입하기 위한 중간 단계이다. 촉매 복합체의 구조에 따라 단량체에 대하여 활성과 입체적 선택성을 제어한다. MAO와 같은 강력한 친산소 분자는 촉매의 불활성화(poisoning)를 방해하며, 물과 알코올과 같은 Lewis염기에 민감하다.

Zambelli 등은 rac-Et$(H_4Ind)_2ZrCl_2$ 및 rac-Et$(Ind)_2ZrCl_2$촉매에 공촉매로서 MAO 대신에 $AlMe_2F$과 $AlMe_3$의 혼합물을 사용하여 톨루엔 중에서 프로필렌의 중합을 행하였다. 그 결과를 MAO계와 비교하면 중합 활성은 상당히 낮았으나 iPP의 미세구조는 거의 동일하게 얻어졌다. 이때 용매를 톨루엔 대신에 이염화메탄으로 바꾸면 중합 활성은 대폭 증가되었다.

플루오르화 화합물의 유도체로만 생성 가능한 이알루미늄 음이온($[Al_2Me_6F]^-$)에 의하여 배위불포화 양이온종이 생성될 수 있는데, Ewen은 톨루엔 중에서 [rac-Et$(H_4Ind)_2ZrMe]^+$

또는 $[iPr(Cp(Flu)Me]^+$형의 양이온 착물이 합성될 수 있다는 것을 발견하고 이들을 이용해서 프로필렌의 중합을 행하였다. 전자로 얻어진 PP는 rac-$Et(H_4Ind)_2ZrMe_2$-MAO계에서 얻어진 PP과 같은 이소탁틱 미세 구조를 가지고 있으며, 그 반면에 후자로 얻어진 신디오탁틱 PP는 $iPr(Cp(Flu))ZrMe_2$- MAO에서 얻어진 것과 비교하여 이소탁틱 연결 구조를 많이 포함하고 있기 때문에 낮은 녹는점을 가지는 것으로 알려졌다.

메탈로센 촉매가 많은 관심을 끌고 발전하고 있는 것은 메탈로센 화합물 자체가 가진 특성이 흥미롭기 때문이지만 공촉매인 MAO의 역할 또한 매우 중요하기 때문이기도 하다. 보는 관점에 따라서는 Kaminsky가 $Cp_2ZrCl_2$를 발견하여 메탈로센 촉매가 사용되었다기보다는 MAO를 발견하였기 때문에 오늘의 메탈로센 촉매의 발전이 있었다고 볼 수 있을 만큼, 공촉매인 MAO의 중요성은 아무리 강조해도 지나치지 않을 것이다. MAO는 삼메틸알루미늄(trimethylaluminum, TMA)과 물을 반응시켜 만든 화합물이며 메탈로센 촉매 사용시 함께 도입되는 공촉매이다. Zieger-Natta 촉매의 공촉매로 다양한 삼알킬알루미늄을 사용하지만 메탈로센 촉매의 경우에는 효과적인 활성을 얻으려면 MAO가 공촉매로서 필수적이다.

이와 같은 중요성에도 불구하고 MAO에 대해 알려진 것이 많지 않다. 이것은 MAO 자체가 소중합체이고 합성할 때 반응 조건에 매우 민감하여 실험의 재현성을 얻기가 쉽지 않아 정확한 MAO 분석이 어렵기 때문이다.

지금까지의 연구 결과를 정리하면 다음과 같다.

첫째 MAO는 선형 구조와 고리 구조의 2가지 형태가 존재하고, n은 4~20이지만 10~20인 경우에 공촉매 효과가 좋다. 선형 구조와 고리 구조는 분리되지 못하였으므로 각각의 특성 차이를 모르는 상태이다.

두 번째는 MAO의 역할인데, 일반적으로 다음 4가지가 가장 중요하게 인식되고 있다. 우선 알킬화 반응으로 MAO는 메탈로센을 메틸화시켜, 금속-메틸기 결합을 형성하여 양이온 활성점을 만든다. 다음은 생성된 양이온의 짝이온으로서 활성점을 안정화시키는 역할이며, 마지막으로 반응계 내의 불순물 제거제(impurity scavenger)로서의 역할이다. MAO는 자체가 Lewis산이므로 전자주게인 불순물과 우선적으로 반응하여 활성점을 보호한다.

세 번째는 MAO 내에 TMA의 존재 유무와 존재의 필요성에 관한 문제이다. TMA와 $H_2O$의 반응으로 MAO를 합성하여 분리정제할 때 미반응의 TMA가 MAO에 남아 있게 되어 메탈로센과의 반응시 메틸화에 관여할 수 있다는 것이다. 실제 MAO의 양을 줄이기 위해 TMA를 섞어서 반응시켜도 큰 영향이 없는 것이 보고되어 이와 같은 추측을 지지하였다. 그러나 최근 TMA

없이 MAO가 공촉매로서 매우 효과적임을 보여 TMA의 존재가 중요치 않음을 시사하고 있다.

네 번째는 공촉매로서 사용되는 MAO의 양이다. 메탈로센 촉매를 사용할 때 [Al]/[Zr]의 비가 증가할수록 활성과 입체특이성이 증가하며 효과적인 활성을 얻으려면 이 비가 최소 $10^3$ 단위는 되어야 한다. 그러나 MAO의 과도한 사용으로 실용적인 면에서 매우 큰 문제를 야기한다. 즉, 우선 합성된 고분자 내에 과량의 Al성분 제거를 위한 공정이 요구되며 MAO의 비싼 가격으로 인해 생산비가 증가하게 되고 위험한 화합물을 많이 사용하게 되는 등의 단점이 발생하게 된다. 현 시점에서 이 문제를 해결할 뚜렷한 대안은 없으나 공촉매로서 MAO를 사용하지 않는 양이온 메탈로센 촉매 사용, MAO와 TMA를 함께 사용하여 전체적인 MAO 양을 줄이는 방안 그리고 메탈로센을 적당한 담지체에 담지시키는 방안 등이 활발하게 연구되고 있다.

MAO는 메탈로센의 공촉매로서 매우 효과적인 장점이 있는 반면에 합성의 재현성, 과다한 사용 및 비싼 가격 등의 단점을 가지고 있다. 따라서 향후 메탈로센 촉매의 실용화를 위해 이런 단점부터 보완해야 한다. 이를 위해서는 합성의 정교한 조절과 정확한 분자 구조의 확립 및 명확한 반응 메카니즘을 통한 역할 판명이 실용적인 연구와 함께 병행되어야 할 것이다.

MAO 이외에 큰 음이온을 만들 수 있는 $Ph_3C^+B(C_6F_5)_4^-$ 등의 붕소화합물이 MAO를 대체하여 금속양이온 착물을 안정화시키는 목적으로 사용될 수 있는데, 이 경우 메탈로센 촉매의 알킬화 및 활성화는 다른 반응 경로를 통하여 부여되는 것이 필요하며 불순물도 다른 물질로써 제거하여야 한다.

### 3) 활성점 형성

전술한 바와 같이 메탈로센 촉매의 가장 큰 특성은 촉매의 본질인 활성점이 하나라는 것과 생성되는 고분자의 입체규칙성으로 요약할 수 있다. 본절에서는 두 특성의 관련성을 좀 더 깊게 살펴보고자 한다.

#### (1) 성질

$Cp_2TiX_2-AlR_nCl_{2-n}$ 촉매계에 의한 에틸렌 중합에서 $(Cp_2TiR)^+$형의 양이온종이 활성종이라는 결과가 많이 보고되어 있다. Jordan 등은 양이온 착물인 $(Cp_2Zr(THF))^+(BPh4)^-$(R=Me, Bz)을 합성 분리하여 이들 착물이 저활성이지만 단독으로 에틸렌 중합 능력을 가진다는 것을

알았으며 최근에는 주게(donor)가 없는 착물 등이 보고되었다. Gassman 등은 $Cp_2ZrX_2$-MAO계를 XRS로 조사하여 양이온종의 생성을 지지하는 결과를 얻었다. Jeske 등은 $(Cp_2'LnH)_2$ (Ln=La, Nd, Sm, Lu, $Cp_2'$=*5-$C_5Me_5$)을 합성 분리하여 톨루엔 중에서 에틸렌 중합을 행한 결과, 이들이 Kaminsky-Sinn촉매에 필적하는 초기 활성을 나타내었다. 이들 란탄족 착물이 f-전자의 존재를 제외하고는 ⅣB족의 양이온 착물($[Cp_2MMe]^+$, M=Ti, Zr, Hf)과 비슷한 전자 구조를 갖고 있다는 점은 매우 흥미 있는 사실이다.

이상의 결과는 Kaminsky-Sinn촉매에 있어서 MAO가 배위불포화 양이온 착물의 생성과 안정성에 관여하고 있다는 것을 강하게 시사하고 있으나, MAO의 명확한 역할에 대해서는 더욱 많은 연구가 필요하다.

메탈로센 촉매의 활성점은 양이온 금속 원소를 가지고 있다. 양이온 활성점은 아래의 그림 3.7에 나타난 것처럼 메탈로센 화합물과 공촉매인 MAO의 반응으로 생성된다. 반응 중 생성되는 양이온 중간체인 1, 2 그리고 3은 직접 분리되어 확인되지 않았으나 1986년 R. Jordan이 화합물 4를 산화 분해(oxidative cleavage)하여 양이온 화합물 5를 분리하였다. 그 이후 계속된 연구를 통해 메탈로센 촉매의 활성점이 양이온 특성을 가진 것에는 이견이 없는 상태이며 최근에는 키랄 구조의 양이온 메탈로센을 직접 제조하여 공촉매 없이 고분자를 합성하려는 연구가 활발하게 진행되고 있다.

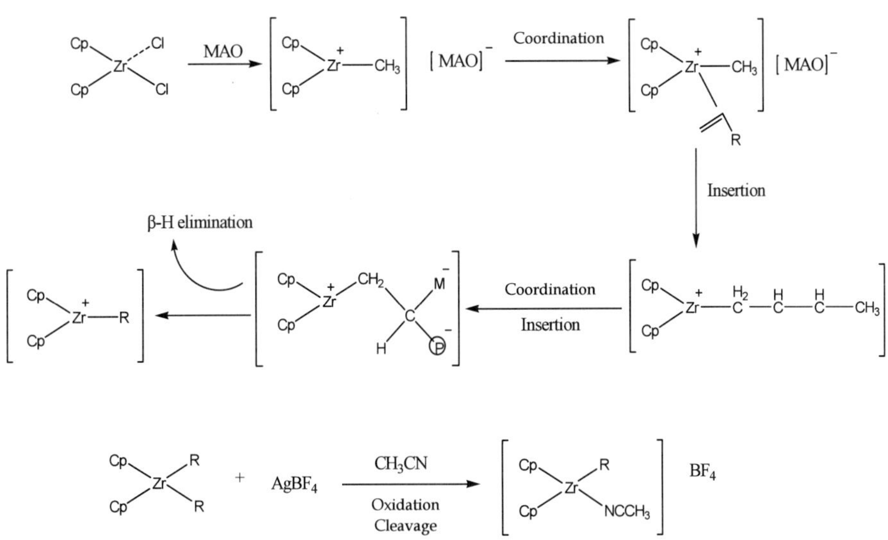


**그림 3.7** 메탈로센 화합물의 양이온 활성점

양이온 활성점에 의한 중합은 올레핀의 배위과 삽입을 통해 진행되며 이 과정들은 생성된 활성점의 반응성과 안정성에 의해 좌우된다. 반응성과 안정성은 활성점을 구성하고 있는 Cp 리간드의 전기적 입체적 특성에 의해 조절되며 따라서 간과하지 말아야 될 것은 양이온 활성점의 짝이온의 종류 및 역할이다. 짝이온의 자세한 구조는 밝혀지지 않았지만 공촉매인 MAO로부터 생성된 것으로 여겨지며 특별히 일반 삼알킬알루미늄보다 MAO가 유일한 공촉매로 사용되는 것은 짝이온으로서 양이온의 안정화에 매우 효과적이기 때문으로 생각된다.

### (2) 전기적·입체적 특성

메탈로센 촉매의 활성점은 양이온 특성을 가지므로 전자주게(electron-releasing)기인 메틸기와 에틸기가 Cp기의 H 대신 치환되면 활성과 분자량이 상승한다는 것을 표 3.7에서 알 수 있다.

**표 3.7** Cp기의 치환에 따른 활성과 분자량 비교

| 촉매 | 활성(KgPE/g·M·h·atm) | $Mw\times10^{-3}$ |
|---|---|---|
| $Cp_2ZrCl_2$ | 252 | 140 |
| $(MeCp)_2ZrCl_2$ | 467 | 212 |
| $(EtCp)ZrCl_2$ | 306 | 171 |
| $(Me_5Cp)ZrCl_2$ | 71 | 63 |

또한 표 3.8에서도 인데닐기의 5, 6 위치에 Cl기가 도입되면 활성이 1/7로 감소되고 분자량도 반으로 줄어든다.

**표 3.8** 비스인데닐 메탈로센의 치환체에 따른 활성도와 분자량

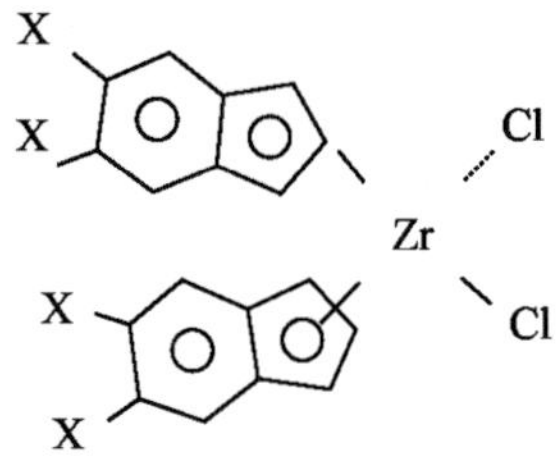


| x | Kp(KgPP/mmol·Zr·h) | Mn |
|---|---|---|
| H | 14,000 | 250,000 |
| Me | 25,200 | 278,000 |
| Cl | 1,900 | 127,000 |

Cl기의 도입으로 활성점이 전자를 보충하려는 경향이 강하여 금속과 리간드, 즉 Cp-M 결합과 M-R결합이 강해진다. 이것은 결과적으로 올레핀의 삽입 단계에서 요구되는 M-R 결합 단절을 어렵게 하여 성장 속도 상수($k_p$)를 감소시켜 촉매의 활성을 저하시킨다. 또 $k_p$ 감소는 상대적으로 성장 반응의 경쟁 반응인 정지 단계의 β-H 제거 기회를 증가시켜 분자량이 감소된다. 다른 설명으로는 양이온 활성점과 짝이온의 결합에 중점을 둔다. 전자가 부족한 양이온일수록 양이온 활성점에 짝이온인 음이온이 밀착되어 있어 단량체가 중심금속에 접근하기 어려워 $k_p$가 감소하고 활성도 작아진다. 이것은 실제 양이온 메탈로센 촉매 합성시에 바람직한 활성을 얻기 위해서는 비배위 짝이온인 $[B(C_6F_5)_4]^-$의 사용이 필수적임을 감안하면 쉽게 이해될 수 있을 것이다.

촉매에 미치는 영향은 전기적 요소뿐 아니라 입체적인 요소도 중요하다. 표 3.6을 보면 Cp의 치환체가 메틸로부터 에틸 그리고 펜타메틸로 갈수록 다시 말하면 전자를 밀어주는 기가 많아질수록 활성과 분자량이 감소하여 전술한 전기적인 효과와 반대되는 결과를 보이고 있다. 뿐만 아니라 표 3.9를 보면 인데닐기에 메틸 1개가 치환되면 활성도가 반으로 줄어 이것 역시 전기적인 영향과는 거리가 먼 결과를 보여준다. 이런 결과들은 촉매의 특성을 전기적인 영향으로만 설명하는 데 한계가 있음을 나타낸다. 즉 활성점 가까이에 치환체가 있으면 전기적인 효과뿐만 아니라 입체적으로 활성점 주위가 복잡해져 올레핀의 배위를 지연시켜 활성을 감소시킨다.

**표 3.9** 실릴(silyl) 다리결합 메탈로센의 치환체에 따른 활성도와 탁틱성

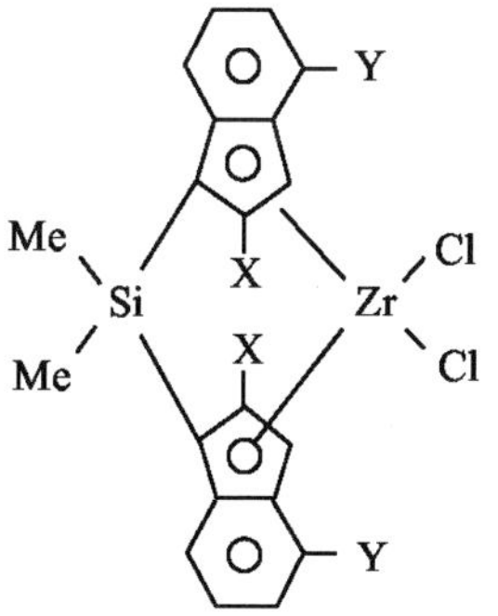


| 화합물 | 활성도(Kg · pp/mmol · Zr · h) | %mmmm |
|---|---|---|
| X=Y=H | 190 | 81.7 |
| X=Me, Y=H | 99 | 88.5 |
| X=H, Y=ipr | 245 | 88.6 |

표 3.7과 표 3.8에 의하면 $Cp_2ZrCl_2$의 경우 에틸 치환기부터 입체적인 효과에 의한 지연이 시작된다고 볼 수 있으며 다리결합 인데닐 메탈로센의 경우에는 5-요소고리(5-membered ring)의 치환은 활성점에 근접해 있어 메틸기의 치환만으로도 활성을 저하시킨다. 반면 활성점에서 비교적 떨어진 6-요소고리(6-membered ring)의 치환은 이소프로필 같은 큰 치환기도 오히려 활성과 입체특이성를 증가시켜 준다. 이것은 입체적인 방해보다는 이소프로필기의 전기적인 전자 밀도 증가가 더 크게 영향을 주기 때문이다. 결국 입체적인 효과는 치환기의 크기뿐 아니라 치환 위치도 매우 중요하다. 이러한 일련의 실험 결과들은 메탈로센 촉매가 리간드의 전기적, 입체적 특성에 매우 민감하게 영향을 받아 이를 생성하는 고분자에 전달해주는 것임을 나타낸다.

또한 일반적으로 전자를 밀어주는 치환기는 활성과 분자량 및 탁틱성 향상을 유도하고 큰 치환기는 활성을 저하시키는 결과를 가져 오지만, 많은 경우 예외적인 결과가 나타나므로 이와 같은 일반론이 항상 적용되지는 않는다. 그 이유로는 여러 가지가 있을 수 있지만 리간드 변화에 따른 촉매 활성점의 정확한 구조를 예측하기 힘들기 때문이다. 따라서 촉매 설계 시 적용된 아이디어는 실험을 통해 반드시 검증되어야 할 것이다.

### 4) 중합 메카니즘

개시 반응과 성장 반응은 알킬기-고분자 사슬에 대하여 에틸렌의 전배위(pre-coordination)와 삽입을 통해 일어난다. 정지 반응에서는 수소화 지르코늄와 긴사슬의 α-올레핀이 생성된다. β-H 제거 반응에 의하여 생성된 긴사슬의 α-올레핀은 선형 고밀도 폴리에틸렌을 형성할 수 있거나, 다양한 가지형과 선형 생성물을 제공하기 위해 프로필렌, 1-헥산 또는 1,5-헥사디엔과 같은 단량체와 함께 공단량체로 사용될 수 있다. Ⅳ B족 메탈로센 촉매의 전체적인 활성은 시간당 촉매 그램당 폴리에틸렌 1톤을 초과하므로 제조수율이 매우 높으며 이러한 촉매계는 다양한 폴리프로필렌과 같은 다른 탄화수소의 고분자를 생성한다.

Ⅳ B족 메탈로센 촉매의 주요한 제한점은 공기와 습기에 매우 민감하고 헤테로 원자를 함유하는 단량체와 상호작용을 할 수 있다. 결합되지 않은 전자쌍을 가진 헤테로 원자를 함유한 단량체인 경우에 산소와 같은 헤테로 원자가 탄소-탄소 이중결합 대신에 Lewis 산 금속 중심에 우선적으로 배위한다. 소위 몇몇의 중전이 · 후전이 유기금속 화합물은 헤테로 원자의 존재에 무관하여 효율적인 촉매로 사용될 수 있다.

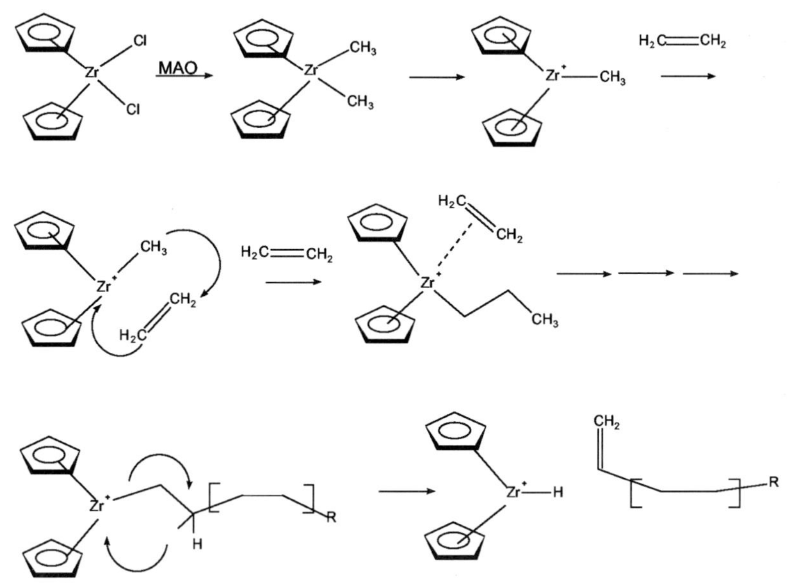


**그림 3.8** 메탈로센 촉매의 에틸렌 중합 메카니즘

메탈로센 촉매의 올레핀 중합 반응 메카니즘은 그림 3.8에 나타나 있듯이 개시 반응, 성장 반응, 정지 반응 및 사슬 이동 반응 등으로 구분되는 사슬 중합반응 메카니즘을 따른다.

### (1) 개시 반응

메탈로센 촉매의 활성점은 금속 양이온 착물(complex)이며, 이는 MAO에 의한 알킬화 및 활성화로 형성된다.

$$Cp_2M-Cl_2 + -(\overset{Me}{\overset{|}{Al}}-O)_n- \xrightarrow{\text{알킬화}} Cp_2\overset{Me}{\overset{|}{M}}-Cl + -[-(Cl\overset{Me}{\overset{|}{Al}}-O)-(Al-O)-]_{n-1}-$$

$$Cp_2\overset{Me}{\overset{|}{M}}-Cl + -(\overset{Me}{\overset{|}{Al}}-O)_n- \xrightarrow{\text{활성화}} Cp_2M^{+}-Me + -[-(Cl_2\overset{Me}{\overset{|}{Al}}-O)-(Al-O)-]_{n-1}-$$

금속 양이온 착물은 반응성이 매우 높으므로 금속 양이온과 배위 결합을 하지 않을 정도로 입체 장애가 큰 음이온으로 이를 안정화시켜야 한다. 따라서 MAO는 메탈로센 촉매를 알킬화 및 이온활성화시키며, 생성된 양이온 형태의 메탈로센알킬 및 상대이온을 안정화시키고 불순물과 반응하여 중합 활성점을 보호하는 등의 다양한 역할을 한다. 그러나 이러한 MAO는 고가이고 그 구조가 합성 조건에 따라 민감하게 변화할 뿐만 아니라 중합시의 사용량이 너무 많은 단점이 있다.

### (2) 성장 반응

개시 반응에서 생성된 금속 양이온 착물은 올레핀 단량체와 배위결합을 형성하며 올레핀 단량체가 삽입함으로써 성장 반응이 진행된다.

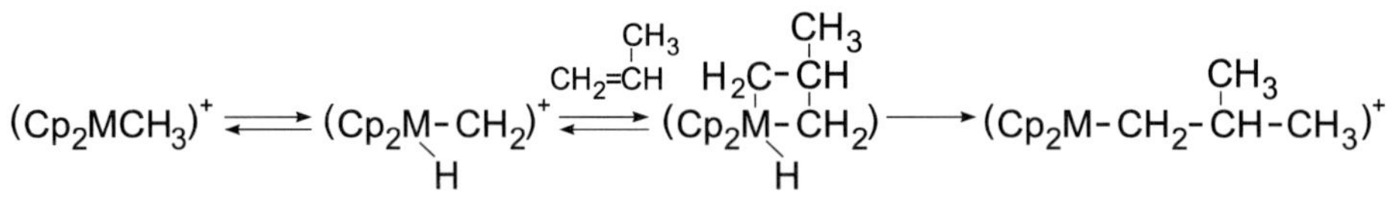

이때 단량체의 삽입 방식으로는 주로 1-2 부가(addition)이나, 메탈로센 촉매의 구조에 따라 2-1 부가가 간혹 발생하여 고분자의 배열선택성이 낮아진다. 단량체의 삽입 후 새로이 형성된 알킬기는 올레핀 단량체가 배위되었던 위치로 이동하여 빈 배위 자리를 남기며 다음에 삽입되는 단량체가 이 빈 자리에 배위되는 방식으로 성장 반응이 진행된다.

### (3) 사슬이동 반응

메탈로센 촉매에 의한 올레핀 중합반응의 성장은 사슬이동 반응에 의하여 정지되는데, 주요한 사슬이동 반응으로는 β-수소 제거(β-hydride elimination)가 있다.

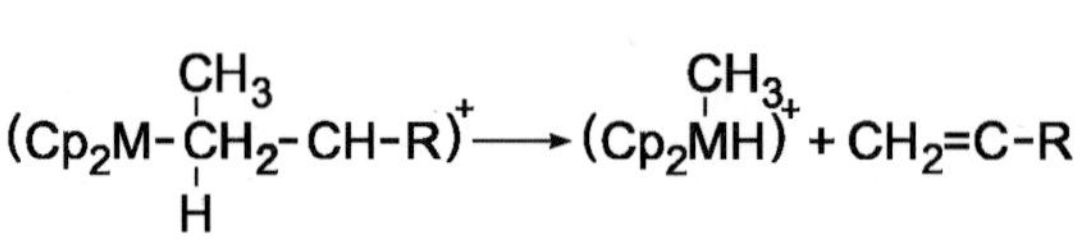

아래와 같이 공촉매인 MAO로의 사슬이동 반응도 많이 일어난다.

$$(Cp_2MR)^+ + -(\overset{\displaystyle Me}{\overset{|}{Al}}-O)- \longrightarrow (Cp_2MMe)^+ + -(\overset{\displaystyle R}{\overset{|}{Al}}-O)-$$

중합온도가 낮을 때는 주로 β-수소 제거 반응에 의하여 고분자의 분자량이 결정되지만, 높은 온도에서는 MAO로의 사슬이동 반응도 고분자의 분자량에 큰 영향을 미친다. 촉매에 전자를 공여하는 리간드가 결합되어 금속의 전자 밀도가 증가하면 촉매의 활성과 고분자의 분자량이 모두 상승한다. 그러나 촉매에 결합된 리간드의 수가 너무 많거나 입체 장애가 지나치게 큰 경우에는 촉매의 활성과 고분자의 분자량이 감소할 수도 있다.

수소에 의하여도 사슬이동 반응이 아래와 같이 진행될 수 있다.

$$(Cp_2MR)^+ + H_2 \longrightarrow (Cp_2MH)^+ + R-H$$

그러나 Ziegler-Natta 촉매의 경우와는 달리 메탈로센 촉매에 의한 올레핀 중합에서 분자량 조절의 목적으로 수소가 사용되지 않는 것이 보통인데, 그 이유는 수소가 촉매의 활성을 감소시키며 메탈로센 촉매가 수소 첨가반응을 촉진하여 올레핀 단량체를 탄화수소로 포화시킬 수 있기 때문이다.

## 3. 공업적 이용

균일계인 메탈로센 촉매는 여러 가지 장점을 가지고 있어 신세대 중합촉매로서 그 중요성이 증가되었고, 이들을 이용한 폴리올레핀 등의 새로운 고분자 제품이 개발되어 선진국에서는 시생산되고 있다. 메탈로센 화합물의 구조를 적절히 설계함으로써 새로운 특성을 가진 고분자를 제조할 수 있으며, 현재까지 메탈로센의 구조와 생성 고분자의 특성과의 연관관계를 이해하기 위한 새로운 형태의 메탈로센 합성에 많은 노력을 기울여 왔다.

따라서 많은 메탈로센 촉매가 개발되어 있지만, 이를 생산에 적용하기 위해 새로운 공정을 개발하기에는 비용이 너무 많이 필요하게 되므로 기존의 공정을 이용할 수 있는 방법을 찾지 않으면 안 되는 실정이다.

용액 중합법을 제외한 기상, 슬러리 및 벌크 중합 등의 현존 생산 공정에서 이들 메탈로센 촉매를 적용하기 위해서는 중합체의 회수가 기존 공정에서 무리 없이 이루어져야 하는 것은 물론이고, 생산된 중합체가 너무 작다거나 크기 때문에 발생할 수 있는 이송, 건조, 펠레트화(pelletizing) 등의 공정상에서의 문제뿐만 아니라, 물성적인 측면에서의 하자가 발생되지 않아야 하므로, 생성 중합체의 입자 모양 및 크기의 조절이 필요하다. 따라서 촉매의 담지화가 필요불가결하다. 이러한 배경으로 중합체의 형태(morphology)를 향상시키면서 메탈로센 촉매의 이점을 유지할 수 있는 효율적인 메탈로센 담지 방법을 개발하기 위해 많은 연구가 이루어지고 있지만, 담지시 활성이 급격히 저하되는 등의 문제점으로 인하여 실질적으로 상업화에 들어간 경우는 적으며 가시적으로 큰 성과를 얻지 못한다.

① 애로점

메탈로센 촉매의 상업화에 가장 큰 걸림돌 중의 하나는 촉매 가격이 너무 비싸다는 것이다. 일반적으로 폴리에틸렌 1톤을 생산하는 데 Ziegler-Natta 촉매는 20달러 정도가 소요된다. 메탈로센 촉매 자체도 고가이지만, 일반적인 알킬알루미늄과 같은 공촉매와는 달리 고가인 MAO가 수백 내지 수천 배 더 많이 사용되기 때문에 촉매의 경제성 문제가 심각하게 제기되었으나, 현재 상업화가 진전됨에 따라 현재는 폴리에틸렌 1톤당 촉매 비용이 50달러 수준까지 낮춰진 것으로 알려졌다.

한편 메탈로센으로 제조된 LLDPE는 Ziegler-Natta 촉매를 사용한 경우보다 물성은 크게 개선되나, 현재의 가공 기계로는 가공이 다소 용이하지 않다는 문제도 있다. 따라서 고분자 주사슬에 긴 곁가지를 도입하는 등 분자 구조를 변형하여 가공성을 개선하는 방안을 연구하고 있다. 메탈로센을 사용하는 폴리프로필렌의 제조에서는 아직 충분하지 않은 촉매 활성과 물성 및 용도 등의 개발이 주된 과제라 하겠다.

균일계 메탈로센 촉매계는 기상공정(gas phase process)에의 직접 적용이 불가능하여 최근에는 무기담지체를 사용한 담지형 메탈로센 촉매에 대한 연구가 활발하다. 메탈로센 촉매도 담지화를 통하여 불균일상으로 만든 후 사용하면 중합체 입자의 형태를 효과적으로 조절할 수 있고 미세한 입자가 적게 생성되므로 건조 공정 혹은 이송 공정 등의 후처리 공정 운전이 용이하다.

② 상업화

세계의 석유화학업계는 메탈로센 촉매 기술을 상업화하기 위하여 1998년 현재까지 30억 달러 이상의 집중적인 R&D 투자를 한 것으로 알려져 있다. 또한 이러한 신기술의 등장에 따라 연구 개발에 따른 위험 부담을 최소화하기 위하여 전략적 제휴를 활발히 추진하고 있다.

미국의 Exxon은 저밀도 폴리에틸렌(low density polyethylene, LDPE)을 생산하는 고압공정에 메탈로센 촉매를 적용하여 1991년 최초로 메탈로센 폴리에틸렌의 상업화에 성공하고 Exact$^{TM}$ 제품을 판매하기 시작하였다. 또한 Dow도 당사의 CGCT(constrained geometry catalyst technology)와 용액 공정으로 1993년에 폴리에틸렌계 제품의 상업 생산에 성공하여 Inste$^{TM}$ 제품을 판매하고 있다. 이들 제품의 특징은 메탈로센 촉매의 탁월한 공중합 성능을 이용하여 부텐, 헥센 등의 공단량체 함량을 극대화시켜 밀도가 0.88~0.91 영역의 선형 저밀도 폴리에틸렌(linear low density polyethylene, LLDPE)이라는 것이다. 이어서 일본의 Mitsui, 미국의 Univation, 영국의 BP 등이 폴리에틸렌 생산에 가장 많이 사용되는 기상 공정에 메탈로센 촉매를 적용하여 상업화하였다.

sPS는 일본의 Idemitsu와 Dow가 협력하여 상업화를 추진하고 있으며, COC는 독일의 Hoechst와 일본의 Mitsui가 공동으로 상업 제품을 출시하고 있다.

폴리프로필렌의 경우에는 공정과 제품의 상업화는 비교적 느린 편인데, 1985년 iPP를 위한 촉매가 개발된 이후 sPP를 개발하기 위한 연구도 활발히 이뤄지고 있다. 대표적인 기업으로는 Exxon, Hoechst, Fina 등의 회사로 PP 상업화를 위한 메탈로센 촉매 중심으로 활발히 연구하고 있다.

이와 같이 메탈로센 고분자는 폴리에틸렌을 중심으로 이미 상당히 상업화가 진행되었으며, 국내에서도 메탈로센 LLDPE를 수입하여 포장 용기 등에 사용하고 있다.

현재 전망으로는 메탈로센 제품 중 폴리에틸렌, 특히 LLDPE는 2005년 세계 총생산량 1,690만 톤 중 490만 톤이 메탈로센 촉매로 제조될 것으로 추정된다. 반면에 메탈로센 EPDM과 폴리프로필렌은 아직 범용보다는 특수 용도로 생각되고 있다. 메탈로센 폴리프로필렌에 대해서는 2010년 세계 수요가 iPP 경우에 280~450만 톤(8%), sPP의 경우에는 이보다 적은 5~15만 톤으로 예상된다. 이 밖에 지금까지 적용되지 않았던 고밀도 폴리에틸렌(high density polyethylene, HDPE) 영역을 비롯하여 아크릴레이트와 같은 극성 분자와 올레핀의 공중합 등으로 메탈로센 촉매의 적용 대상이 넓혀질 것으로 생각된다.

③ 업체의 동향

최근 해외 화학업계의 사업 영역 재설정과 대형화 추세와 함께 이러한 신기술의 상업화는 업체 간 전략적 제휴를 유도하고 있다. 그 대표적인 예로서 1997년도에만 미국의 Exxon과 Union Carbide는 Univation(기상 공정 LLDPE 분야)을, 일본의 Mitsui와 Sumitomo는 Japan Evolue(기상 공정 LLDPE 분야)를, 독일의 Hoechst와 BASF는 Targor(PP 분야)를, Dow와

Du-Pont은 DuPont-Dow Elastomer(EPDM 분야) 등의 합작회사를 신설하였다.

조만간 세계의 고분자 산업은 메탈로센 촉매와 같은 신기술을 매개로 하여 상당한 변혁을 겪을 전망이고, 아시아에서의 잇따른 증설 및 신설에 따라 한국의 석유화학 업계도 이제는 특수 제품을 중심으로 재편해 나가지 않으면 안 될 것으로 보이며, 이미 실제로 삼성 종합화학에서는 2003년까지 범용 제품 생산을 검토하고, 특수 제품 생산에 주력하기로 하고 있다.

## 1) 올레핀

### (1) 이소탁틱 중합

에틸렌 중합에 고활성을 나타내는 $Cp_2ZrMe_2$/MAO 촉매계는 프로필렌 중합에도 고활성을 나타내며, 앞서 말한 불균일계 Ziegler-Natta 촉매로서 얻을 수 있는 이소탁틱 PP와는 달리 [mm]=0.25, [mr]=0.50, [rr]=0.25의 입체 배열 분포를 가진 통계적으로 완전히 불규칙한 구조의 아탁틱 PP를 만들 수 있다. 여기에 반해 Ewen 등은 전이금속화합물로서 $Cp_2TiPh_2$를 사용하여 -85~0℃의 온도에서 프로필렌 중합을 하면 아키랄(achiral) 활성종을 가짐에도 불구하고 이소탁틱 PP가 생성된다는 것을 알았다. 이 PP의 미세 구조는 불균일계 촉매에서 얻을 수 있는 아래의 구조 (I)이 아닌 (II)의 구조를 가지다는 것이 밝혀졌는데, 이 결과는 위의 촉매계에 의한 프로필렌의 이소탁틱 중합이 사슬구조 제어에 의해 진행된다는 것을 시사하고 있다.

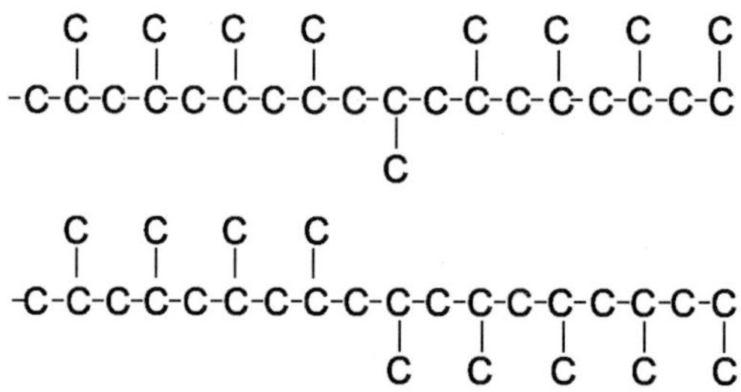

(I)

(II)

Zambelli 등은 사슬이동제(chain transfer reagent)로서 $Al(^{13}CH_3)_3$, $Al(^{13}CH_2CH_3)_3$를 첨가하여 프로필렌 및 1-부텐을 중합하였으며, 이때 $Ti-^{13}CH_3$, $Ti-(^{13}CH_2CH_3)_3$ 결합에 단량체가 삽입되는 양식을 상세히 검토하였다. 그 실험 결과로 성장 사슬 말단의 삼차 탄소가 키랄(chiral)한 경우에만 단량체가 삽입될 때에 입체특이성이 생기며, 삼차 탄소에 있는 치환기 크기가 차이날수록 입체특이성이 향상된다는 것을 명백히 하였다. 이와 같은 아키랄 착물을 사용한 저온에서의 이소탁틱 중합([mm]<72%)은 균일계 V촉매에 의한 신디오탁틱 중합([rr]=80%)처럼 그렇게 높지는 않다.

한편 Ewen과 Kaminsky 등은 전이금속화합물로 키랄 Ti, Zr 혹은 Hf 착물을 사용하면 프로필렌의 이소탁틱 중합이 진행되며, 보통의 고체 촉매의 경우와 같이 (I)의 구조를 가진 이소탁틱 PP가 얻어진다는 것을 발견하였다. 이렇게 얻은 PP의 분자량분포의 분산도($M_w/M_n$)는 약 2이고 활성종은 한 종류라고 생각되었다. Zambelli는 rac-Et(Ind)$_2$TiMe$_2$/MAO 촉매계에 대해 앞서 말한 방법으로 중합 메카니즘을 검토하였으며, 그 결과로 Et(Ind)$_2$Ti-R 결합에 단량체(C=C-R')가 삽입반응할 때에 R 또는 R'가 에틸기보다 클 경우에는 R이 키랄이 아니더라도 중합체가 입체선택성을 가진다는 것을 보고하였다. 이것은 불균일계 Ziegler-Natta 촉매에 의한 이소탁틱 중합 메카니즘과 일치한다. 그러나 rac-Et(Ind)$_2$ZrCl$_2$/MAO 또는 rac-Et(H$_4$Ind)$_2$ZrCl$_2$ /MAO계로 얻어지는 이소탁틱 PP에는 고체촉매의 경우에서는 볼 수 없는 구조(III)과 (IV)가 소량 존재한다고 알려져 있다. 따라서 불균일계 Ti촉매 및 균일계 촉매에 의해 합성한 이소탁틱 PP의 물성을 비교 검토하여 보면 후자에서 얻어진 PP가 비교적 낮은 융점을 나타낸다는 것이 밝혀졌다.

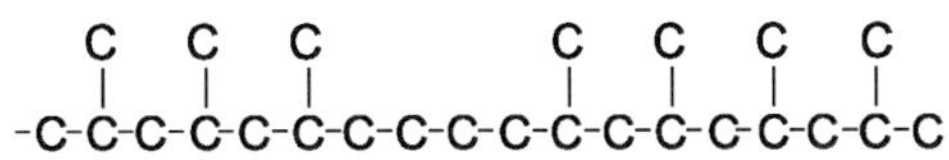
(III)

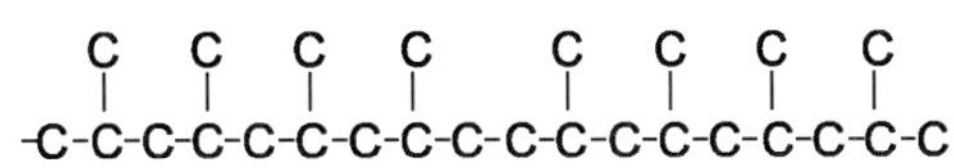
(IV)

한편 위와 같은 키랄 착물을 광학 분할하여 한 종류만의 이성질체를 사용함으로써 좌 또는 우 나선구조를 가진 광학활성(optical active)의 이소탁틱 PP 및 이소탁틱 폴리부텐을 얻을 수 있다. 그러나 주사슬의 나선 구조에서 유래한 광학 활성은 중합체가 일단 용해 또는 용융되면 없어진다. Pino 등은 (-)-(R)-Et(Ind)$_2$ZrCl$_2$/MAO계 촉매를 사용하고 다량의 수소 공존 하에서 프로필렌의 올리고머화를 행하였다. IR, $^{13}$C-NMR 및 광학 회전(optical rotation) 분석으로부터 생성된 소중합체는 이소탁틱 구조를 가지고 성장 개시 말단의 키랄 탄소(chiral carbon)는 (S)구조를 갖고 있다는 것을 밝혔으며, 이 결과로부터 중합반응의 전이 상태를 아래와 같이 추정하였다.

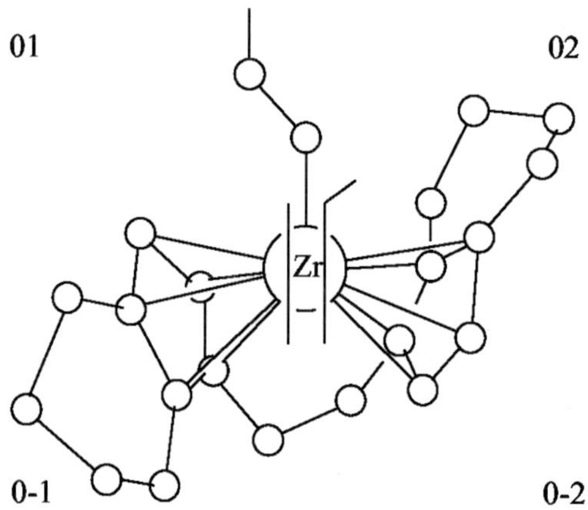


**그림 3.9** Et(Ind)$_2$ZrCl$_2$/MAO계 촉매에 의한 프로필렌 중합 반응의 전이 상태

## (2) 신디오탁틱 중합

$VCl_4$-$AlR_2Cl$-anisole계와 V(acac)$_3$-$AlR_2Cl$계는 저온(-78℃)에서 프로필렌의 신디오탁틱 리빙 중합을 일으키며, 바나듐 아세틸아세토네이트을 사용하면 -40℃ 이하에서 거의 100%의 개시제 효율로 프로필렌의 신디오탁틱 리빙 중합이 일어난다.

한편 Ewen은 Hf 또는 Zr 착물과 MAO계로 상온 근처의 중합온도에서 규칙성이 높은 신디오탁틱 PP를 얻을 수 있다는 사실을 발견하였다. 예를 들면 Hf 착물을 사용하여 25℃에서 프로필렌을 중합하면 [rrr]=0.86, $Mw=1.3\times10^5$, Mw/Mn=1.9의 신디오탁틱 PP가 얻어진다. 그리고 고분자의 미세 구조가 입체 결합을 가지고 있다는 사실로부터 이러한 신디오탁틱 중합은 그림 3.10에 나타낸 바와 같이 촉매 규제에 의해 진행된다고 생각될 수 있었다. 즉 고분자의 성장 사슬에 올레핀이 부가됨에 따라 중합이 진행된다는 모델에서 활성종의 키랄성(chirality)이 바뀌어 프로필렌의 배위양식이 $r_e$, $s_i$, $r_e$, $s_i$, …인 교대 구조를 가지게 되기 때문에 신디오탁틱 PP가 생성되는 것으로 알려져 있다. 여기에 덧붙여 생성 고분자가 가지는 입체결함의 대부분이 rmmr 및 rrmr이므로 촉매 규제 메카니즘의 타당성이 다시 한번 증명되었다. 즉 rmmr은 단량체 배위의 전환, rrmr은 활성종의 이성화(성장 말단의 이동)에 각각 기인하는 것으로 해석되었다.

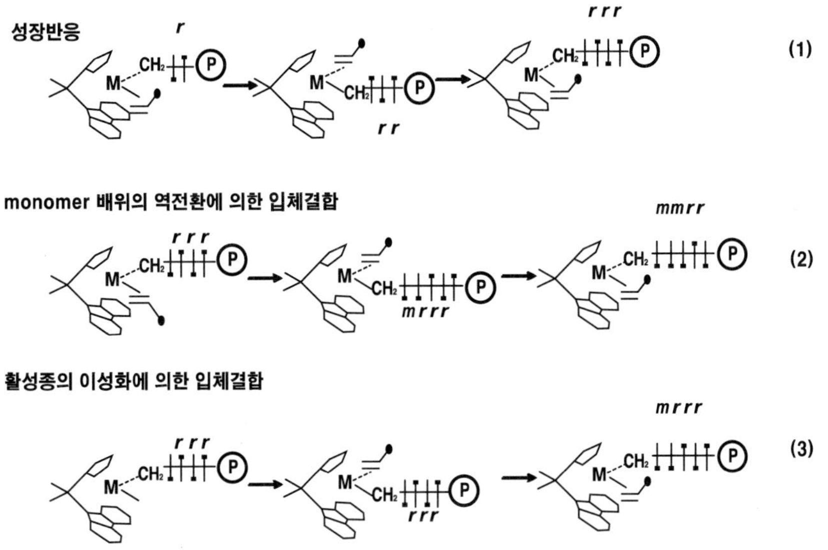


**그림 3.10** 촉매규제에 의한 신디오탁틱 중합 기구

Ti 혹은 Zr의 시클로펜타디에닐 화합물, 알콕시드 또는 벤질 화합물을 MAO와 함께 사용함으로써 신디오탁틱 폴리스티렌의 합성도 가능하게 되었다. 이때 Ti 또는 Zr과 중합체와의 결합에 스티렌이 배열선택성을 높게 하여 2-1 부가하고 있다는 사실과 사슬 이동 반응은 주로 성장 말단으로부터 β-수소가 빠져나옴에 의한 것이라는 사실 등이 $^{13}$C-NMR에 의한 고분자의 분석으로부터 명백해졌다.

Soga 등은 $Ti(OBu)_4$-MAO계 촉매를 사용하여 각종 p-치환 스티렌의 공중합을 행하였다. 여기에서 얻어진 결과를 Hammett법칙에 적용한 결과, 치환기 정수 δ는 예상 외로 음의 부호가 되었으며, 한편 이 촉매계에서는 스티렌과 보통의 올레핀과의 공중합은 되지 않으나 양이온 중합성이 큰 인덴(indene)과의 공중합체는 쉽게 얻어졌다. 이러한 결과로 스티렌의 배위 양이온 중합 메카니즘을 제안하였다.

$Ti(OBu)_4$-MAO계에 의하여 4-methyl-1,3-pentadiene이 신디오탁틱-1,2 중합을 일으킬 수 있다는 것도 Zambelli에 의해 보고된 바 있다.

위에서 말한 바와 같이 통상의 Kaminsky계 촉매로는 완전히 아탁틱, 신디오탁틱 혹은 이소탁틱이라고 볼 수 있는 균일한 고분자가 생성되므로 불균일계 Ziegler-Natta 촉매에서 얻어지는 아탁틱 고분자처럼 입체블록 고분자를 만들지 않는다.

그러나 Chien 등은 $Et(Ind)_2ZrCl_2$-MAO계로 여러 온도에서 프로필렌을 중합하여 얻은 PP를 상세하게 분석한 결과, 70℃에서 얻어진 PP 중에서 끓는 헵탄(boiling heptane)에는 가용이나, 끓는 헥산(boiling hexane)에는 불용인 부분은 67%의 이소탁틱 펜타드(isotactic pentad)[mmmm]를 가지며 보통의 이소탁틱 PP와는 다르게 주로 γ구조를 가진 결정성(결정도, 59%) PP라는 것을 보고하였다.

Miyatake 등은 황의 다리 구조를 가진 알콕시드 착물을 사용하면 비교적 프로필렌의 반전단위(inversion unit)를 많이 포함한 고분자량의 아탁틱 PP가 생성되고 신디오탁틱 폴리스티렌도 고수율로 얻어진다는 것을 보고하였다.

앞에서 말한 $V(mmh)_3$-$AlEt_2Cl$계는 에틸렌-프로필렌 공중합에도 고활성을 나타내며 이때 단분산성의 고분자가 얻어진다. 예를 들어 -60℃에서 1시간 중합하면 1g-V당 약 10㎏의 에틸렌-프로필렌 랜덤 공중합체(EPR)가 얻어졌다. 1,5-헥사디엔(1,5-hexadiene)의 단독 중합 및 프로필렌과의 공중합도 리빙 중합으로 진행하여 1,5-헥사디엔이 고리화 반응(cyclization) 혹은 1,4-삽입된 공중합체(아래에 표시)가 얻어졌다.

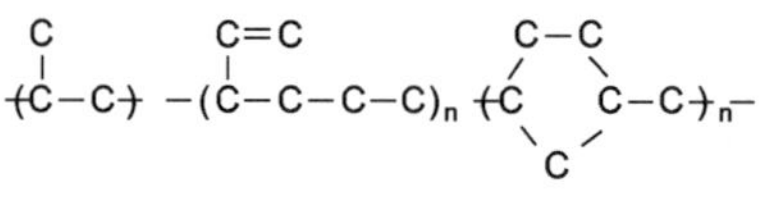

Kaminsky계 촉매도 EPR의 합성에 매우 유효하다. 즉 Busico 등은 $Cp_2TiMe_2$-($AlMe_3$+$H_2O$) 촉매로 얻어진 EPR을 $^{13}$C-NMR를 상세히 분석하여 공중합 반응성비를 구하였는데, 그 값($r_E$=18.6, $r_P$=0.032, $r_E \times r_P$=0.60)이 균일계 V 촉매의 값과 거의 일치하여 이 촉매가 EPR 제조에 적당하다는 것을 알 수 있다. Kaminsky 등도 $Cp_2ZrMe$-MAO계로 에틸렌-프로필렌-디엔(ethylidene norbornene)의 삼원중합을 행하여 고활성(10~100 ㎏-polymer/g- Zr·h)이며 디엔함량이 0.5~8%인 공중합체를 얻었다.

단일 활성 자리를 가진 촉매에 의해 제조된 고분자는 시장에서 더욱 많이 사용되고 있다. 앞에서 언급했듯이, 각각의 고분자 사슬의 규칙성이 증가함에 따라 재료의 강도는 향상된다. 이런 면에서 PE는 가지의 수가 더 적고, PP와 같이 치환된 고분자의 경우에는 치환된 탄소의 질서도가 증가해 밀도가 커지고 각각의 고분자 사슬 세그먼트가 더 단단히 자리잡아 고분자 전체의 강도가 커지고 물질투과성이 작아진다.

얇은 필름을 사용하는 분야에서 단일활성점 촉매로부터 제조된 재료의 사용 범위는 점점 커지고 있다. 예를 들어, 바나나는 일반적으로 한 지역에서 생산되고 판매를 위해 다른 지역으로 운반 저장되는 과정에서 덜 익은 초록색의 것을 선택했더라도 산소에 노출되면 급속히 익는다.

규칙적인 LLDPE는 일반적으로 운반과 저장에 있어서 바나나를 보호하기 위해 얇은 필름으로 사용된다. 규칙적인 LLDPE는 약간의 산소 전이가 일어나므로 바나나가 다소 민감한 성질로 인해 상하게 될지도 모른다. 단일자리 메탈로센을 기초로 한 LLDPE는 투과성이 적고 쉽게 찢어지기 않으므로, 요즘 이런 용도에서 규칙적인 LLDPE를 대체하고 있다. 메탈로센 LLDPE는 보다 얇은 필름, 보다 무거운 원료의 보관 등의 용도 등에 많이 이용되고 있는데, 두 경우 모두 더 얇고 더 가벼운 필름 물질이 보다 좋은 제품 성능을 주기 위해 필요하다. 단일활성점은 제품의 투명성, 거침성(toughness)을 더욱 좋게 하고 더 쉽게 밀봉성(sealability)을 가진 재료를 만들 수 있다.

### 2) 시클로올레핀

Kaminsky 등은 rac-$Et(Ind)_2ZrCl_2$/MAO계를 사용하여 시클로펜텐, 시클로부텐, 노르보넨의 단독중합을 행하여 표 3.10과 같이 고융점의 1,2-부가 중합체를 얻었으나 아키랄 $Cp_2ZrCl_2$로서는 고분자가 얻어지지 않았다.

**표 3.10** $Et(Ind)_2ZrCl_2$-MAO계에 의한 시클로알켄의 결합

| 단량체 | 온도(℃) | 활성도(kg 고분자) | 진공압에서의 녹는점 |
|---|---|---|---|
| 시클로펜텐 | 22 | 195 | 395 |
| | 0 | 32 | 395 |
| 시클로부텐 | 0 | 149 | 485 |
| | -10 | 50 | 485 |
| 노르보넨 | 20 | 40 | 〉600 |

메탈로센-MAO 촉매에 의한 노르보넨 단일중합 및 에틸렌과의 공중합에 대한 많은 연구가 수행되었으며, 표 3.11은 지르코노센의 $\pi$-리간드 구조 변화에 따른 노르보넨 중합 결과이다. 일반적으로 노르보넨 단량체는 에틸렌, 프로필렌에 비해 더 큰 입체 장애를 갖기 때문에 중합 활성이 낮고 여러 메탈로센 촉매 중에서 입체장애가 적은 $Cp_2ZrCl_2$가 노르보넨에 대해 가장 높은 중합 활성을 보인다. 메탈로센 촉매에 의해 합성된 노르보넨 단일고분자는 600℃ 정도에서 열분해되며 일반 유기용매에 거의 녹지 않는다.

**표 3.11** 지르코노센/MAO 촉매계에 대한 노르보넨 단일중합 결과

| 촉 매 | 촉매 농도 (mol/L)×$10^{-4}$ | Al/Zr | 중합 활성 (kg/mol · h) | *Mn* | *Mw/Mn* |
|---|---|---|---|---|---|
| $Cp_2ZrCl_2$ | 7.1 | 240 | 1.6 | $9.3\times10^3$ | 2.0 |
| rac-[Et(Ind)$_2$ZrCl$_2$ | 9.2 | 560 | 0.8 | insoluble | - |
| rac-[Et(Ind-H$_4$)$_2$]ZrCl$_2$ | 10.0 | 510 | 0.8 | insoluble | - |
| rac-[Me$_2$Si(Ind)$_2$]ZrCl$_2$ | 4.4 | 410 | 0.7 | insoluble | - |
| meso-[Me$_2$Si(Ind)$_2$}ZrCl$_2$ | 4.4 | 470 | 0.7 | insoluble | - |
| [Me$_2$C(Cp)(Flu)]ZrCl$_2$ | 5.6 | 340 | 0.9 | $2.7\times10^4$ | 2.0 |
| [Ph$_2$C(Cp)(Flu)]ZrCl$_2$ | 4.4 | 410 | 2.2 | - | - |

* 중합 조건: 중합온도-25℃, 노르보넨농도-2M, 용매=톨루엔, Ind-인데닐(indenyl), Flu-플루오레닐(fluorenyl)

노르보넨 단량체는 전자적, 입체적 효과를 고려할 때 Zr-H 혹은 Zr-C 결합과의 cis-exo 방향의 배위가 유리하다. Zr 금속에 대해 β-수소가 Zr-C 결합과 endo- 혹은 trans- 위치에 있기 때문에 β-수소 제거 반응에 의한 사슬 정지가 일어나기 어렵다. 그 결과 노르보넨 고분자의 말단기에 이중결합이 포함되지 않는다.

가공성 개선을 위해 에틸렌 혹은 α-올레핀과의 공중합체, 즉 COC(cycloolefin copolymer)에 대한 연구가 진행되었다. 표 3.12는 안사-지그코노센/MAO 촉매의 리간드 구조 변화에 따른 노르보넨/에틸렌 공중합 결과이다.

여러 촉매 중에서 [Me$_2$Si(Cp)(Flu)]ZrCl$_2$ 촉매가 가장 높은 중합 활성을 보이고 생성된 공중합체는 높은 노르보넨 함량 및 높은 분자량을 보이는 반면에 메조(meso)-안사-메탈로센의 경우에는 전반적으로 중합 활성이 낮았다. 공중합체의 $T_g$는 노르보넨 함량과 공중합체의 미세 구조에 따라 20~135℃의 넓은 범위를 보이며 [Me$_2$C(Cp) (Flu)]ZrCl$_2$ 촉매가 가장 높은 $T_g$(135℃)를 보였다.

α-올레핀과 고리형 올레핀의 공중합체는 1954년 Dupont사에 의해 처음으로 상업화 시도가 있었으나, 전이금속 촉매를 이용한 에틸렌과 노르보넨의 상업화는 1973년 구 동독의 Leuna에 의해서이다. Leuna사에 의해 개발된 에틸렌과 노르보넨의 공중합체는 티탄계의 Ziegler-Natta 촉매를 이용한 것이었으나 잔류 불순물로 인하여 생성된 공중합체가 투명하지 않았으며 또한 $T_g$가 140℃ 이하로 제한되었다. 그 후 일본의 Mitsui 화학에서 바나듐 촉매와 알킬알루미늄 공촉매를 이용하여 Apel이라는 이름으로 에틸렌과 테트라시클로도데센(tetracyclododecene)의

공중합체를 상업화하였다. 이후 독일의 Ticona는 Mitsui 화학과 공동으로 메탈로센-MAO 촉매를 이용하여 에틸렌과 노르보넨 공중합체를 Topas라는 이름으로 출시하였다.

Ticona는 현재 토너의 바인더 수지, 포장재, 광학용 · 의료용 제품 및 축전기 필름(capacitor film) 등의 용도로 5가지 등급의 제품을 생산하고 있다. 각 등급은 공중합체 내의 노르보넨 함량의 변화에 따른 $T_g$가 다른 점(80~180℃)이 가장 큰 특징이다.

Topas의 광학 특성은 PMMA와 비슷하지만, 열적 안정성이 우수하고 수분 흡수율은 PMMA의 1/10 정도이다. PC와 비교해서는 강도가 우수하고, 균열 성장(crack propagation)에 대한 저항성이 PMMA 및 PS와 동등한 것으로 알려져 있다. 이와 같은 낮은 수분 흡수율과 열적 안정성, 특히 고온에서 변형이 적어 사출성형시 치수안정성이 우수하다. 이 외에도 복굴절률이 낮고, 단파장 영역에서 투과율이 우수하여 차세대 고용량 DVD 소재에 응용할 수 있는 가능성을 보여준다. 넓은 범위의 온도와 주파수에 대해 일정한 전기적 특성을 가지고 있고 상온에서의 유전상수는 2.35이며, 온도가 올라감에 따라 생기는 유전 손실이 PP나 다른 올레핀 계열의 고분자보다 낮다. 따라서 박막 축전기에 적용이 가능하며, 이 경우 PP로 된 축전기보다 크기가 작고 더 많은 에너지를 충전할 수 있어서 AC 모터 시동기, 고주파수 반도체 회로 등에 적용할 수 있다. 축전기용 필름은 얇고 견고하며 우수한 연성을 갖고 금속화가 잘 되어 축전기 제조기술을 향상시킬 수 있다.

**표 3.12** 지르코노센/MAO 촉매계에 대한 노르보넨/에틸렌 공중합 결과

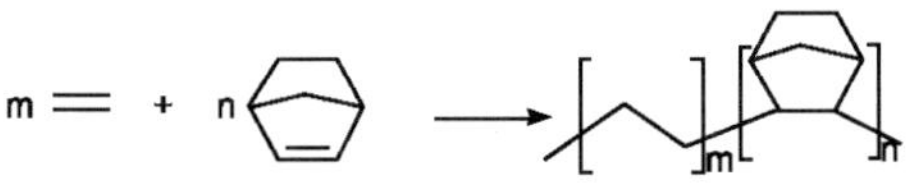

| 촉매 | $X_N$ | $x_N$ | 중합활성 [kg/mol · h] | $M_W$ | $T_g(T_m)$[℃] |
|---|---|---|---|---|---|
| $[Me_2C(Cp)(Flu)]ZrCl_2$ | 0.90<br>0.95 | 0.43<br>0.50 | 961<br>1785 | 135000<br>158000 | 111<br>135 |
| $[Me_2C(3\text{-}MeCp)(Flu)]ZrCl_2$ | 0.89<br>0.94 | 0.41<br>0.44 | 5721<br>1602 | 252000<br>431000 | 106(215)<br>118(243) |
| $[Me_2C(3\text{-}BuCp)(Flu)]ZrCl_2$ | 0.91<br>0.93 | 0.37<br>0.39 | 205<br>142 | 7300<br>8900 | 97(242)<br>103(255) |
| $[Me_2Si(Cp)(Flu)]ZrCl_2$ | 0.90<br>0.95 | 0.41<br>0.47 | 14316<br>11084 | 1123000<br>431000 | 65<br>129 |
| $[Me_2Si(Ind)(Flu)]ZrCl_2$ | 0.80<br>0.91 | 0.26<br>0.22 | 70<br>86 | 135000<br>57000 | 21(126)<br>82(129) |
| meso-$[Me_2Si(Ind)_2]ZrCl_2$ | 0.49<br>0.70 | 0.17<br>0.30 | 260<br>27 | 200000<br>222000 | 2(118)<br>77 |
| meso-$[Et(Ind)_2]ZrCl_2$ | 0.90<br>0.98 | 0.25<br>0.39 | 180<br>7 | 245000<br>81400 | 51<br>n.d. |
| meso-$[Me_2Si(IndH_4)_2]ZrCl_2$ | 0.71<br>0.89 | 0.16<br>0.33 | 992<br>290 | 66000<br>70000 | -2(58)<br>115 |

* 중합 조건: 중합온도-30℃, c(Zr)-$5\times10^{-6}$M, MAO-2.5g/L, 에틸렌농도-0.24M, 용매-톨루엔, $X_N$=norbonene molar ratio in feed, $x_N$=norbornene molar ratio in polymer

Topas를 PE와 블렌드한 경우에 인장 강도 및 수분 흡수 방지와 같은 분리막 성질이 증가하므로 식료품, 의약품, 화장품을 위한 포장재에 응용될 수 있다. Topas로 제작된 다층막은 poly(vinylidene chloride)(PVDC)로 코팅된 PVC처럼 가공될 수 있다. 즉 발포고 포장을 제작하는 경우 PVC/PVDC의 경우보다 더 낮은 온도와 더 적은 순환 과정으로 열가공할 수 있고 더욱 우수한 수분 차단과 균일한 두께의 제품을 제작할 수 있다. PET 또는 PP와 블렌드하는 경우에는 필름의 마찰력과 불투명성이 증가하는 반면 수축률이 감소하므로 수축 필름 제작에 응용될 수 있다. Topas의 첫 번째 상업화 제품은 Bayer 아스피린 포장에 사용되었으며, 이 제품은 중심 부분이 240㎛의 두께를 가지고 그 양쪽에 15㎛의 PP수지가 블렌드되어 있다.

비닐 단위체인 스티렌은 중합에 의해 페닐기의 배치가 다른 3가지 형태의 중합체 즉 아탁틱, 이소탁틱, 신디오탁틱 폴리스티렌(aPS, iPS, sPS)이 가능하다. Ziegler-Natta 촉매에 의한 올레핀 및 스티렌의 중합에서 얻어지는 중합체는 주로 이소탁틱 구조이며, 신디오탁틱 중합체의 제조가 용이하지 못하였다.

메탈로센과 공촉매인 MAO로 구성된 균일계 촉매에 의한 스티렌의 신디오탁틱 중합은 일본의 Idemitsu에 있는 Ishihara의 연구를 시작으로 하여 발전되었으며 촉매로 사용될 수 있는 티탄 화합물의 종류를 표 3.13에 나타내었다.

**표 3.13** 다양한 금속화합물을 MAO와 같이 사용한 스티렌 중합 결과

| 촉매 | 농도(mmol) | [Al](mmol) | conversion(wt%) | 입체규칙성 |
|---|---|---|---|---|
| $TiCl_4$ | 0.05 | 40 | 4.1 | syndiotactic |
| $TiBr_4$ | 0.05 | 40 | 2.1 | syndiotactic |
| $Ti(OCH_3)_4$ | 0.05 | 40 | 3.8 | syndiotactic |
| $Ti(OC_2H_5)_4$ | 0.05 | 40 | 9.5 | syndiotactic |
| $CpTiCl_3$ | 0.05 | 30 | 99.2 | syndiotactic |
| $(CH_3)_5CpTiCl_3$ | 0.05 | 45 | 100.0 | syndiotactic |
| $CpTiCl_2$ | 0.05 | 30 | 1.0 | syndiotactic |
| $((CH_3)_5Cp)_2TiCl_2$ | 0.05 | 30 | 2.0 | syndiotactic |
| $Ti(\eta-C_6H_6)_2$ | 0.05 | 25 | 5.4 | syndiotactic |
| $Ti(\eta-(CH_3)_2C_6H_4)_2$ | 0.05 | 25 | 5.7 | syndiotactic |
| $Ti(\eta-(CH_3)_3C_6H_4)_2$ | 0.05 | 25 | 6.0 | syndiotactic |
| $Ti(acae)_2Cl_2$ | 0.05 | 40 | 0.4 | syndiotactic |
| $ZrCl_4$ | 0.05 | 40 | 0.4 | atactic |
| $Zr(O-n-Bu)_4$ | 0.05 | 8 | 0.1 | atactic |
| $Zr(\eta-C_7H_8)_2$ | 0.05 | 40 | 1.3 | atactic |
| $Cp_2ZrCl_2$ | 0.05 | 28 | 3.2 | syndiotactic |
| $Zr(CH_2C_5H_5)_4$ | 0.2 | 16 | 2.0 | syndiotactic |
| $Cp_2HfCl_2$ | 0.02 | 40 | 1.4 | atactic |
| $Cp_2VCl_2$ | 0.05 | 40 | 0.7 | atactic |
| $Co(acac)_3$ | 0.02 | 10 | 1.8 | atactic |
| $Ni(acac)_2$ | 0.25 | 20 | 80.8 | atactic |

표 3.13에서 알 수 있듯이 sPS를 제조하기 위해서는 티탄 화합물이 가장 적합하다. 티탄 화합물의 리간드 종류 및 원자가에 따라 촉매 활성은 $TiBr_4$, $TiCl_4$, $Ti(OMe)_4$, $Ti(OEt)_4$, $CpTiCl_3$, $(Me_5Cp)TiCl_3$(즉 $Cp^*TiCl_3$)순으로 증가한다.

이 중에서 $CpTiCl_3$, $(Me_5Cp)TiCl_3$ 등이 비교적 큰 활성을 가지며, 최근에는 삼염화인데닐티탄 [$(Ind)TiCl_3$]가 $CpTiCl_3$에 비해 높은 활성과 입체규칙성을 가진다고 발표되었다.

또한 시클로펜타디에닐(Cp) 리간드를 가진 티탄 화합물이더라도 Cp 리간드의 치환기에 따라 촉매 활성이 달라지는 것을 표 3.14에서 알 수 있다. Cp 리간드의 치환기가 전자 공여체인 경우에 활성이 증가하는데, 이는 전자주게 치환기에 의해 촉매 활성점이 안정되기 때문이며, 이는 활성점의 양이온 메카니즘을 뒷받침한다.

**표 3.14** 치환된 삼메톡시시클로펜타디에닐티탄의 중합 활성

| complex | Activity(Kg sPS/mg Ti) |
|---|---|
| $CpTi(OMe)_3$ | 10 |
| $(Me_3Si)_2CpTi(OMe)_3$ | 25 |
| $Me_4CpTi(OMe)_3$ | 130 |
| $Me_3SiCpTi(OMe)_3$ | 135 |
| $Cp^*Ti(OMe)_3$ | 200 |
| $EtMe_4CpTi(OMe)_3$ | 210 |

티탄 화합물의 리간드 종류뿐만 아니라 음이온 부분(ancillary) 리간드의 종류에 따라서도 활성이 달라진다. 즉 $(Me_5Cp)TiX_3$-MAO 촉매계를 이용한 스티렌의 중합에서 음이온 부분 리간드 X의 종류를 달리하여 중합한 결과를 표 3.15에 나타내었다.

**표 3.15** 다양한 메탈로센으로 중합한 sPS의 녹는점과 전환율

| Metallocene | Percent conversion | Melting Point(℃) |
|---|---|---|
| $Cp^*Ti(OMe)_3$ | 55 | 270 |
| $Cp^*TiCl_3$ | 25 | 269 |
| $Cp^*Ti(O{-}t{-}Bu)_3$ | 6 | 270 |
| $Cp^*Ti(O{-}i{-}Pr)_3$ | 55 | 271 |
| $Cp^*Ti(O{-}i{-}C_3HF_6)_3$ | 2 | 270 |
| $Cp^*Ti(OPh)_3$ | 54 | 270 |
| $Cp^*Ti(O{-}C_6H_4CH_3)_3$ | 49 | 270 |

전자받게기인 Cl과 iso-$C_3F_6$기 및 부피가 큰 tert-butoxide기를 가진 경우는 활성이 낮았으나 메톡시, 이소프로폭시드, 페녹시드 및 p-메틸톨루시드기가 존재하는 촉매의 활성은 훨씬 컸다. 이는 음이온 부분 리간드가 활성점의 성장 속도에 영향을 주기 때문이다. 그러나 sPS의 분자량과 녹는점은 X의 종류에 관계없이 거의 비슷하였다.

지르코늄 화합물을 이용하여도 sPS가 얻어지지만 티탄 화합물에 비해 그 촉매활성과 입체규칙성이 낮은데, 이는 티탄에 비해 지르코늄의 전자 친화도가 작고 이온 반경이 크기 때문이다.

티탄 화합물의 종류와 중합온도가 sPS의 분자량에 미치는 영향을 그림 3.11에 나타내었다.

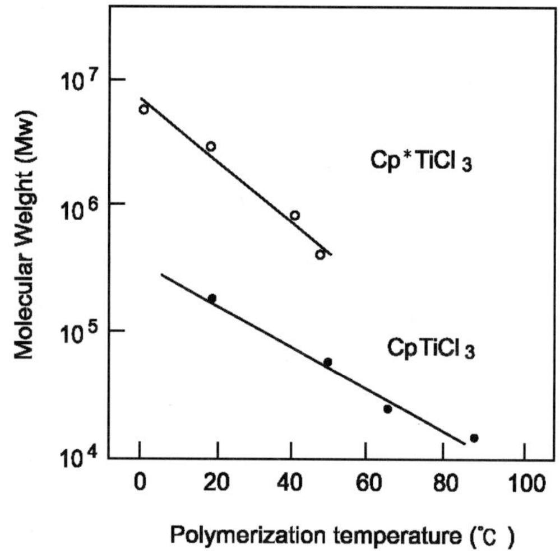


**그림 3.11** 중합온도가 분자량에 미치는 영향

$CpTiCl_3$에 비해 $(Me_5Cp)TiCl_3$를 사용한 경우의 분자량이 훨씬 크게 나타났다. 이는 전자주게 치환기에 의해 촉매 활성점의 안정화 및 β-H에 의한 사슬 이동 반응이 지연되기 때문이다. 그리고 중합온도를 감소시킴에 따라 sPS의 분자량은 증가하였다. 또한 $CpTiCl_3$/MAO 촉매계에서 중합온도가 증가할수록 sPS의 $T_m$이 낮아지는데, 이는 입체규칙성이 감소하기 때문이다.

$CpTiCl_3$/MAO 촉매계를 사용한 스티렌의 중합에서 [MAO]/[Ti] 몰비가 증가할수록 촉매 활성은 증가한다. 티탄의 산화수를 ESR로 분석하여 보면, [MAO]/[Ti] 몰비가 증가할수록 $Ti^{+3}$가 많아지는데, 이러한 사실로 MAO에 의해 $Ti^{+4}$를 $Ti^{+3}$로 환원되며 $Ti^{+3}$만이 sPS생성의 활성점이라는 것을 알 수 있다. 공촉매인 MAO의 환원력이 약하기 때문에 촉매활성을 증가시키기 위해서는 많은 양의 MAO가 필요하다. 트리이소부틸알루미늄(TIBA)를 첨가하면 촉매

활성이 증가하나 과량의 TIBA 사용시에는 활성이 감소한다.

여러 가지 안사-메탈로센을 이용한 프로필렌과 스티렌의 중합에서 촉매 종류와 생성 중합체의 입체규칙성과의 관계를 조사하여 표 3.16에 나타내었다.

**표 3.16** 촉매가 폴리프로필렌과 폴리스티렌의 입체규칙성에 미치는 영향

| Catalysts | Stereoregularity | |
|---|---|---|
| | PP | PS |
| 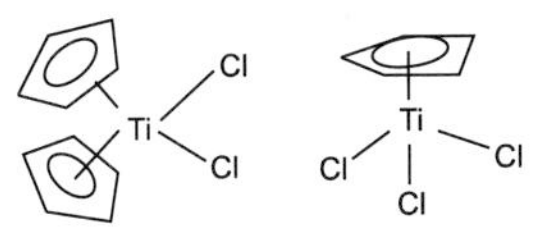 | Atactic | Syndiotactic<br>[rrrr]=1.0 |
| 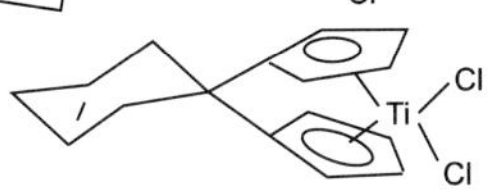 | Atactic | Syndiotactic<br>[rrrr]=1.0 |
| 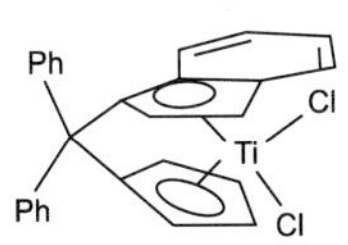 | Isotactic<br>[mm]=0.57 | Syndiotactic<br>[rrrr]=1.0 |
| 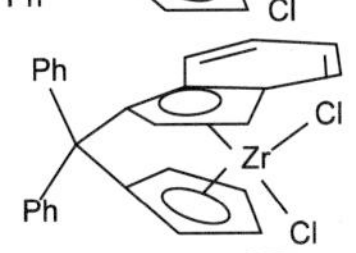 | Atactic<br>[mm]=0.19 | Atactic |
| 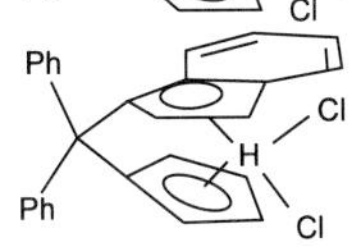 | Isotactic<br>[mm]=0.52 | Atactic |
| 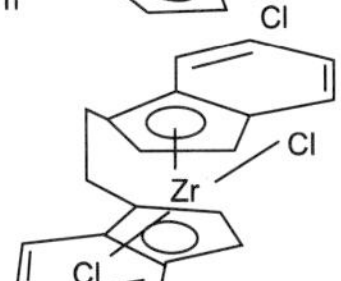 | Isotactic | Atactic |
| 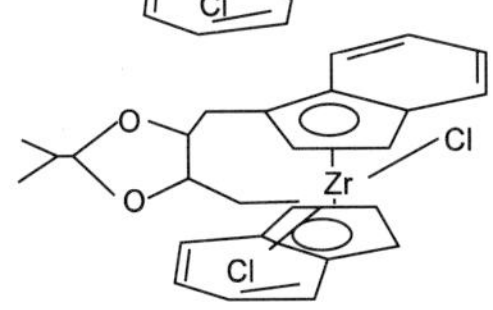 | Isotactic<br>[m]=0.96 | Atactic |

표에서 보듯이 티타노센계 촉매로는 aPP와 sPS가 생성되고 키랄 메탈로센을 이용하면 iPP와

aPS가 얻어진다. 그러나 새로운 키랄 티타노센인 이염화디페닐메틸렌-다리결합-인데닐시클로펜타디에닐티탄을 사용한 경우에는 특이하게 iPP와 sPS를 얻을 수 있었는데, 이 결과는 한 가지 촉매로 단량체의 종류에 따라 입체규칙성이 다른 중합체를 얻은 최초의 발견이다. 즉 같은 촉매에 있어서 두 가지 형태의 삽입 반응이 진행될 수 있어 스티렌의 신디오탁틱 중합 메타니즘이 올레핀의 이소탁틱 중합 메카니즘과 다른 것을 알 수 있다.

중합 메카니즘에서 중심금속과 탄소 결합 사이에서 일어나는 스티렌의 삽입에 대해서는 많은 연구가 시도되어 스티렌의 위치선택적 삽입은 두 가지 방법으로 진행됨을 알았다. 즉 $Ti(CH_2PH)_4$-MAO 촉매계와 $Al(^{13}C_2H_5)_4$ 공존하에 스티렌 중합을 행하여 중합체의 말단 구조를 $^{13}C$-NMR로 검토해 보았다. 그 결과, 말단 구조에 $-CH(Ph)-CH_2-{}^{13}CH_2-CH_3$에 대응하는 좁은 공명선만이 관찰되었다. 이 결과로부터 티탄과 탄소 사이의 스티렌 삽입은 고위치 선택적으로 2,1-부가가 일어나 다음에 계속되는 단량체의 삽입은 고입체 특이적으로 진행됨을 알 수 있다.

한편 메탄올로 중합을 종료하여 얻은 중합체를 가스크로마토그래피로 분석한 결과, 말단이 n-프로필벤젠과 에틸벤젠으로 되어 있음을 확인하였다. 말단에 에틸벤젠이 존재하는 것은 sPS의 사슬이동이 성장 사슬의 β-H 제거에 의해 일어나고 새로 형성된 금속-수소 결합 사이로 스티렌의 삽입이 고위치 선택적으로 2,1-부가로 일어나기 때문이다. 이와 같은 중합 기구를 그림 3.12에 나타내었다.

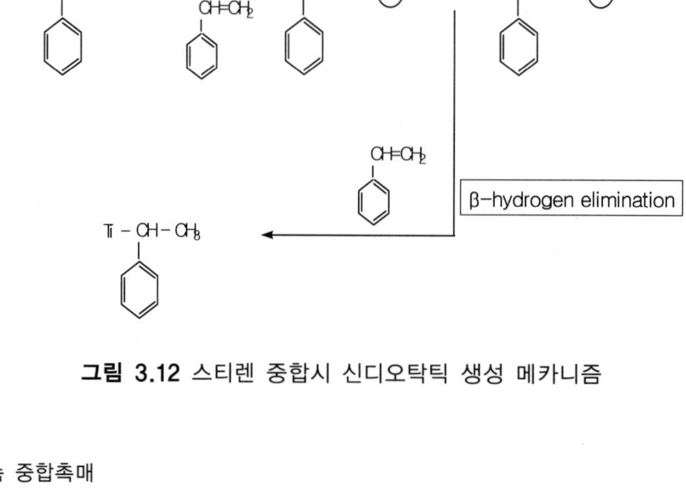


**그림 3.12** 스티렌 중합시 신디오탁틱 생성 메카니즘

또한 그림 3.13에 나타낸 중수소화 스티렌을 사용한 실험에서 부가 반응은 cis-opening에 의해 진행됨을 알았다.

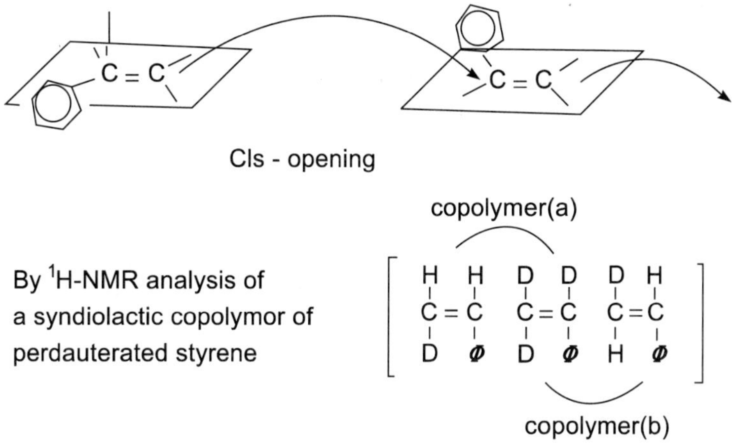


**그림 3.13** 스티렌의 이중결합에서 사슬 말단 성장에 의한 성장 모식도

## 3) 스티렌 유도체의 신디오탁틱 중합

CpTiCl$_3$/MAO 촉매계를 이용하여 벤젠고리에 치환기를 가진 스티렌 유도체를 중합한 결과, 그림 3.14에서와 같이 촉매 활성은 m-클로로스티렌, p-클로로스티렌, p-플로오로스티렌, 스티렌, m-메틸스티렌, p-메틸스티렌, p-t-부틸스티렌 순으로 증가한다.

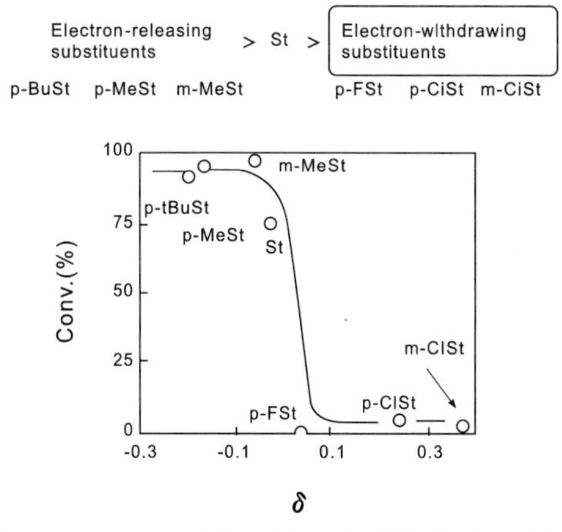


**그림 3.14** Hammett $\sigma$ 값과 스티렌 유도체의 중합활성과의 관계

중합활성과 Hammett의 치환기 정수 σ값의 관계에서 알 수 있듯이, 벤젠 고리의 치환기가 전자받게기인 유도체의 중합활성은 스티렌보다도 높은 반면에 전자주게기를 가진 유도체의 중합활성은 아주 낮았다. 이러한 사실은 스티렌의 입체규칙성 중합의 촉매 활성점이 양이온 티탄임을 시사한다.

위의 스티렌 유도체에서 얻은 중합체의 입체 구조를 $^{13}C$-NMR로 조사하면 모두 신디오탁틱 구조를 가지며, 스티렌 유도체에 있어서도 이소탁틱 중합체에 비해 신디오탁틱 중합체의 $T_m$과 결정화도가 모두 높다.

### 4) 개환 복분해 중합(Ring Openning Methathesis Polymerization, ROMP)

ROMP에 사용되는 촉매들로는 4~8족의 전이금속, 예를 들면 Ti, Zr, V, Nb, Ta, Cr, Mo, W, Re, Ru, Os, Rh, Ir 등이 사용되는데, 이 중 Ti, W, Mo 금속이 가장 높은 활성을 보인다. 촉매 형태로는 카르보닐이나 산화물 형태의 금속화합물이 실리카나 알루미나에 담지되어 있는 $MoO_3/CoO/Al_2O_3$, $WO_3/SiO_2$ 및 $ReO_7/Al_2O_3$와 같은 불균일계 촉매 형태이거나, $TiCl_4$, $WCl_6$, $WOCl_4$, $W(OR)_2Cl_4$, $MoCl_5$, $ReCl_5$ 및 $RuCl_3$ 등과 같은 염화물이 $LiAlR_4$, $R_3Al$, $Et_2AlCl$, $EtAlCl_2$ 및 $R_4Sn$ 등과 같은 루이스산인 공촉매와 함께 사용되는 균일계 촉매 형태이다.

균일계 ROMP 촉매의 경우 염화물 혹은 카르보닐 형태의 유기금속화합물이 루이스산 형태의 공촉매와 반응하여 금속카벤(metal carbene) 혹은 금속시클로부탄(metallacyclobutane) 형태의 촉매 활성종을 형성하고 이 활성종은 올레핀의 이중결합과 반응하여 금속시클로부탄의 고리 중간체를 거쳐 이중결합을 갖고 있는 최종 생성물로 개환된다.

ROMP 고분자는 단량체 반복단위당 한 개의 이중결합을 포함하고 있다. 이러한 이중결합은 고온에 견딜 수 있는 재료를 만들기 위한 고분자 간 가교반응에 이용될 수 있으나, 낮은 열산화 안정성을 유발하여 특정 색상을 띠게 한다. 결국 ROMP 고분자는 그 자체로 광학용 재료로 사용하기에는 부적합하여 Pd 혹은 Raney-Ni과 같은 촉매에 의해 수첨된 고분자로 바뀌어 사용된다. 최근에 일본의 Nippon Zeon, JRS에서는 수첨된 투명한 ROMP 고분자를 개발하고 있으며, 표 3.17과 그림 3.15는 Nippon Zeon사에서 제조한 고분자의 중합 결과와 구조이다.

**표 3.17** Nippon Zeon사의 ROMP 중합 결과

| Monomer | | $M_w$ ($\times 10^4$) | $M_n$ ($\times 10^4$) | $M_w/M_n$ | $T_g$ (℃) | 복굴절률 (nm) |
|---|---|---|---|---|---|---|
| 이 름 | 혼합비(Wi) | | | | | |
| DCPD | – | – | – | – | 93 | 30~90 |
| MTD | – | 6.2 | 3.0 | 2.1 | 152 | 25 |
| MTD/NB | 8/2 | 5.9 | 2.7 | 2.2 | 129 | 20 |
| MTD/DCPD | 8/2 | 6.1 | 2.9 | 2.1 | 140 | 20 |
| ETD | – | 16.0 | 6.1 | 2.6 | 147 | 40~150 |
| ETD/DCPD | 9/1 | 5.9 | 2.8 | 2.1 | 134 | 15 |
| TD | – | – | – | – | 163 | 40~130 |
| TD/NB | 8/2 | 5.7 | 2.6 | 2.2 | 126 | 30 |
| TD/DCPD | 8/2 | 6.4 | 2.8 | 2.3 | 137 | 35 |

※ 중합 조건: 촉매-$TiCl_4$(0.17wt%)+$AlEt_3$(0.5wt%)+$NEt_3$(1.4wt%), 용매-톨루엔, 중합온도-20℃, 중합 시간=1 hr., MTD=methyltetracyclododecene, ETD=ethyltetracyclododecene, TD=tetracyclododecene.

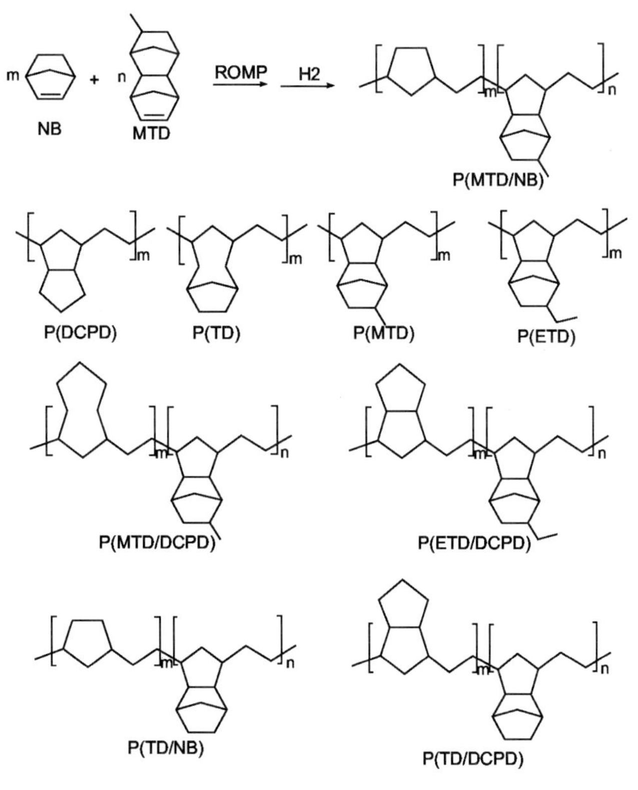


**그림 3.15** Nippon Zeon의 고리형 올레핀계 고분자

고리형 올레핀 단량체 구조에 따라 ROMP 고분자의 열적, 광학적 성질이 변화되는데, 각 단량체의 알킬가지의 길이가 늘어날수록 생성된 고분자의 유리전이 온도($T_g$)가 감소하고 단량체의 고리 수가 증가할수록 $T_g$가 증가한다. 위의 중합 결과에서 P(TD)의 $T_g$가 가장 높고(163℃) P(DCPD)의 $T_g$가 가장 낮다(93℃).

최초로 상업화된 ROMP 고분자는 1976년 CdF Chimie에서 제조한 Norsorex라 불리는 노르보넨 고분자이며, 이는 현재 Nippon Zeon에서 생산하고 있다. Norsorex는 수소첨가 단계가 없으므로 고분자에 이중결합이 남게 되어 투명성은 떨어진다. Norsorex의 주요 용도는 기름 흡수용이나 진동 혹은 소음 흡수제 등으로 사용되고 있으며, 광학적 투명성은 나타나지 않는다.

그 이후 일본에서 ROMP 수소첨가 반응을 추가하여 고분자의 이중결합을 제거한 투명 고분자에 대한 연구를 진행하였다. 이렇게 수소첨가된 ROMP 고분자는 무정형 열가소성수지로 저밀도, 고투명성, 저복굴절률, 저수분흡수성, 내화학성, 고인장강도 등 우수한 물성을 가지며 적절한 가공 조건 하에서 PMMA와 PC를 대체할 매우 투명한 광학 소재로 이용될 수 있다. 일반적으로 이러한 ROMP 반응은 수소첨가 반응을 수반하므로 경제적인 측면에서는 불리하나 충격 강도와 같은 기계적 강도가 비교적 높은 고분자를 만드는 데 유리한 것으로 알려져 있다.

정밀 성형을 위해서 고분자는 우수한 유변학적 성질이 필요하며 또한 동시에 기계적 강도를 유지하기 위해서는 충분히 큰 분자량을 가져야 한다. 이러한 조건을 만족시키기 위하여 Nippon Zeon의 경우는 분자량($M_n$)이 약 20,000 정도이고 분자량 분포($M_w/M_n$)가 ~2 정도의 고분자를 제조하였다. 생성된 고분자의 $T_g$는 단량체 종류나 단량체 조성비에 따라 조절이 가능하며 대략 40℃에서 160℃ 사이의 가공 온도 범위를 갖는다. Nippon Zeon에서는 다양한 등급의 제품을 Zeonex 혹은 Zeonor라는 이름으로 출시하고 있으며, 이들 등급은 광학적 특성이나 전기적 특성 등은 유사하나 $T_g$나 HDT(Heat Distortion Temperature)와 같은 열적 특성 및 인장율, 인장 강도 혹은 신장율 등과 같은 기계적 특성에서 차이를 보이고 있다. Zeonex나 Zeonor의 용도는 렌즈, 디스크, 의료용기, 주사기 혹은 절연 소재 등이다.

JRS에서는 극성 노르보넨을 포함하는 고분자인 Arton을 출시하였다. Arton 제품은 30~90%의 비극성 노르보넨과 5~70%의 극성 노르보넨으로 이루어져 있으며 분자량은 약 20,000~700,000이고, $T_g$는 171℃ 정도이다. 또한 복굴절률이 낮고(<20nm) 투명한 특성(92%)을 지니며 고분자 내 극성기가 존재하기 때문에 금속 부착성이 우수하여 렌즈나 광섬유 혹은 디스크용 광학 소재에 사용되고 있다. 다른 제품으로 Arton과 황화폴리페닐렌(polyphenylene sulfide)를 블렌드한 Arto PPS라는 제품을 생산하고 있으며 이를 전자 재료의 금속 첨가 모델링에 사용하고 있다.

# 제4장 비메탈로센계 중합촉매

비메탈로센계 중합촉매는 철, 코발트, 니켈 또는 팔라듐과 같은 전이 금속을 중심금속으로 다양한 리간드를 가지는 유기금속 화합물이다. 비메탈로센계 유기금속 촉매 중 올레핀 중합이 가능한 대표적인 두 가지를 그림 4.1에 나타냈다.

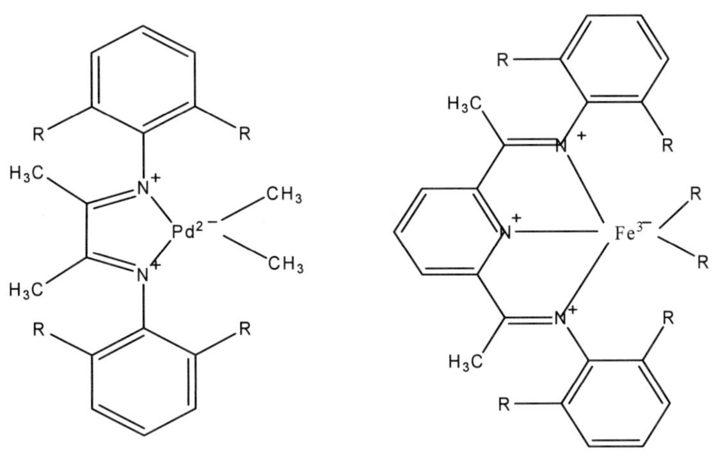


**그림 4.1** 올레핀 중합용 비메탈로센계 유기금속 촉매의 구조

올레핀 중합에서 후전이금속 촉매를 연구하는 중요한 이유 중 하나는 올레핀 중합에 대한 반응 기구 모델을 개발하기 위한 것이었다. 이는 활성이 낮아 중합 과정에서 중요한 중간체를 관찰할 수 있고, 촉매 활성점의 친전자성과 친산소성이 낮아 극성 단량체의 중합과 공중합이 가능하기 때문이다. 이와 같은 반응 기구의 규명 연구와 후전이금속 촉매계에 의해 제조된 고분자의 물성에 관한 연구 결과를 소개하도록 하겠다.

상업적으로 발전한 후전이금속 촉매로는 올레핀과 일산화탄소의 교호공중합용 팔라듐 촉매를 들 수 있다. $C_2$-대칭 이옥사졸린(bisoxazoline) 리간드를 이용하면 스티렌 단량체와 일산화탄소를 공중합할 수 있으며, 주사슬이 키랄성을 갖도록 할 수 있다. 이피리딘(bipyridine)이나 페난트롤린(phenanthroline)과 같은 두 다리 리간드를 사용하여 합성한 팔라듐(Ⅱ) 착물은 t-부틸스티렌과 일산화탄소를 리빙 교호공중합시킬 수 있으며 포스핀 리간드를 킬레이트시켜 합성한 팔라듐 착물은 같은 공중합에서 더욱 높은 활성을 나타낸다. 올레핀과 일산화탄소의 공중합에 대한 연구는 다른 촉매에 의해서도 많이 진행되고 있으며, Shell사에서는 이 폴리케톤을 Carillon이란 상품명으로 상업화하기에 이르렀다.

올레핀의 중합과 관련하여 가장 중요한 발전은 α-디이민(α-diimine) 리간드를 함유하고 있는 니켈(Ⅱ)과 팔라듐(Ⅱ) 촉매의 개발이다. 1995년에 Brookhart가 발표한 이 촉매는 후전이금속 촉매에 대한 그동안의 편견을 불식시키는 역할을 하였고 여러 가지 중요한 특성이 학계의 관심에서 상업적인 관심에 이르기까지 이 촉매계에 대하여 폭넓은 관심을 갖게 하였다.

팔라듐(Ⅱ) 촉매는 친산소성이 적어 아크릴레이트와 같은 극성 단량체를 에틸렌과 공중합시킬 수 있으며, 고분자량의 폴리올레핀을 얻을 수 있다는 사실에 주목을 받게 되었다. 또한 메틸알루민옥산(MAO)과 같은 공촉매로 활성화하면 니켈(Ⅱ) 촉매는 에틸렌 중합에서 잘 알려진 메탈로센 촉매와 비슷한 정도의 활성을 보인다는 점이다. 가장 흥미로운 현상으로, 이들 촉매계는 제조된 고분자의 주사슬에 결합된 가지의 양을 조절할 수 있다는 점이다. 에틸렌의 공중합에서 가지의 양을 1,000개의 탄소당 5개에서 100개까지 조절하여 고분자량의 무정형 고분자에서 선형의 결정성 고밀도 폴리에틸렌에 이르기까지 반응 조건을 달리하여 제조할 수 있다. 이와 같은 결과는 1996년에 DuPont사에서 특허로 청구하였으며, Versipol이라는 상품명으로 상업화하는 데에 박차를 가하고 있다.

디이민 리간드 촉매의 발명으로 고분자의 물성을 더욱 쉽게 조절할 수 있게 되었지만, 아직까지는 해결된 문제보다는 해결하여야 할 문제가 많다. 현재까지 활발한 연구가 진행되고 있는 메탈로센 촉매와 관련된 기술이 매우 복잡한 특허 분쟁에 휩싸여 있어 소위 리가로센(legalocene)이라는 별명까지 얻게 된 점을 감안하면 후전이금속 촉매는 관련 연구자들에게 새로운 희망을 제공하고 있다고 해도 과언은 아니다.

본 장에서는 α-디이민 리간드를 갖는 후전이금속을 중심으로 올레핀의 중합과 관련하여 발전되어온 역사와 후전이금속 촉매의 장·단점을 살펴보고자 한다.

## 1. 개요

### 1) 발견

메탈로센 촉매의 발전은 새로운 촉매의 개발에 근거한 고분자 제조가 사실상 힘들다는 오랜 관념을 깨면서 시작되었고, 이는 고분자 제조 분야에 새로운 촉매 개발이란 주제가 다시 주목을 받는 계기가 되었다. 메탈로센 화합물은 리간드와 중심금속이라는 두 요소로 구성되어 있으며, 리간드는 Cp 및 그 유도체이며 중심금속은 전전이금속(early transition metal)으로, 주로 Ti와 Zr이 연구되고 있다. 지난 20년간의 노력으로 다양한 구조와 특성을 가진 Cp유도체인 리간드를 가진 수많은 메탈로센 화합물들이 제조되었으나, 현 시점에서 새로운 Cp유도체와 금속을 변화시켜 보다 새롭고 우수한 촉매를 개발하는 것은 매우 어렵다.

이런 현실을 극복하기 위한 방안의 하나로 최근 많은 주목을 받는 것은 메탈로센의 필수적인 요소로 인식된 Cp 리간드를 다른 리간드로 대체시키거나, 중심금속을 후전이금속(late transition metal)으로 대체하는 중합촉매를 개발하는 것이다. 즉, 메탈로센에서 Cp와 비슷한 기능을 하는 리간드을 합성하여 이것의 금속화합물을 만들어 중합 특성을 조사하는 것으로, 1995년 Brookhart 촉매가 발표되는 가시적인 성과가 있었으며, 이러한 종류의 중합촉매를 비메탈로센 중합촉매라고도 한다.

최근 많은 사람들이 Brookhart 촉매와 유사한 구조를 갖는 화합물을 합성하였으나, 현 시점에서 이와 비교할 수 있을 만큼 연구된 촉매는 없다. 이러한 특성의 촉매는 화학적으로 기초적인 학문과 밀접한 관계를 가지면서도 그 결과는 실제적으로 응용될 수 있기 때문에 화학자의 관점에서 특히 흥미로운 것이다.

메탈로센과 같이 중심금속으로 전전이금속을 가지지만 Cp기를 대체할 수 있는 리간드를 함유한 중합촉매는 중합 특성이 그다지 좋지 않아 주목을 받지 못하다가, 메탈로센 촉매 관련 특허를 피할 수 있는 촉매 개발이 시급해지자 주목을 받기 시작하면서 최근에 급격히 발전한 분야이다.

## 2) 특성

후전이금속을 중심금속으로 갖는 유기금속 화합물은 1995년 Brookhart가 입체장애의 후전이금속 착물(sterically hindered late transition metal complex)이라는 새로운 구조와 개념을 가진 중합촉매를 소개하여 세계 석유화학업계를 놀라게 하면서 등장했다(그림 4.2).

Brookhart 촉매는 두 가지 점에서 기존의 중합촉매가 가지는 개념과 크게 구별된다. 첫째는 촉매의 화학적인 구조 및 조성 특성이며, 둘째는 촉매의 중합 특성이다. 이 촉매가 가지는 화학적인 구조 및 조성의 특징은 Cp 리간드를 가지지 않는다는 점이고 촉매의 활성점이 후전이금속이라는 점이다. 몇 가지의 Cp 대체 리간드의 중합촉매와 후전이금속을 가진 촉매는 알려졌으나, 두 가지의 조건을 동시에 가지는 중합촉매는 알려지지 않았다. 더구나 올레핀 중합과 관련된 연구자들에게 있어서 좋은 중합촉매란 전전이금속을 중심금속으로 가지는 촉매여야 한다는 것이 당연하게 받아들여져 온 터였다. 왜냐하면, 후전이금속의 경우 올레핀과 π-역주기(back donation)을 통해 안정한 결합을 형성하기 때문에 촉매로는 적당치 않다는 게 일반적인 상식이었기 때문이다. 따라서 좋은 중합촉매란 Cp와 그 유도체가 리간드여야 하고 전전이금속이 중심금속이어야 한다는 통념을 Brookhart 촉매가 깨뜨렸으므로, 단순히 새로운 촉매의 개발이라기 보다는 새로운 종류의 중합촉매에 대한 개발 방향을 제시한 큰 사건으로 봐야 할 것이다.

Brookhart 촉매의 또 다른 특성은 독특하고 다양한 중합 특성이다. 메탈로센 촉매의 경우, 촉매의 구조가 정해지면 중합 특성 또한 정해지기 마련이다. 이 촉매 역시 단일 활성점 촉매(single site catalyst)이나, 중합 특성은 메탈로센과 현격히 다른데, 그 차이는 에틸렌 중합에서 가장 크게 나타난다. 그 첫 번째로 에틸렌의 중합에서 메탈로센 촉매를 사용하면 가지가 거의 없는 고밀도 폴리에틸렌(HDPE)을 생성하나, 이 촉매를 사용하면 가지가 많은 폴리에틸렌이 생성되며 생성된 가지의 종류와 길이는 매우 다양하고 이 가지의 길이와 종류는 중합 조건에 따라 조절이 가능하다. 이러한 특성은 지금까지 Ziegler-Natta 촉매나 메탈로센 촉매로는 구현하기 거의 불가능한 중합 특성이다. 또한 이 촉매는 메탈로센과 같이 중심금속이나 리간드의 구조를 변화시킴으로써 촉매의 특성을 변화시킬 수도 있다. 이 촉매계에 의해서 제조된 폴리에틸렌의 미세 구조를 상세히 분석한 결과, 곁가지의 수를 1,000개 탄소당 6개에서 90개까지 촉매의 구조와 반응 조건을 조절하여 조절할 수 있음이 밝혀졌다.

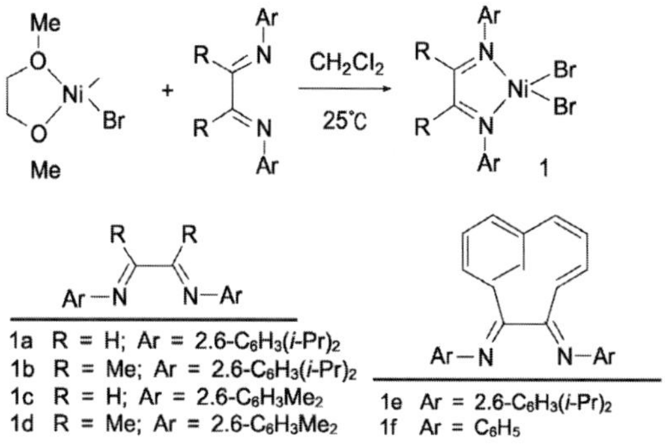

**그림 4.2** Brookhart 촉매

성장반응 단계에서 그림 4.3에 나타냈듯이 알킬올레핀 착물로부터 속도결정 단계로 믿어지는 이동 삽입 반응이 일어난 후 β-H 제거 반응이 일어나면 올레핀수소이온 착물 4가 형성된다. 이 올레핀이 2,1-삽입 반응을 거치면 화학종 5가 생성되며, 계속하여 성장될 경우 성장 사슬에 메틸 가지가 도입된다. 이렇게 생성된 가지 달린 고분자 사슬이 제거 반응과 재삽입 반응을 거치면 에틸, 프로필 등과 같은 가지가 성장 사슬에 도입되게 된다.

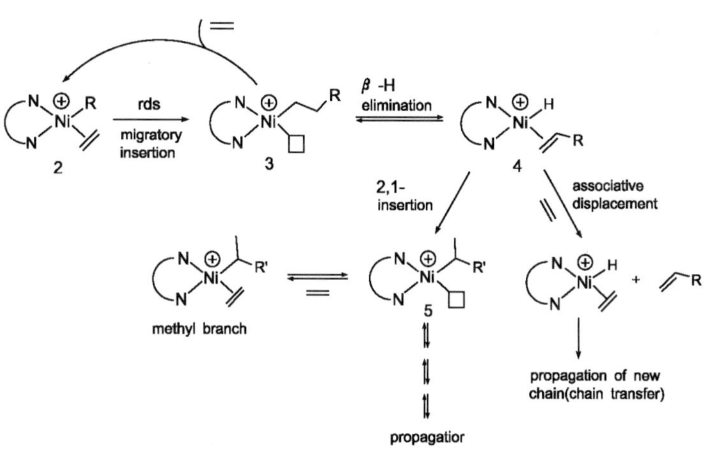


**그림 4.3** 성장 반응 메카니즘

둘째로, 에틸렌의 농도가 중합 활성이나 고분자의 분자량에 영향을 미치지 않는다는 특징이 있다. 셋째로, 이 촉매계(그림 4.2, 1e/MAO)는 활성은 낮으나 프로필렌을 중합할 수 있다는 특징이 있다. 25℃에서 얻은 폴리프로필렌의 수평균 분자량은 190,000이고 유리전이 온도가 -24℃이었는데 이는 에틸렌/프로필렌 고무의 물성과 비슷한 것이다. 일반 폴리프로필렌의 경우에 1,000개의 탄소당 메틸기가 333개 존재하는 반면에, 이 촉매계를 이용하여 제조된 폴리프로필렌에는 이보다 훨씬 작은 수(약 160개)의 메틸기가 존재한다. 이와 같이 프로필렌의 중합에 에틸렌 단위가 도입되는 것은 1,3-삽입 반응이 일어났다는 증거이다. α-올레핀의 중합에서 이와 같이 특이한 중합 거동을 보이는 현상을 1-헥센에 대해 그림 4.4에 나타냈다.

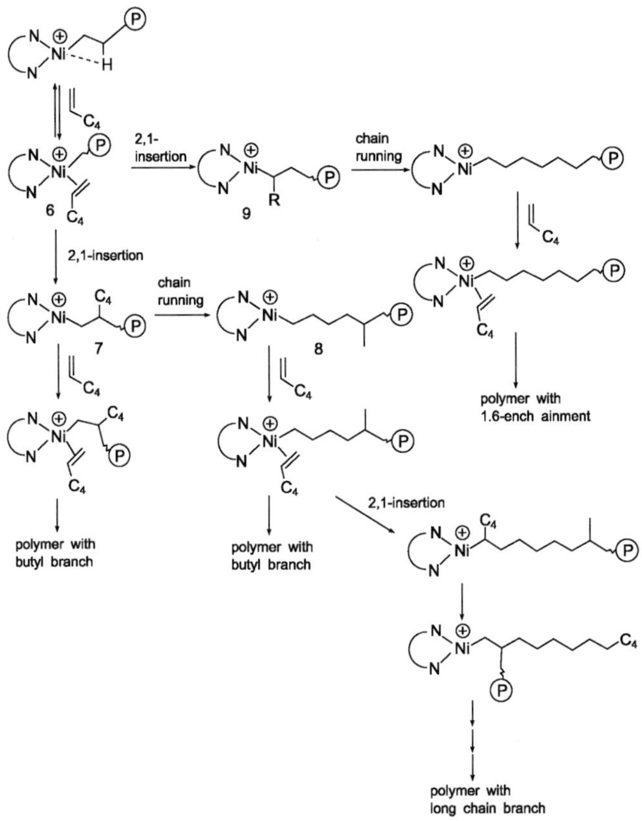


**그림 4.4** 긴가지 사슬의 생성반응 메카니즘

알킬올레핀 착물에 1-헥센은 1,2-삽입과 2,1-삽입 반응을 할 수 있다. 1,2-삽입 반응의 결과로부터 얻어지는 착물 7에 1-헥센의 삽입 반응이 계속 일어나면 정상적인 부틸기가 가지로 생성된다. 반면에, 연속되는 β-H 제거 반응과 재삽입 반응을 거쳐 니켈 활성점이 말단 탄소로 이동(착물 8)되고 나서 1-헥센이 삽입되면 성장 사슬에 메틸기가 가지로 남는다. 착물 7과 8에 1-헥센이 삽입되는 현상은 흔하지 않은데 이는 착물 7과 8 사이의 중간체로부터 이동 삽입 반응이 일어나기 위해서는 이차 금속-알킬 결합에 삽입되어야 하기 때문이다. 착물 6에

2,1-삽입 반응이 일어나면 착물 9가 생성된다. 다른 1-헥센과 배위되기 전에 니켈 활성점이 말단 탄소로 이동된다면 1,6-삽입 반응이 일어나게 되며 따라서 2,1-삽입 반응은 주사슬을 선형화하고, 1,2-삽입은 주사슬에 가지를 갖도록 한다.

넷째로, 낮은 온도(약 -10℃)에서 이 촉매계에 의해 중합된 폴리올레핀의 분자량 분포가 1.0에 가까울 정도로 리빙 거동을 보이는 특징이 있다. 이 점을 이용하면 프로필렌과 1-헥센의 블록 공중합체, 1-octadecene/프로필렌/1-octadecene 삼원 블록 공중합체 등과 같은 블록 공중합체를 제조할 수 있다.

다섯 번째로, α-디이민 팔라듐과 니켈 촉매는 고리형 올레핀을 중합할 수 있다. 니켈과 팔라듐 촉매로 시클로펜텐을 중합하면 새로운 구조의 결정형 폴리시클로펜텐이 얻어진다. 메탈로센 촉매로 제조된 폴리시클로펜텐의 경우 분자량이 작고 분자 구조가 이소탁틱 형이어서 용융 가공이 불가능한 것에 비하여 니켈과 팔라듐 촉매로 시클로펜텐을 중합하는 반응과 결과적으로 얻어지는 고분자의 반복단위는 다음과 같다.

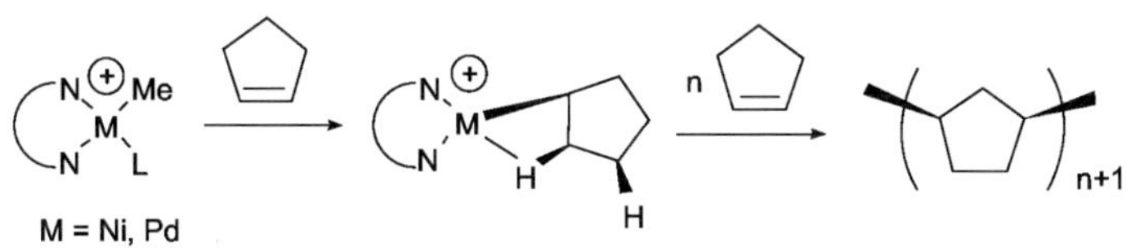


여섯 번째로, 특히 양이온형 팔라듐 촉매의 경우 올레핀과 극성 단량체의 공중합에 이용할 수 있다. 에틸렌의 중합을 공기 중에서나 심지어는 물이 존재하는 환경에서도 행할 수 있는 것은 종래의 Ziegler-Natta 촉매와 구분되는 점이다. 에틸렌과 메틸아크릴레이트를 공중합하여 제조된 공중합체의 전형적인 구조를 그림 4.5에 나타내었는데 가지가 많이 생성되는 것은 에틸렌의 단독중합에서와 같은 현상이다.

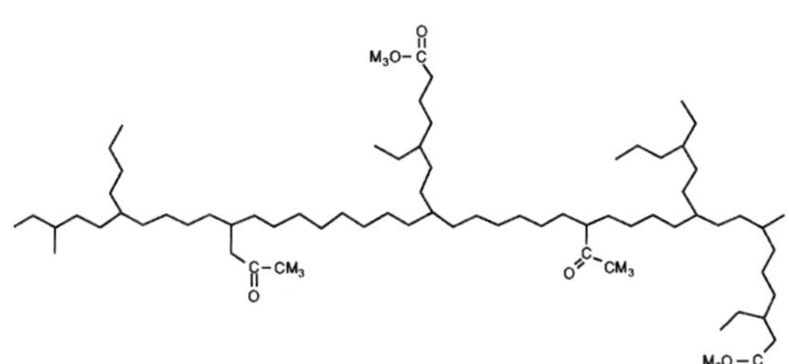

**그림 4.5** 에틸렌/알킬아크릴레이트 공중합체의 구조

## 2. 후전이금속 촉매의 초기 연구

### 1) 올레핀의 이량화 및 올리고머화 촉매

그림 4.6에 주어진 바와 같은 평행사변형 구조의 평면 니켈 착물은 올레핀과 반응할 수 있는 적당한 궤도를 제공하며 킬레이트 리간드는 이와 같은 평면 구조를 선호한다. 리간드 X와 Y는 부드럽거나 단단한 것 중에서 택하며, 리간드 $L_1$과 $L_2$는 쉽게 해리되어 올레핀이 배위되고 삽입 반응이 일어날 수 있는 자리를 제공하여야 한다. 이와 같은 점을 고려하여 에틸렌의 올리고머화 반응을 위해 합성된 착물을 그림 4.7에 나타냈다. 이 촉매로 에틸렌을 중합하여 제조된 올리고머는 100% 선형이었으며 α-올레핀의 양이 95~99%에 달하여 우수한 선택도를 보였다. Keim에 의해 개발된 이와 같은 P-O 킬레이트 니켈 착물은 SHOP(shell higher olefin process)라는 상업 공정으로 널리 알려져 있으며 $C_6$~$C_{20}$ 범위의 α-올레핀을 제조하는 데 사용되고 있다.

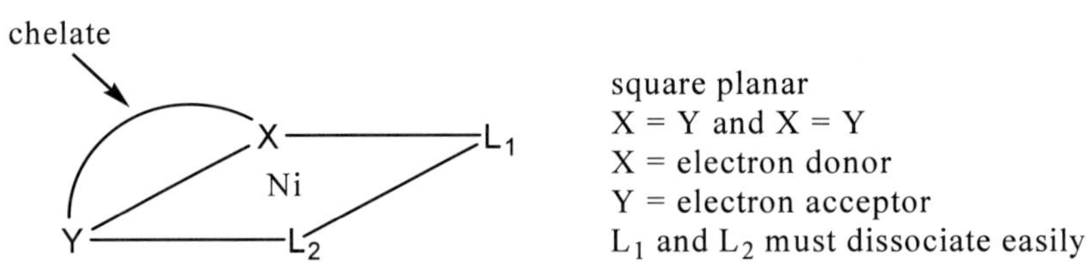


**그림 4.6** 올레핀 올리고머화용 니켈 착물 모델

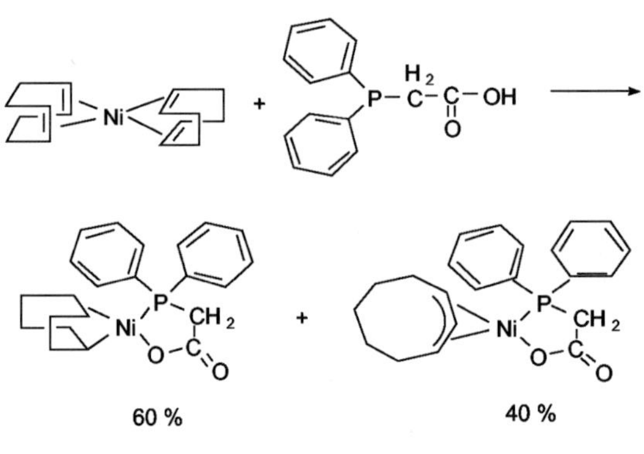


**그림 4.7** P-O 킬레이트 착물의 합성

P-O 균질 촉매를 이용한 에틸렌의 올리고머화 반응 기구를 그림 4.8에 나타냈다. 촉매의 활성점은 Ni-H로 믿어지고 있으며, Ni-H 결합에 에틸렌에 삽입되어 중간체 2를 만든다. 여기에 다시 에틸렌이 삽입된 후 β-H 제거 반응이 일어나면 알파올레핀 수소이온 착물 4를 형성한다. 사슬 이동은 유리 에틸렌이 배위된 올레핀 착물과 교환되어 일어나고, 다시 Ni-H 중 1을 생성하는 것으로 여겨진다.

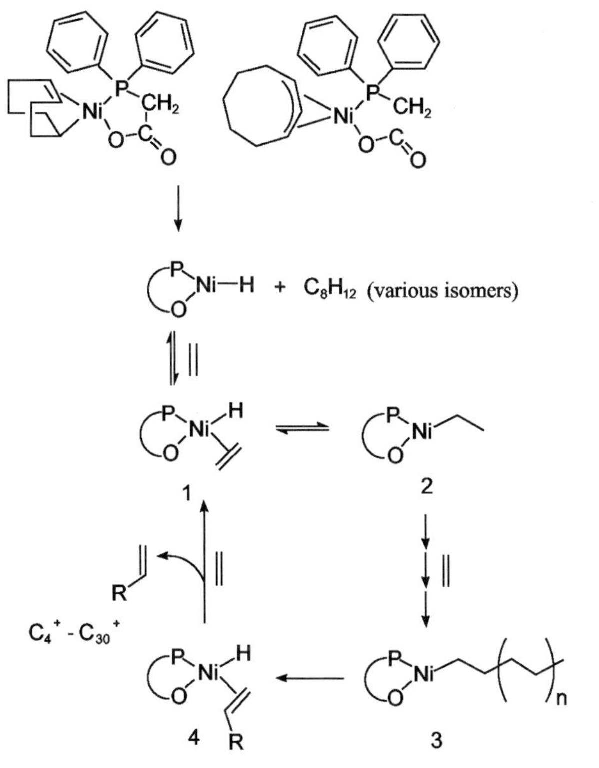


**그림 4.8** 올리고머화 반응 기구

일반적으로 P-O 킬레이트형 니켈 착물은, 그림 4.9에 나타낸 것과 같이, 킬레이트 부분과 중심 금속, 유기 리간드 부분으로 나눌 수 있다. 킬레이트 부분과 유기리간드 부분을 변화시켜 착물을 합성하지만 모든 경우 5고리형이라는 점에서 동일하다. 두 부분을 여러 가지로 변화시켜도 모든 경우에 에틸렌의 올리고머화에서 높은 활성을 보였으며, 선택도에 있어서 약간의 차이를 보이지만 선형 α-올레핀을 제조할 수 있다.

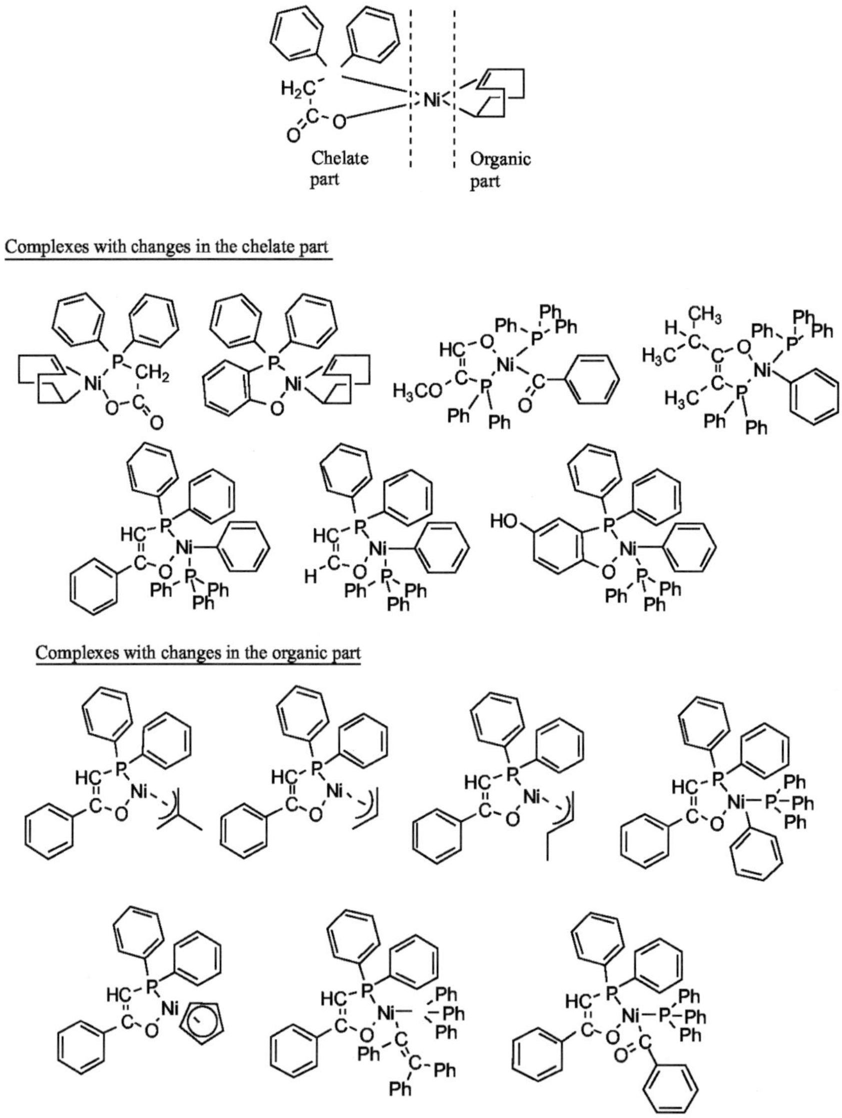


**그림 4.9** 올리고머화용 니켈 착물의 개질

Aminobis(imino)phosphorane[$(TMS)_2N-P(=n-TMS)_2$,TMS=trimethylsilane]과 $(COD)_2Ni$을 반응시켜 얻은 P-N 리간드 착물(그림 4.10)로, 70℃, 45기압에서 에틸렌을 중합하여 결정화도가 45~50%, 밀도가 0.903g/cm$^3$인 폴리에틸렌을 얻었다. 비록 니켈 착물의 구조를 규명하지는 못하였으나, 활성은 1,000 kg PE/mol Ni 정도이며 물성은 고압 공정에서 제조된 폴리에틸렌과 EPDM의 중간 정도를 가졌다.

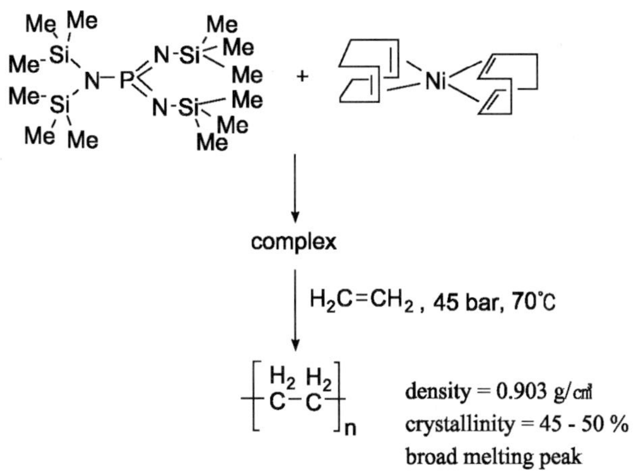


**그림 4.10** Aminobis(imino)phosphorane 리간드의 착물을 이용한 에틸렌의 중합

Fink 등은 Goddard 등에 의해 개발된 에틸렌 중합촉매를 이용하여 α-올레핀의 올리고머화를 연구하였다. 앞에서 예를 들었던 모든 P-O킬레이트형 후전이금속 촉매는 프로필렌과 α-올레핀을 이량화하는 촉매이다. 그러나 그림 4.10에 나타낸 bis(imino)phosphorane 니켈 착물은 프로필렌의 올리고머화를 유도하여 20개의 단량체까지 삽입되었다. 선형 및 가지형 α-올레핀의 경우에도 중합도가 10에서 20에 이르러 분자량이 약 1,000 정도인 올리고머가 얻어졌다. 더욱 흥미로운 사실은 고차 α-올레핀의 삽입 반응에서 2,ω-enchainment가 일어나 메틸기를 가지로 갖는 α-올레핀 올리고머가 얻어졌다는 사실이다. β-H 제거 반응과 결과적으로 생성된 새로운 α-올레핀의 재삽입 반응이 활발히 일어날 뿐만 아니라 입체효과가 작은 1차 Ni-alkyl 화학종이 대단히 안정하기 때문에 이와 같은 사슬 이성화 반응이 일어난 것으로 보인다. 예를 들어 1-부텐의 중합반응 기구를 그림 4.11에 나타내었다.

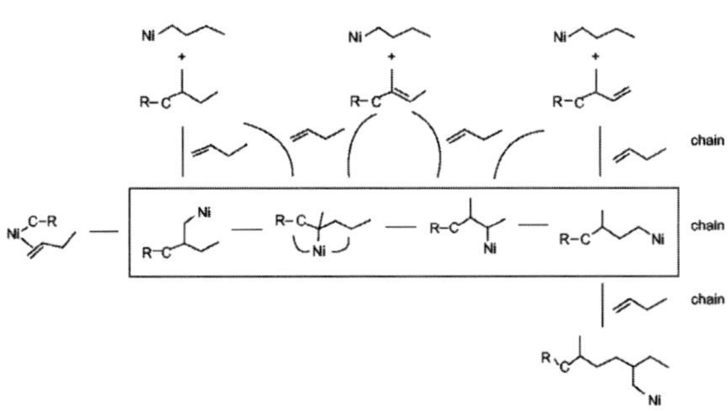


**그림 4.11** 1-부텐 중합반응 기구

### 2) 양이온형 후전이금속 촉매

코발트, 로듐, 니켈, 팔라듐 및 백금을 이용한 양이온형 후전이금속 촉매에 대한 올레핀의 부가 반응에 대한 연구도 보고된 바 있다. 특히 크기가 매우 큰 비배위성 짝이온인 $[B(3,5-C_6H_3(CF_3)_2)_4]^-(BAr_4^-)$를 함유한 코발트 메탈로센 착물과 관련된 연구가 Brookhart 교수팀에서 집중적으로 이뤄졌다. 이와 같은 코발트계에서의 활성종은 알킬 agostic 착물인 것으로 나타났으며 에틸렌의 중합 속도는 매우 느리나 리빙 기구로 진행되었으나, α-올레핀은 이량화하거나 올리고머화하였다.

위에서 언급한 후전이금속 촉매 중에서는 팔라듐과 니켈이 올레핀의 중합에 가장 효과적인 것으로 나타났다. 최근에는 이들 촉매계를 이용하여 스티렌, 노르보넨, 치환된 고리형 프로필렌의 중합 등이 보고되었으며, 이들 니켈 특히 팔라듐 촉매는 올레핀과 일산화탄소의 교호 공중합에 유용하다는 것은 널리 알려져 있다.

## 3. 후전이금속 화합물

먼저 Cp 유도체의 대체 리간드에 대한 특성을 살펴보면 다음과 같다. 메탈로센에서 Cp 리간드는 전자주게로 작용하여 안정한 팔면체 구조의 화합물을 생성하고 금속과의 결합 생성 후에는 반응성이 약한 전기적 특징을 가지며, 또한 부피가 커서 반응시 유기금속화합물의 한쪽을 입체적으로 안정하게 막아 촉매 연구에 이상적인 리간드로 널리 이용되어 왔다. 따라서 Cp의 기능을 대체하려면 금속과 안정한 결합을 생성하고, 입체적으로 상당한 부피가 있는 화합물이어야 한다. 최근 합성된 몇 가지의 Cp 대체 리간드를 가진 화합물은 공통적으로 질소를 가진 큰 부피의 리간드로 되어 있다. 질소는 금속과의 결합 자리를 제공하기 위한 것이며, 큰 부피는 Cp처럼 입체적인 방해를 이용하여 촉매의 안정성과 반응성을 조절하기 위해 도입된 것이다. 이들은 금속에 결합이 가능하므로 작용하여 사면체(tetrahedral)나 정사각형 평면(square planar) 구조를 가진 화합물을 생성하여 팔면체(octahedral) 구조를 갖는 Cp 리간드의 메탈로센과는 다른 구조를 가진다. 결론적으로 새로운 리간드는 질소를 통해 전이금속과 안정한 결합을 생성하며 큰 부피를 이용하여 촉매의 반응 및 안정성을 조절하는 특성을 가지므로, Cp의 두 가지 특성을 대체하도록 설계된다.

Brookhart 촉매가 발표된 이후, 많은 종류의 Cp 대체 리간드를 함유하는 화합물이 합성되었다. 이들은 공통적으로 Cp 대체 리간드를 가지고 있으나, 중심금속으로 후전이금속을 갖는 것과 전전이금속을 갖는 것의 두 종류로 분류될 수 있다.

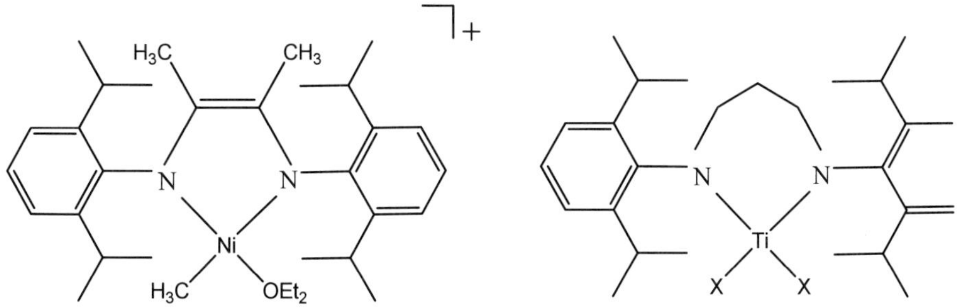


Brookhart 촉매 McConville 촉매

최근 Brookhart는 니켈과 팔라듐 외에 코발트와 철을 사용한 화합물을 합성하고 그 중합 특성을 조사하였다. 주목할 점은 철을 중심금속으로 한 경우에 가지가 없는 선형 폴리에틸렌을 생성하며, 프로필렌 중합 시에는 입체규칙성이 있는 iPP를 생성하는 등 니켈과 팔라듐을 중심으로 하는 촉매와는 전혀 다른 특성을 보이는 반면 오히려 전전이메탈로센 촉매와 유사한 특성을 나타내고 있다는 것이다. 특히 이 화합물은 중합 특성을 보인 최초의 철 화합물로 에틸렌의 올리고머화에 우수한 활성과 선택성을 보였다.

이렇듯 새롭게 보고된 화합물들의 리간드로는 전술한 바와 같이 Cp를 대체하기 위해 부피가 큰 화합물이 사용되고 있으며, 금속은 전전이금속을 사용하는 입체장애의 전전이금속(sterically hindered early transition metal)이다. 리간드는 금속과의 결합에 이용되는 질소, 질소의 결합각을 조절하는 질소 사이의 연결 부분 그리고 촉매의 부피를 조절하는 입체적으로 큰 방향족 부분의 세 요소로 구성되어 있다. 질소와 질소에 결합된 입체적으로 큰 방향족 부분은 서로 유사한 반면에 질소와 질소 사이의 연결 부분은 길이와 종류가 다양하다. 입체 장애의 전전이금속 화합물 중 가장 성공적인 예는 질소 사이에 세개의 메틸기가 놓여 있는 McConvile이 보고한 화합물이다. 이 화합물들은 정사면체 구조를 가지며 특히 α-올레핀 중합에 효과적이다. 중심금속이 지르코늄인 경우는 반응성이 없으며 티탄 화합물만이 활성을 나타낸다. 아마도 지르코늄은 지나치게 전자가 부족하여 올레핀과의 배위결합력이 강하여 더 이상의 반응이 진행되지 못하는 것으로 이해된다. 질소에 결합된 입체적으로 큰 방향족 단위의 부피를 조절하면 생성되는 고분자의 분자량이 조절되어 Brookhart 촉매와 같은 경향을 보이는데, 리간드의 크기가 증가하면 분자량이 증가한다.

최근 Schrock은 질소 사이에 여러 개의 원소를 가진 화합물을 합성하여 구조를 규명하고 그 중합 활성을 발표하였다. 이 화합물은 올레핀과의 반응시 중합 활성도 우수하여 향후 응용성이 기대되고 있는데 이러한 반응성은 화합물의 독특한 구조 때문으로 설명될 수 있다. X-선 구조 분석 결과로 두 개의 질소 사이에 존재하는 산소의 비공유 전자쌍이 금속에 전자를 공급하고 있는 것으로 판명되었으며, 이와 같은 금속과 산소의 상호작용은 전자가 부족한 촉매의 활성점에 전자를 공급하여 촉매활성점의 안정성을 증가시켜 결과적으로 활성이 향상된다.

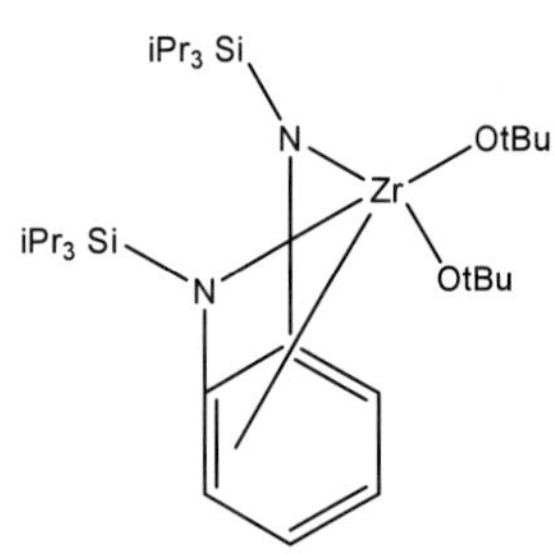


1996. T. Don Tilley

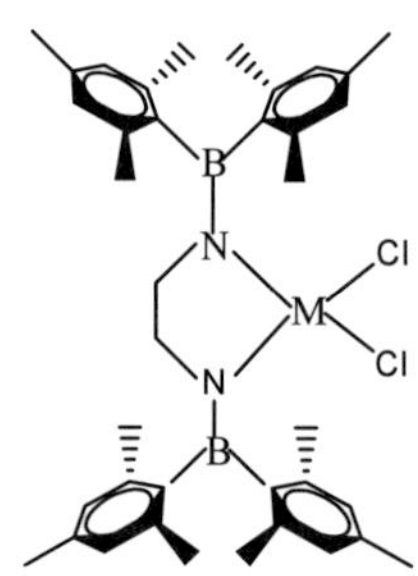


Schrock
불활성 촉매

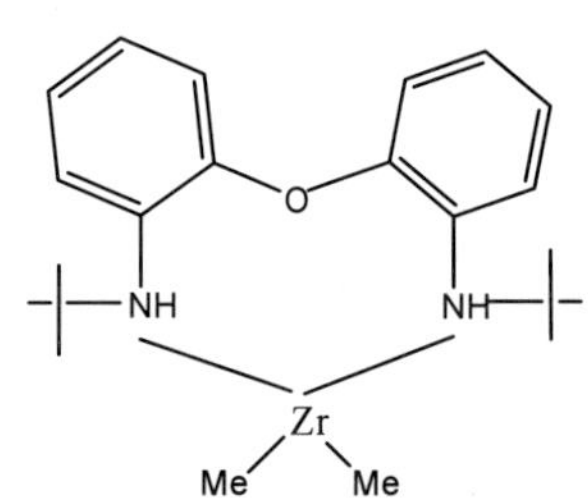


1997. Schrock
$10^5$gPE/mol · Zr · h

최근 질소 외에 산소를 결합 자리로 이용하는 중합촉매도 보고되었는데 그중 대표적인 것은 Okata에 의해 보고된 아래의 화합물이다. 이 촉매는 금속을 포함하여 아홉 개의 요소로 구성된 고리를 가지고 있으며 Kakugo 촉매보다는 높은 중합 활성을 나타낸다. 산소를 포함하는 입체 장애의 Cp 대체 리간드는 질소를 포함한 화합물 보다 비교적 덜 알려져 있어 향후 개발 가능성이 크다.

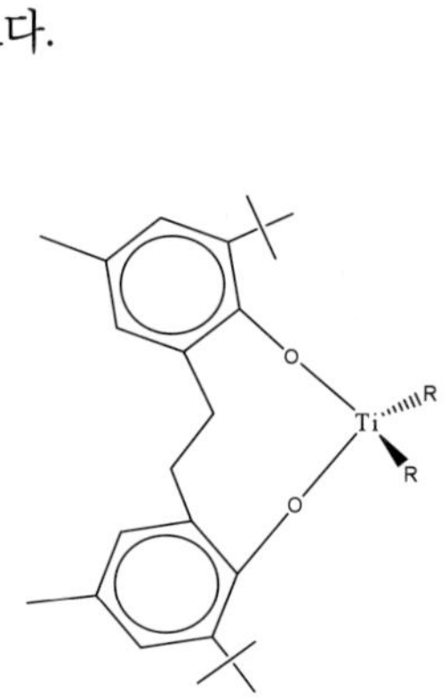


1997 Okada

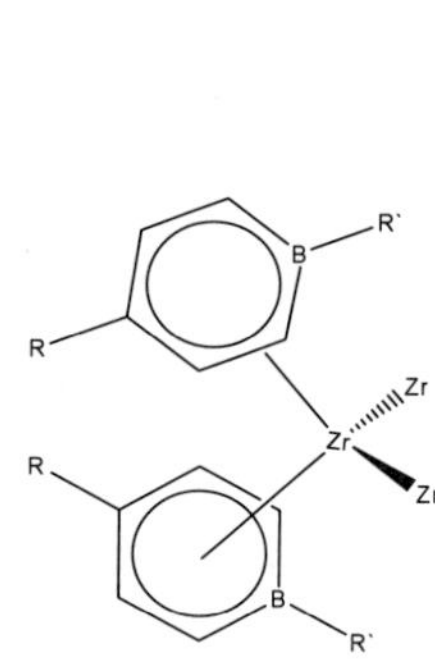


1997 Bazan

또한 주목을 받고 있는 화합물은 Bazan의 보라타벤젠(boratabenzene) 리간드를 포함하는 화합물이다. 보라타벤젠은 Cp와 유사한 구조를 가지나, 전기적으로 전자가 더욱 결핍된 특성을 가질 뿐만 아니라 붕소에 결합되는 유도기를 바꾸어 중심금속의 전자 밀도를 변화시켜 에틸렌과의 반응성을 조절할 수 있다. 붕소에 아민이 존재하면 전자를 붕소에 공급하여 붕소의 산성도를 감소시키므로 중심금속인 지르코늄의 전자 밀도를 증가시키는 효과를 주어 결국 고분자량의 폴리에틸렌을 생성한다. 반면, 붕소에 전자를 원활하게 공급하기 힘든 산소나 탄소가 연결되면 위와 같은 효과가 없어 높은 분자량을 가진 고분자가 생성되지 않는다. 실제 실험 결과 이는 탁월한 선택성을 가지는 것으로 판명되어, 상업적 측면에서도 많은 주목을 받고 있다.

그 밖에 최근 Cp 대체 리간드를 가진 전전이금속 화합물로 많은 주목을 받고 있는 화합물로는 Fujita와 동료 연구자들이 발표한 FI 촉매가 있다.

이 촉매는 Cp 대체 리간드로 페녹시-이민(phenoxy-imine) 킬레이트 리간드를 가지고 전전이금속을 중심금속으로 하는 고활성 촉매이다. 중합 활성은 중심금속이 지르코늄일 때가 가장 활성이 높았으며, 이 Zr-FI 촉매는 상압, 25℃ 하에서 최대 6,552kg-PE/mmol-cat · h의 활성을 보였다. 그리고 낮은 분자량(Mv≥3,000)에서 높은 분자량(Mv≤5,050,000)까지 제조가 가능하고, 동시에 높은 활성을 보였다. 또한 Ti-FI 촉매는 75℃에서도 중합이 가능하여 열적으로도 상당히 안정하며 리빙 중합에도 좋은 성능을 보여주고 있다. 또한 에틸렌 중합시 상당히 좁은 분자량 분포(<1.2)를 나타내며, α-올레핀에 높은 활성을 나타냈으며 높은 분자량(MW=445,000~884,000)의 아탁틱 폴리-1-헥센을 제조하였다.

## 4. 올레핀 중합용 후전이금속 촉매

### 1) α-디이민 팔라듐과 니켈 촉매

올레핀 중합용 α-디이민 팔라듐(Ⅱ)과 니켈(Ⅱ) 촉매의 개발은 우수한 물성을 지닌 다양하고 새로운 고분자 소재를 창출하게끔 하였다. 또한 이 촉매계를 이용하여 사슬 성장 반응의 기본 단계인 올레핀의 이동 부가 반응에 대하여 더욱 깊이 이해할 수 있게 되었다.

이들 착물은 에틸렌과 α-올레핀을 중합할 수 있을 뿐만 아니라 내부 올레핀과 고리형 올레핀도 중합할 수 있다. 더욱이 팔라듐 착물은 에틸렌과 기능기를 갖는 아크릴레이트,

메틸비닐케톤 등과 공중합할 수 있다. α-디이민 팔라듐과 니켈 촉매는 다른 후전이금속에서와 달리 β-H 제거 반응이 쉽게 일어나지 않는다. 즉, 다른 후전이금속 촉매가 에틸렌과 α-올레핀을 이량화하거나 올리고머화하는 것과는 달리 입체장애 효과가 큰 α-디이민을 리간드로 갖는 화합물은 중합 성향이 크다. 이 촉매계에서는 β-H 제거 반응에 이은 2,1-재삽입 반응이 활발히 일어나 사슬이 성장되며, 결과적으로 가지를 많이 갖는 폴리에틸렌이 얻어지거나 단순한 1,2-삽입 반응으로부터 얻어지는 것보다 가지가 작은 폴리α-올레핀이 얻어진다.

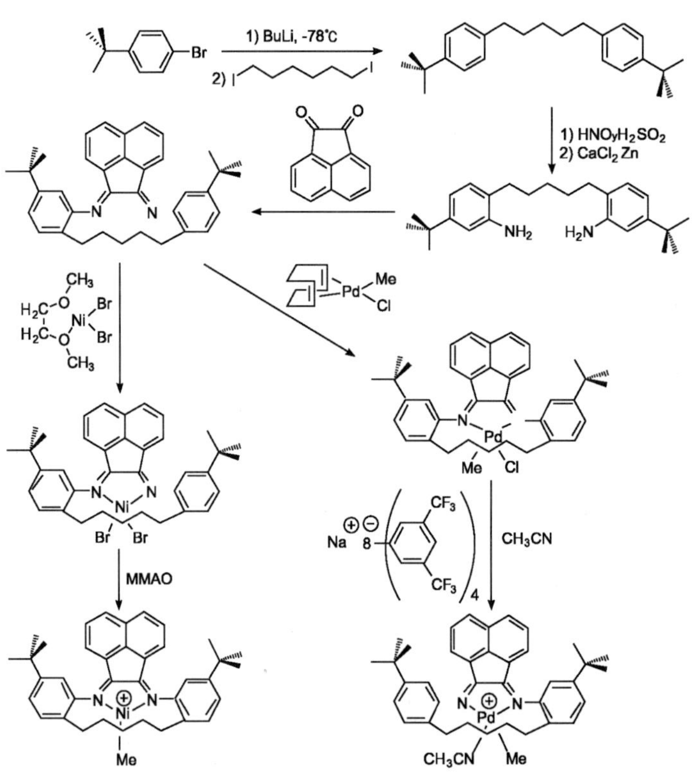


**그림 4.12** α-디이민 리간드를 가진 니켈 및 팔라듐 촉매 합성

α-디이민 팔라듐과 니켈 촉매의 합성 방법은 그림 4.12에 나타냈다. 리간드의 아릴 고리에서 m-위치에 결합된 t-부틸기는 니트로화 반응을 완전히 위치선택적으로 만드는 역할을 한다. 금속화 반응에 사용되는 금속화제로는 (DME)$NiBr_2$ (DME=1,2-dimethoxyethane)과 (COD)PdMeCl (COD=1,5-cyclooctadiene)이 각각 사용된다. 합성된 니켈 착물을 MAO 공촉매로 하여 에틸렌을 중합할 경우 수평균분자량이 1,100인 고분자가 얻어졌으며, 팔라듐 착물의

경우에는 분자량이 600인 올리고머가 얻어졌다.

α-디이민 리간드의 입체장애 효과를 더욱 크게 하여 제조된 니켈 착물의 예를 그림 4.12에 나타내었다. 여러 가지 (ArN=C(R)-C(R)=NAr)$NiBr_2$형 촉매를 MAO로 활성화시킨 에틸렌 중합에서 메탈로센 촉매로부터 얻을 수 있는 활성과 비슷한 고활성을 얻을 수 있어, 25℃, 15기압에서 $1.8\times10^6$/h의 turnover frequency(TOF)를 보였으며 이는 $5.0\times10^4$kg-PE/mol-Ni · h에 해당된다. 제조된 폴리에틸렌의 수평균 분자량은 중합 조건에 따라 30,000~900,000이었으며, 분자량 분포는 1.5~3.0이었다.

## 2) 다른 리간드 촉매

α-디이민 리간드에 대한 많은 노력과 함께 최근에는 이러한 리간드를 대체할 수 있는 새로운 종류의 리간드에 대한 연구가 활발히 진행되고 있으며, 이러한 리간드는 N-N 킬레이트 화합물을 변형시킨 것이거나 완전히 새로운 종류로, 대부분은 두 다리 화합물이고 세 다리 화합물인 것도 있다. 사실 응용할 수 있는 리간드의 종류와 수는 헤아릴 수 없이 많아 가능한 리간드를 이용하여 합성한 촉매 전구체가 올레핀의 중합에 유용한지를 밝혀내기 위해서 종래의 연구 방법을 이용할 경우 많은 시간과 경비가 소요되게 된다. 최근에 개발된 조합화학(combinatorial chemistry) 기법을 이용하면 이들 리간드의 효용성을 고속으로 스크리닝할 수 있다. 그림 4.13에 에틸렌 중합용 촉매를 고속으로 스크리닝하는 기법의 예를 나타냈다.

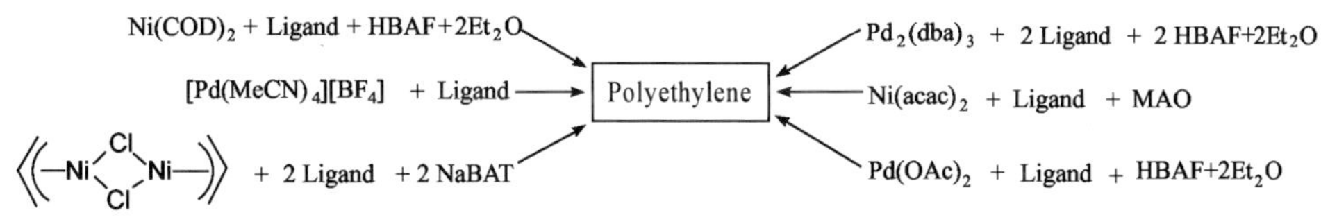


**그림 4.13** 에틸렌 중합용 촉매 고속 스크리닝 기법

이러한 스크리닝 방법을 이용하여 올레핀 중합에 효과적인 다양한 리간드를 개발할 수 있게 되었으며 이렇게 하여 개발된 리간드는 주로 작용기에 따라 N-N, N-O, N-X, P-O, monodentate-N 등으로 분류할 수 있다. 일반적으로 N-N과 N-O 킬레이트형 후전이금속 착물들이 올레핀의 중합에서 고활성을 보이는 것으로 나타났으며, 현재까지의 연구 결과에

의하면 이 중에서도 α-디이민 리간드를 갖는 촉매가 가장 높은 활성을 보인다.

### 3) 신세대형 철 및 코발트 촉매

#### (1) 에틸렌의 중합

각각의 아릴 고리 o-위치에 하나만의 치환체를 갖는 피리딘-비스이민 착물은 Schiff 염기 축합 반응으로 쉽게 합성할 수 있다. 이렇게 합성된 촉매를 300당량 이상의 MAO로 활성화한 결과 에틸렌 중합에서 높은 활성을 보였다. 철 촉매의 경우 TOF는 에틸렌의 압력에 따라 증가하였으며, 200psig, 60℃에서 TOF는 $4.8\times10^6$/hr에 달하였다. 코발트 촉매의 경우 활성이 철 촉매에 비하여 일반적으로 낮게 나타났으며 같은 중합 조건에서 TOF는 $3.9\times10^5$/hr로 나타났다. 특히 철 촉매는 600psig, 60℃에서 $10^7$/hr 이상($3.3\times10^5$kg-PE/mole-Fe · h)으로 Ziegler-Natta 촉매의 활성과 비슷하게 나타났다.

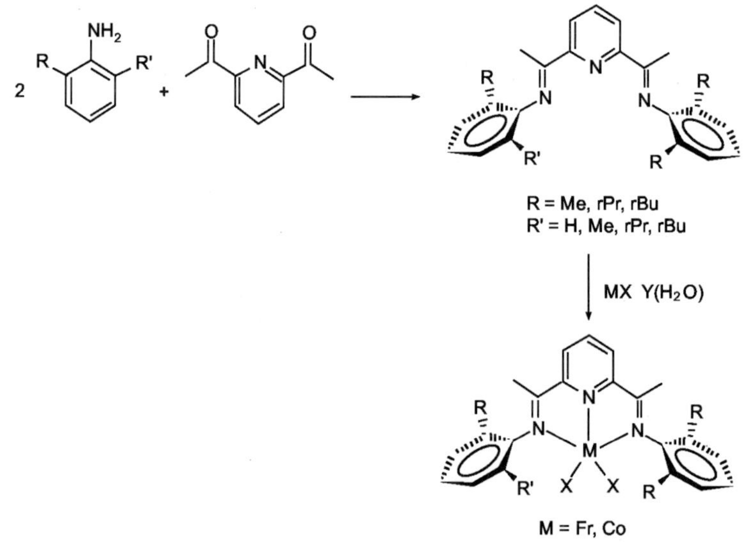


**그림 4.14** 피리딘-디이민 리간드를 가지는 촉매 합성

제조된 폴리에틸렌의 용융점은 133~139℃로 나타났는데, 특히 니켈이나 팔라듐 촉매와는 달리 가지를 갖지 않는다. 분자량은 리간드, 금속, 그리고 공촉매의 농도를 달리할 경우 크게

달라졌다. 팔라듐과 니켈에서와 같이 아릴의 o-치환기의 크기를 크게 할수록 분자량이 증가하였다. 철 촉매의 경우 일반적인 bimodal형 분포를 갖는 GPC 곡선을 얻을 수 있으며 일반적으로 철 촉매가 코발트 촉매보다 높은 분자량의 폴리에틸렌을 제조할 수 있다. 피리딘-비스이민 리간드의 입체 효과를 크게 줄여 합성한 철 착물은 에틸렌을 고활성으로 올리고머화하여 선택적(>99%)으로 α-올레핀을 형성하며 활성은 촉매의 구조, 에틸렌의 압력, 온도에 따라 달라진다. 메틸기가 치환된 착물이 가장 높은 활성을 보여, 25℃, 1기압에서 TOF의 값이 $1.0\times10^5$/hr이었으며, 90℃, 600psig에서 TOF 값은 $5.3\times10^6$/hr의 고활성을 나타냈다. 이 올리고머화 반응의 속도론을 조사한 결과에서 사슬 성장 반응과 이동 반응이 모두 단량체의 농도에 대하여 1차로 비례하였다.

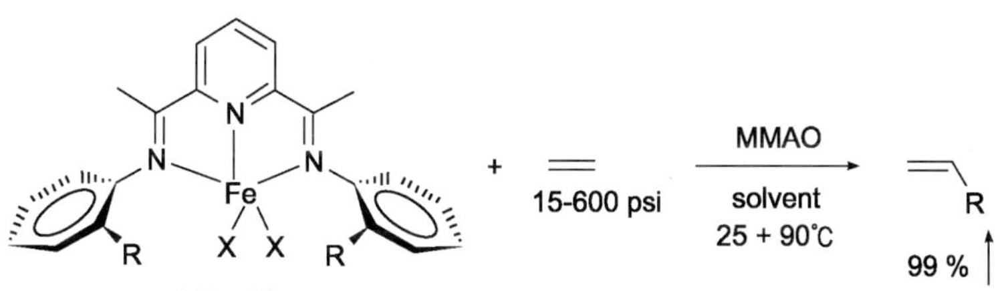

1 R = Me
2 R = Et
3 R = i-Pr

**그림 4.15** 올리고머화 철 촉매

이 철 촉매는 올레핀 올리고머화의 신세대 촉매로 전이금속을 이용한 올레핀의 올리고머화나 중합에 리간드의 입체장애 효과가 미치는 영향을 이해할 수 있는 모델 화합물로 이용할 수 있다. 또한 넓은 범위의 온도와 낮은 에틸렌 압력에서도 고활성을 보일 뿐만 아니라 매우 우수한 선택도를 보이기 때문에, 기존의 공정인 SHOP를 대체할 수 있는 공정으로 발전할 수 있을 것으로 전망된다.

### (2) 프로필렌의 중합

철 촉매로 프로필렌의 중합에서 고분자량의 중합체를 얻을 수 있다는 것은 새로운 사실이다. 그림 4.16에 나타낸 것과 같이 일반형이 [[ArN=C(Me)$_2$C$_5$H$_3$N]FeCl$_2$] (Ar=알킬 기가 치환 아릴 고리)인 여러 가지 5배위 착물종이 4.1절에서 언급한 에틸렌 중합촉매뿐만 아니라 프로필렌의 중합촉매로 사용될 수 있다. 이들 착물의 대칭 구조 관계를 강조하여 나타내면 그림 4.17과 같다. 착물 10~12는 4.1절의 에틸렌 중합에서 사용한 것과 같으며, 13~18도 같은 방법으로 합성된다. 즉, 약간의 과량의 리간드를 철염 수화물이나 무수물과 THF에서 반응시킨다. 반응 시간은 대개 2시간이면 충분하고, 물을 분리하면 그림 4.16의 촉매 전구체가 양론적 수율로 얻어진다.

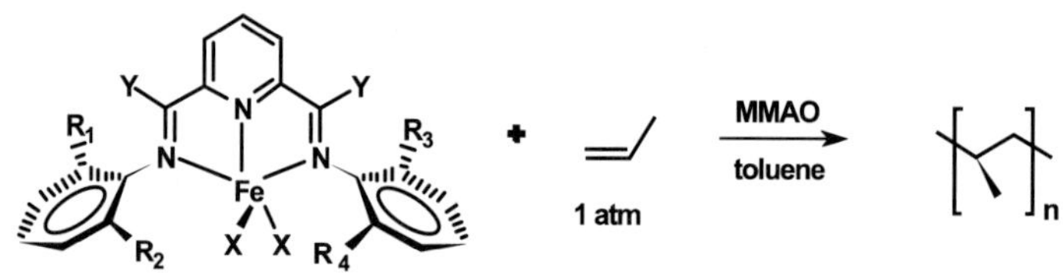


10 $R_1 = R_2 = R_3 = R_4 = i$-Pr, Y = $CH_3$
11 $R_1 = R_2 = R_3 = R_4 = Y = CH_3$
12 $R_1 = R_2 = t$-Bu, $R_2 = R_4 = H$, Y = $CH_3$
13 $R_1 = t$-Bu, $R_2 = H$, $R_3 = R_4 = CH_3$, Y = $CH_3$
14 $R_1 = t$-Bu, $R_2 = H$, $R_3 = R_4 = i$-Pr, Y = $CH_3$
15 $R_1 = R_3 = i$-Pr, $R_2 = R_4 = CH_3$, Y = $CH_3$
16 $R_1 = R_2 = i$-Pr, $R_3 = R_4 = CH_3$, Y = $CH_3$
17 $R_1 = R_3 = i$-Pr, $R_2 = R_4 = CH_3$, Y = H
18 $R_1 = R_2 = R_3 = i$-Pr, $R_4 = CH_3$, Y= $CH_3$

**그림 4.16** 프로필렌 중합용 철 촉매

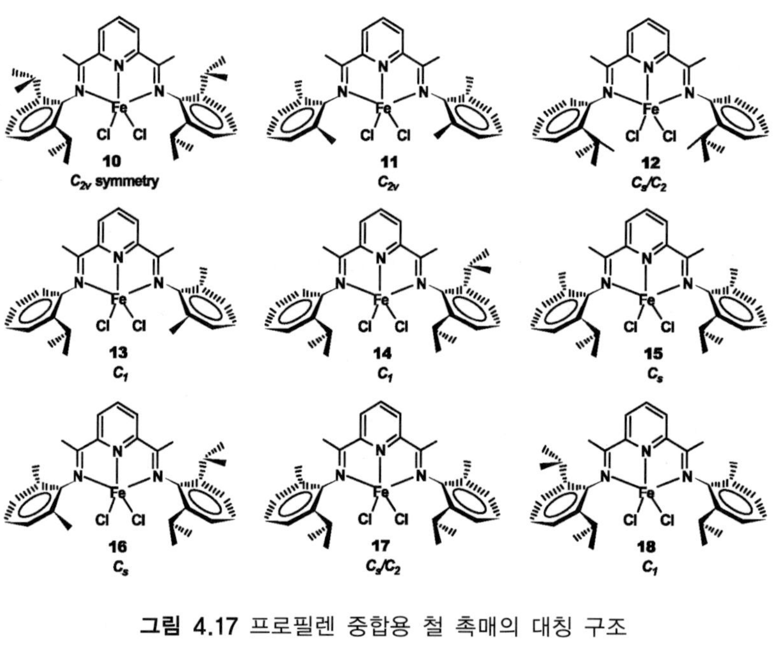


**그림 4.17** 프로필렌 중합용 철 촉매의 대칭 구조

이들 촉매를 이용하여 -20℃와 0℃, 1기압에서 톨루엔을 용매로 하여 프로필렌의 중합을 행하였으며 중합 결과는 표 4.1에 요약하여 나타냈다. 철, 코발트, 니켈 및 팔라듐 디아민 촉매에 의한 에틸렌의 중합에서와 마찬가지로 폴리프로필렌의 분자량은 착물 리간드의 입체장애 정도에 따라 달라졌다. 입체장애 효과가 클수록 높은 분자량이 얻어졌으며 중합온도가 높아지면 분자량이 낮아졌다. 분자량 분포는 2.0정도로 평균 분자량이 성장 사슬 이동 반응에 의해 결정되어 단일 활성점 촉매의 특징을 나타냈다.

**표 4.1** 철 촉매에 의한 프로필렌의 중합 결과

| No. | Catalyst | Symmetry | Loading (μ mol) | T(℃) | $M_n$ ($\times 10^3$) | $M_w/M_n$ | TOF ($\times 10^3$/h) | [m] (%) | 수율 |
|---|---|---|---|---|---|---|---|---|---|
| 1 | 10 | $C_{2v}$ | 3.5 | 0 | 3.7 | 2.3 | 4.1 | | 1.18 |
| 2 | | | 3.8 | -20 | 2.1 | 2.1 | 12.9 | 55 | 4.10 |
| 3 | 11 | $C_{2v}$ | 4.2 | 0 | 2.1 | 2.1 | 6.9 | | 2.45 |
| 4 | | | 4.6 | -20 | 2.3 | 2.3 | 23.0 | | 1.16 |
| 5 | 12 | $C_s/C_2$ | 3.8 | 0 | 2.2 | 2.2 | 1.6 | | 0.50 |
| 6 | | | 4.2 | -20 | 2.1 | 2.1 | 6.5 | | 2.28 |
| 7 | 13 | $C_1$ | 4.0 | 0 | 2.4 | 2.4 | 6.9 | | 2.31 |
| 8 | | | 4.0 | -20 | 1.8 | 1.8 | 7.3 | | 2.46 |
| 9 | 14 | $C_1$ | 3.6 | 0 | 2.2 | 2.2 | 1.1 | | 0.33 |
| 10 | | | 4.1 | -20 | 2.2 | 2.2 | 3.1 | 59 | 1.09 |
| 11 | 15 | $C_s$ | 3.8 | 0 | 2.0 | 2.0 | 10.4 | | 3.33 |
| 12 | | | 4.0 | -20 | 2.2 | 2.2 | 17.3 | | 5.78 |
| 13 | 16 | $C_s$ | 3.8 | 0 | 2.5 | 2.5 | 7.0 | 67 | 2.25 |
| 14 | | | 3.8 | -20 | 2.2 | 2.2 | 38.8 | | 7.24 |
| 15 | 17 | $C_s/C_2$ | 4.2 | 0 | 2.1 | 2.1 | 0.5 | 56 | 0.19 |
| 16 | | | 4.2 | -20 | 1.9 | 1.9 | 0.7 | | 0.25 |
| 17 | 18 | $C_1$ | 3.4 | 0 | 2.1 | 2.1 | 4.7 | | 1.36 |
| 18 | | | 3.4 | -20 | 1.8 | 1.8 | 11.8 | 59 | 3.42 |

철 촉매를 이용한 프로필렌의 중합 거동은 몇 가지 면에서 특색이 있다. 첫째, 이 촉매는 프로필렌의 중합에서 이소틱틱 입체규칙성을 보이는 첫 번째의 후전이금속 촉매라는 점이다. 촉매의 구조에 상관없이 이소탁틱도는 말단사슬 제어 기구(chain-end control mechanism)에 의해 달라진다. 이는 고분자의 $^{13}$C NMR 분석 결과 mmmm과 mmrm 구조가 풍부하게 나타나는 것으로부터 알 수 있다. 둘째, 사슬 성장에서 1,2-삽입 반응보다는 2,1-삽입 반응이 일어난다는 특징이 있다. 이는 2,1-삽입 반응에 의해 이소특이성 폴리프로필렌이 제조된 첫 번째 경우이다. 셋째는 정지 반응에 의해 얻어진 고분자의 말단기가 주로 1-propenyl기이며, β-H 제거 반응에

의해 성장하는 폴리프로필렌 주사슬에 α-올레핀 말단기만을 생성하는 첫 예라는 것이다. 넷째로, 이 촉매는 위치 불규칙성이 매우 심한데 이와 같은 위치 불규칙성은 입체장애 효과가 작은 촉매로부터 제조된 저분자량의 고분자 사슬에서 많이 나타난다.

마지막으로 성장 사슬이동 반응이 알킬 알루미늄 공촉매와 알킬 교환 반응으로 일어난 후에 1차 Fe-propyl 착물이 형성된다면 고분자의 말단에 포화된 기가 나타나기도 한다. 중합에서 얻어진 이상의 결과를 종합하여 보면 그림 4.18에 나타낸 것과 같은 중합반응 기구를 생각해 볼 수 있다.

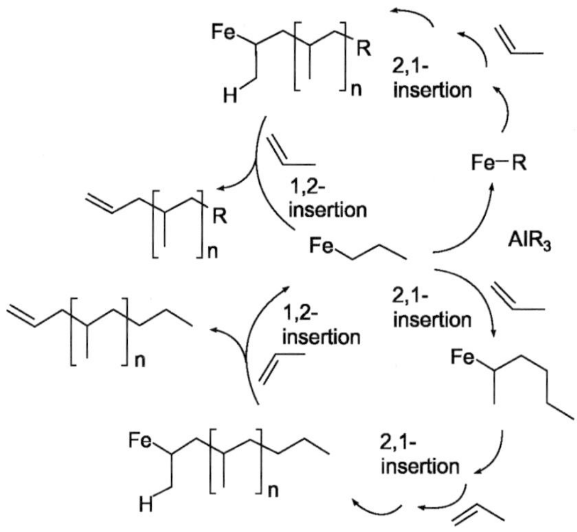


**그림 4.18** 프로필렌 중합 기구

이상에서 설명한 철 촉매는 초기의 전이금속 촉매에 비하여 여러 가지 장점이 있고 새로운 구조의 고분자를 창출할 수 있다는 점에서 향후 개발의 여지가 많이 있다.

## 5. 이용 및 전망

1995년 DuPont은 메탈로센이나 기존의 Ziegler-Natta 촉매로는 상상하기 힘든 중합 특성을 지니는 McConville 촉매 및 그 촉매를 이용한 중합을 포괄하는 기술을 Versipol 공정이라고 명명하고 발표하였으며, 현재에도 McConville 교수 팀과 함께 활발히 후속적인 공동 연구를 진행하고 있다. DuPont에서는 팔라듐을 중심금속으로 하는 Cp대체 중합촉매를 개발하였으며,

BP에서는 높은 활성으로 HDPE 제조가 가능하고 PP 제조가 가능한 피리딘기 리간드를 가지는 트리덴테이트(tridentate) 철(II) 또는 코발트(Ⅱ) 촉매를 개발하는 등의 활발히 연구가 진행되고 있다.

또한, 후전이금속이 아니라 메탈로센과 같이 전전이금속을 중심금속으로 하지만 Cp 대체 리간드를 사용하는 중합촉매로, 최근 Mitsui에서 FI 촉매를 발표하였다. 메탈로센의 발견으로부터 시작된 새로운 중합촉매 개발은 지난 20년간 급속하게 발달하여 Exxon과 Dow Chemical의 상업화를 낳았다. 이러한 물결은 최근 Brookhart 등의 후전이금속을 중심금속으로 하는 촉매를 합성하면서 Cp 대체 리간드를 가지는 촉매가 개발된 것을 바탕으로 DuPont에서 이를 이용한 상업적 개발을 활발히 진행하는 것으로 이어지고 있다.

메탈로센과 같이 이 분야에서의 상업화는 향후 더 많은 연구 결과가 나옴에 따라 더욱 진척되어 갈 것으로 보이며, 메탈로센의 상업화에서 얻어진 여러 가지 유용한 정보 및 기술이 접목된다면, 기존의 공정에 활용할 수 있는 기술 개발의 속도 또한 빨라질 것으로 보인다.

극성 단량체의 중합이 가능한 촉매로는 Cp 및 그 유도체를 리간드로 채용하고 있지만 중심금속으로 d 궤도함수(orbital)를 가지는 3족(Sc, Y, La)과 란탄족(lanthanide, Ce~Lu)의 금속을 이용하는 유기란탄족(organolanthanide) 촉매를 들 수 있다. 이 촉매는 2가의 산화 상태를 갖는 Sm 및 Yb와 4가의 Ce을 제외하고는 일반적으로 3가의 산화상태를 갖는다. 이 촉매의 특징으로는 강한 루이스산적 특성을 가지며 메탈로센과 닮은 궤도함수(양이온 활성종 일 때 전자갯수가 14e)를 가지고, 따라서 에틸렌 등 α-올레핀뿐만 아니라 극성 단량체 중합이 가능하고 중합에 있어 공단량체가 필요치 않다.

$[Cp^*_2LnH]_2$, $Cp^*_2LnR$과 같은 촉매를 이용하면 MMA의 중합이 가능하며, $M_w/M_n$=1.02~1.04의 대단히 좁은 분자량 분포와 $M_n$=100,000 이상의 높은 분자량을 가지는 PMMA를 제조할 수 있다. 또한 -95℃의 저온에서는 95% 이상의 신디오탁틱성을 보인다.

$[SmHCp^*]_2$, $LuMeCp^*_2(THF)$과 같은 촉매를 사용하면 여러 가지의 알킬메타아크릴레이트를 이용한 리빙 중합도 가능한데, 이들 촉매는 알킬기의 입체 장애 정도가 증가하게 하여 중합체의 신디오탁틱성이 저하된다. 또한 이들 유기란탄족 촉매로 β-메틸프로피오락톤(methylpropiolactone), ε-카프로락톤 같은 락톤 단량체의 중합도 가능하며 이종 락톤 단량체로 블록 혹은 랜덤 공중합도 가능하다.

또한 유기란탄족(III) 촉매를 사용하여 다른 극성 단량체와 MMA의 랜덤 공중합도 리빙 방법으로 진행되며, 이로써 블록 공중합도가 $M_w/M_n$ = 1.1~1.2인 이상적인 리빙 공중합체를 합성할 수 있다.

## 6. 결론

이상에서 코발트, 로듐, 니켈, 팔라듐, 철 및 백금 등 후전이금속 착물에 의한 올레핀의 중합과 관련된 연구 동향을 살펴보았다. 이 후전이금속 촉매에 대한 연구는 그동안 주류를 이루어 왔던 메탈로센과 관련된 연구와 함께 앞으로 더욱 많이 발전하리라 기대된다. 특히 현대화학에서 응용되기 시작한 조합화학 등의 새로운 기술의 응용은 연구 성과를 극대화시키는데 도움이 될 것이다. 메탈로센 촉매에 비하여 가용 리간드가 무한대에 가까울 정도로 다양할 뿐만 아니라 금속 착물의 합성과 보관이 쉽고, 리간드의 전자적, 입체적 성질을 미세 조절할 수 있는 길이 열려 있다는 점에서 관련 분야 연구자들에게 새로운 연구 영역을 제공하고 있다고 해도 과언은 아니다. 또한 새로운 물성을 갖는 고분자, 종래에는 제조할 수 없었던 고분자의 제조가 가능하다는 점에서 고분자 화학자들에게도 흥미로운 주제가 아닐 수 없다. 이와 같은 관점에서 후전이금속 촉매와 관련된 연구는 향후 수년간 대단한 흥미를 끌기에 충분하다.

# 제5장 중합촉매 담지화

## 1. 필요성

프로필렌의 중합에 사용되는 가장 대표적인 Ziegler-Natta 촉매로는 $TiCl_4$와 TEA가 있으나, 이러한 단순 촉매계는 촉매 활성이 낮고, 얻어지는 I.I.도 낮아 쓸모가 없다. 따라서 앞에서 언급하였듯이 촉매활성을 높이기 위하여 $MgCl_2$ 등의 담지체를 사용하며, I.I.를 증가시키기 위하여 여러 가지의 루이스 염기를 첨가제로 도입한 고효율 촉매를 개발해 공업적으로 사용되고 있다.

Ziegler와 Natta에 의한 촉매 발견은 전이금속 촉매계를 사용한 올레핀의 배위 중합의 기원이 되었다. 그것은 HDPE, LLDPE, PP와 같은 선형 폴리올레핀의 개발을 가능하게 했고, 반면 고압 라디칼 중합은 가지가 많은 LDPE의 합성을 가능하게 했다. 따라서 현재의 모든 일반적인 폴리올레핀 산업에 이들 촉매계가 적용되었다.

그러나 $TiCl_3$ 촉매의 활성도는 너무 낮아서 폴리올레핀의 상업적 생산 공정에서는 촉매 잔존물의 제거 단계(deashing)가 필요한데, 이는 잔존물이 있다면 폴리올레핀이 색을 띠거나 주형 기계들을 부식시키기 때문이다. 더욱이 PP 생산물의 경우에는 그들의 입체특이성이 너무 낮아서 상당한 양의 aPP가 생성물 PP 속에 함유되어 있다. 이러한 aPP가 PP의 성질을 떨어뜨리기 때문에 aPP를 제거하는 단계가 또한 PP의 상업적 생산 공정에서 필요하다. 따라서 앞의 요소를 제거하기 위한 특별한 설비와 에너지가 필요 없을 정도의 수준을 가지는 높은 활성과 입체특이성으로 향상시켜야 한다. 그러기 위해서는 $TiCl_3$ 촉매의 활성보다 100배나 더 큰 활성을 가지고 끓는 헵탄에서도 전체 PP의 96% 이상의 비율이 용해되지 않는 높은 I.I.를 가져야 한다.

Natta가 프로필렌 중합에 대해 발견한 $TiCl_3/AlEt_2Cl$계 촉매는 비교적 높은 I.I.를 나타내나 중합 활성은 아주 낮다(약 20g-PP/g Ti·h·atm). 중합 활성종이 $TiCl_3$ 결정 표면 위에 존재할 것을 예상하여 우선 촉매의 표면적을 크게 하려는 시도가 있었다. Solvay사는 Al으로 환원하여 얻은 $TiCl_3$의 표면층에 있는 $AlCl_3$를 에테르로 추출하여 다공질의 $TiCl_3$를 제조하였으며 이 방법에 의해 활성은 수백 배 증가했으나 촉매를 제거하는 공정이 여전히 필요하였다.

담지형 촉매에 관한 연구가 활발하게 진행되어, 담지체로서 $MgCl_2$가 특히 우수하다는 것이 판명되었으며 최근에는 $Mg(OEt)_2$를 담지체로 사용한 촉매가 보고되어 있다. 프로필렌 중합용 담지형 중합촉매의 종류를 살펴보면, 원래 $MgCl_2$ 담지형 고활성 촉매로는 $MgCl_2$를 $TiCl_4$-벤조산에틸(EB) 착물과 공분쇄하여 얻은 Montedison형과 $MgCl_2$와 EB의 분쇄 생성물을 과량의 $TiCl_4$로 처리한 후 헵탄 등의 유기용제로 씻어내어서 만든 Mitsui형이 가장 대표적인 것으로, 이들을 기초로 하여 공업 촉매가 발전되어 왔다. 이 획기적인 촉매는 종래의 촉매와 비교해 볼 때 프로필렌 중합촉매에 요구되는 가장 기본적인 특성, 즉 중합 활성과 생성된 PP의 입체규칙성이 모두 현저히 높았다.

그러나 실제의 공업 생산에 있어서는 이러한 기본적 특성 이외에 활성의 지속성, 생성 고분자의 분자량 및 입자 크기 조절에 힘써왔으며, 그 결과 $MgCl_2$를 알코올이나 $Ti(OBu)_4$ 등에 녹인 후 이것을 다시 석출시키는 방법에 의해 문제는 거의 해결되었다. 또한 이러한 용해석출법에 의해 중합 활성, 생성 고분자의 I.I. 및 밀도를 동시에 개선할 수 있었으며, 이 방법은 종래의 $TiCl_3$ 촉매에 있어서의 Solvay법처럼 $MgCl_2$ 담지형 고활성 촉매의 교과서적인 제조법으로 널리 사용되고 있다.

그러나 촉매의 고성능화에 필요한 방향족 단일에스테르(예: EB)의 첨가량이 비교적 많아 생성 고분자 속에 그 일부가 남아 냄새를 띠는 문제점이 있었다. 그 해결책으로 EB 대신에 방향족 이에스테르와 유기규소화합물(예: 페닐삼에폭시실란, PTES)를 사용한 촉매계가 개발되어 탈취는 물론 촉매 성질도 개량되었다. 그러나 이들 촉매계는 다성분으로 이루어져 있기 때문에 그 구조가 매우 복잡하며 각 성분의 역할에 대해서도 불분명한 점이 많다.

촉매의 불균일화란 균일한 $TiCl_4$ 용액을 실리카와 같이 담지체와 반응하여 고체상의 담지 촉매를 만드는 것을 말하는데, 이는 촉매의 실용화를 위해 매우 중요한 과정이다. 그림 5.1은 $TiCl_4$ 촉매의 불균일화를 개괄적으로 나타낸 것이다.

그림에서 보는 바와 같이 촉매의 불균일화는 중합반응 자체의 특성 향상보다는 생성물의 분리와 가공 및 균일한 반응성 측면에서 필요한 과정이다. 더구나 기존의 Ziegler-Natta 촉매를 사용하는 생산 공정은 모두 불균일화된 촉매를 사용하므로 메탈로센 촉매를 기존 촉매와 대체하기 위하여는 메탈로센의 적합한 불균일화가 이루어져야 한다. 일반적으로 촉매의 불균일화는 촉매 성분 화합물을 적당한 담지체에 침투(impregnation)시킴으로써 이루어진다. 적당한 담지체는 물리적으로 균일한 외형과 크기 분포 및 적당한 기공 구조를 가져야 하고 용매 접촉시나 가열 등의 조건 하에서 안정적이어야 하는 등의 특성을 가져야 하며 더욱 중요한 것은 불균일화로 반응성이 손상되지 않아야 한다.

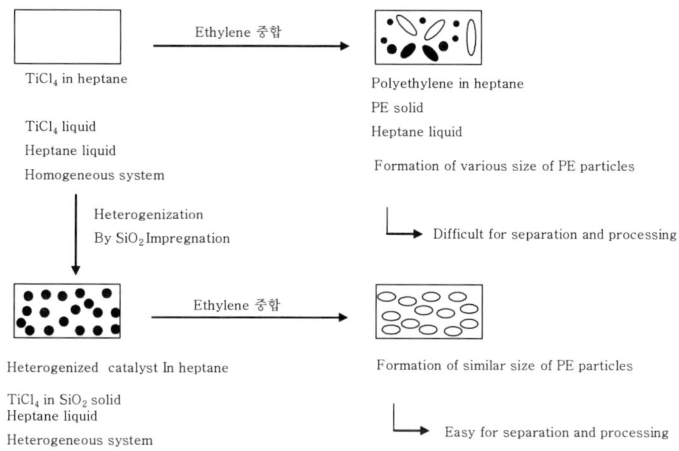


**그림 5.1** $TiCl_4$의 불균일화 모형

현재는 세계 PP 산업 현장의 대부분이 $MgCl_2$-담지 $TiCl_4$ 촉매의 방식으로 행해지고 있다. 프로필렌 중합촉매의 활성과 입체규칙성을 향상시킴에 따라 촉매잔존물이나 aPP제거 공정이 생략되어 PP 제조공정이 아래 그림 5.2와 같이 단순하게 발전되었다.

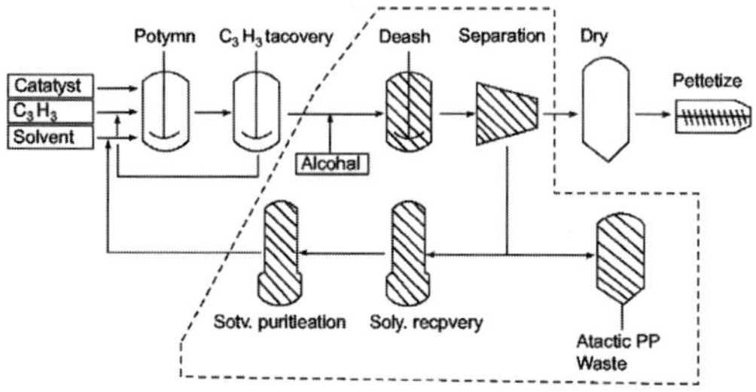


**그림 5.2** PP 제조공정

## 1) 촉매 활성 향상

촉매 활성을 높이는 좋은 방법은 화학적 반응으로 무기 재료인 담지체의 표면에 활성종을 일정 시간 동안 담지시키는 것이다. 실리카, 알루미나, Mg(OH)Cl와 같은 담지체의 수산화기와 $TiCl_4$의 반응은 좋은 수단이다. 다시 말해, $TiCl_3$ 촉매의 활성점의 농도가 0.1% 이하이므로 내부의 $TiC_3$를 무기 담지체로 교체되어야 하며, 이렇게 제조된 담지촉매의 활성은 $TiCl_3$ 촉매의 활성보다 5배 이상 높고, 이러한 개념을 확장함으로써 100배 이상이나 더 높은 활성을 가지는 촉매를 만들 수 있다.

촉매 활성을 향상시키기 위한 새로운 방법의 첫 번째는 도금이다. 액체 $TiCl_4$를 Ti 활성종으로 도금하여 $TiCl_3$와 유사한 결정이 되게 하는 것이다. 이런 이론에 기초한 연구 결과에 따르면, $MgCl_2$는 $TiCl_3$와 비슷한 이온 반경 즉 0.68과 0.65 Å를 가져 $Mg^{2+}$, $Ti^{4+}$와 같은 육방(hexagonal) 구조에 속한 결정 중에서 가장 좋았다. 그러나 $MgCl_2$는 낮은 비표면적과 높은 결정성을 가지며 $TiCl_4$와의 반응성이 없기 때문에 $MgCl_2$에 $TiCl_4$를 도금하는 것이 아주 어렵다. 두 번째 방법은 $MgCl_2$을 재결정화하는 것이다. n-부탄올과 메틸아세테이트와 같은 조성물을 첨가하여 $MgCl_2$의 결정성을 파괴하고 첨가된 조성물을 제거하여 $MgCl_2$를 재결정한 후 잔량의 조성물을 제거하기 위해 과량의 $TiCl_4$를 사용하였다. 이렇게 하면 $TiCl_4$가 재결정이 된 $MgCl_2$의 표면에 붙게 되는데 이것이 $MgCl_2$-담지 $TiCl_4$ 촉매이다.

이상의 결과로 X-선 회절 분석의 넓은 피이크의 특성으로 정의될 수 있는 우수한 $MgCl_2$ 결정의 집합을 유도했으며, 그것은 그림 5.3에 나타내었다.

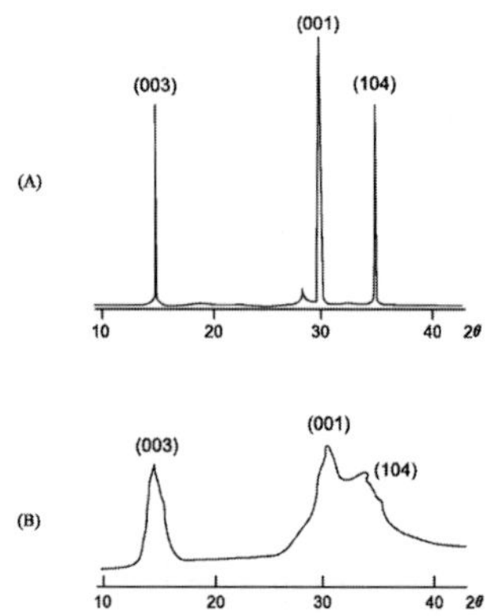


**그림 5.3** (A) $MgCl_2$와 (B) $MgCl_2$-담지 $TiCl_4$ 촉매의 X-선 회절 패턴

결합된 $TiCl_4$는 $MgCl_2$의 표면에 위치하고, 그것은 효과적인 활성을 형성한다. 그리고 $TiCl_3$ 촉매의 사용에서 $Et_3AlCl$ 대신 $Et_3Al$의 사용이 가장 좋은 효과를 나타낸다. 공촉매의 선택에서도 Ti 조성물의 다른 동족 단위뿐만 아니라 활성점에서의 $MgCl_2$의 영향에 따라 달라지며,

따라서, $MgCl_2$-담지 $TiCl_4$ 촉매는 $TiCl_3$ 촉매보다 100배 이상 높은 활성을 보인다.

표 5.1은 $MgCl_2$를 n-부탄올에 용해시켜 $TiCl_4$와 반응하여 용해 석출법으로 제조한 $MgCl_2$ 담지 $TiCl_4$ 촉매와 결정성 $TiCl_3$ 촉매의 프로필렌 중합결과를 나타낸 것이다.

**표 5.1** $MgCl_2$-담지 $TiCl_4$ 촉매계에 의한 프로필렌 중합 결과

| 촉 매 계 | 활 성 (g-PP/mmol-Ti · h · atm) 전체 | iPP | aPP | I.I(%)[a] | mm(%)[b] |
|---|---|---|---|---|---|
| $MgCl_2/TiCl_4/Et_3Al$ | 968 | 328 | 640 | 33.9 | 89 |
| $TiCl_3/Et_3Al$ | 23 | 17 | 6 | 75.9 | 91 |

[a] 가용성 끓는 헵탄 부분의 비율(iso-PP)
[b] $^{13}C$ NMR로 측정된 iPP의 [mm]

$MgCl_2$ 담지화에 의한 현저한 활성 향상은 활성종 농도 [C*]의 증대는 쉽게 이해되나, $k_p$의 증대 이유는 그렇게 간단하지 않다. Soga 등은 이러한 효과가 $MgCl_2$만의 특성인지를 확인하기 위하여, [C*]의 변화가 작다고 생각되는 가용성 $Ti(OBu)_4/AlEt_2Cl$/헵탄계와 여러 가지 금속염화물($MCl_n$)의 2-에틸-1-헥산올 용액을 넣어 촉매를 만든 후 프로필렌 중합 활성을 조사 · 비교하였다. 그 결과 중합 활성과 $M^{n+}$의 전기음성도($X_i$) 사이에 상관관계가 있음을 밝혔으며, 또한 활성의 차이는 주로 중합의 활성화에너지의 차이에 기인한다는 것도 알았다(그림 5.4). 또 Battele 촉매를 보완한 $Cr(OAc)_3/AlEt_2Cl/MCl_n$/toluene 및 $Cr(OBu)_4/AlEt_2Cl/MCl_n$/toluene 계에 의한 에틸렌 중합에 있어서도 같은 결과를 얻을 수 있었다.

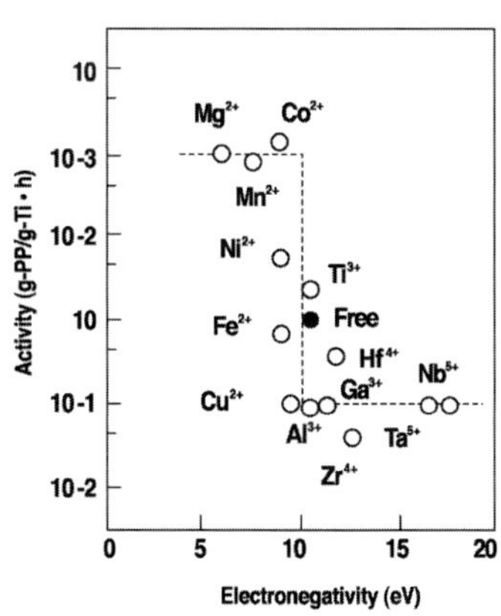


**그림 5.4** 금속 이온의 전기음성도와 중합 활성과의 관계

이러한 일련의 실험 결과에서 $Ti(OBu)_4$, $Cr(OAc)_3$ 또는 $Cr(OBu)_4$와 $AlEt_2Cl$ 사이에 리간드 교환반응이 일어나고 그 결과로 생긴 염소화 전이금속 화합물이 $MCl_n$과 'Cl 가지'를 만들어 복핵착물(multinuclear complex)을 형성하는데, 이때 $M^{n+}$의 전기음성도가 중합활성종인 $Ti^{3+}$나 $Cr^{2+}$의 전기음성도보다 작은 경우에는 $M^{n+}$으로부터 $Ti^{3+}$ 또는 $Cr^{2+}$로의 전자 주기(donation)가 일어나게 된다. 이렇게 채워진 $Ti^{3+}$나 $Cr^{2+}$의 d궤도로부터 배위된 올레핀의 반결합성 $\pi$*궤도로 전자가 역주기(back donation)됨에 따라 배위된 올레핀이 활성화(C=C 결합이 약하게 됨)되고, 따라서 $Ti^{3+}$나 $Cr^{2+}$과 고분자와의 결합에 올레핀이 쉽게 삽입 반응할 수 있게 되므로 $k_p$가 증가하게 된다(그림 5.5).

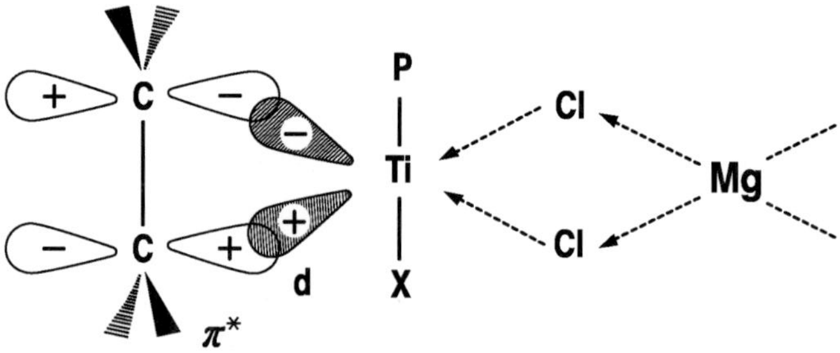


**그림 5.5** 고분자 사슬에 대한 올레핀 삽입 반응

## 2) 중합체 입자 모양

초기 1세대 Ziegler-Natta형 촉매의 중합 활성과 입체규칙성을 향상시키고자 하는 연구를 집중적으로 수행한 결과, 현재 촉매의 활성과 입체규칙성은 충분히 개량되었다. 그러나 근래에는 전술한 특성과 더불어 생성된 중합체의 양호한 입자 형상이 요구되고 있는데, 중합체의 입자 형상이 양호하다는 것은 주로 다음의 세 가지 의미를 갖는다.

① 중합체의 입자 형상이 구형 또는 구형과 근사할 것
② 중합체의 입경분포가 좁을 것
③ 중합체 중에 입경이 현저하게 작은 미세분체가 극히 소량 존재할 것

중합체의 형상이 양호하면 α-올레핀의 중합에서 중합반응기의 내벽 또는 교반기에 중합체

가 달라붙지 않기 때문에 반응기로부터 중합체의 배출이 양호하고, 따라서 동일 중합 장치에서 장기간 연속적·안정적으로 중합체의 생산이 가능하다. 특히, 용매를 사용하지 않는 기상 중합에 있어서 생성된 중합체의 유동성이 중요하여 용도에 따라서는 입자화가 필요하다. 중합체의 입자 형상이 양호하면 다음과 같은 제조상의 장점을 갖는다.

① 슬러리 중합법에서 중합체와 용매와의 분리가 용이하다.
② 중합체의 수송 또는 회수가 용이하다.
③ 중합체의 가공 기기로의 공급 또는 가공성형상 조작이 용이하다.
④ 미세분체에 의한 폭발가능성이 억제되고 입자의 취급이 용이하여 생산성이 향상된다.
⑤ 공중합에서 중합체의 형상 불량 또는 벌크 밀도의 저하를 억제할 수 있다.

Ziegler-Natta 촉매를 사용한 올레핀의 중합반응에서 얻어진 중합체의 입자 형상과 사용되는 촉매 입자의 형상 간에는 밀접한 상관관계가 존재한다. 따라서 중합체의 입자 형상이 양호한 것을 얻기 위해서는 사용하는 촉매의 입자 형상을 양호하게 하는 것이 필요하다. 더욱이 촉매는 중합체의 제조 과정에서 촉매의 입자가 마모 또는 분쇄되지 않을 정도의 강도를 가지고 있어야 한다. 현재 담지형 촉매의 입자 크기는 약 10~20㎛이고 생성된 중합체의 입자 크기는 200~400㎛이다. 특히 기상 중합반응에서 생성된 중합체를 펠릿화하지 않고 직접 사용하려면 중합체의 입자 크기가 크고(약 5㎜), 입자 분포가 매우 좁은 중합체의 생성을 가능하게 하는 입자 형상이 조절된 촉매를 개발하는 것이 매우 중요하다.

현재 담지 촉매를 제조할 때 공업적으로 주로 사용하고 있는 공분쇄법으로는 촉매의 입자를 균일화 또는 제어하는 데 한계가 있다. 따라서 $MgCl_2$ 담지체를 제조할 때 재침전법이나 Mg염의 화학적 전환을 통해 균일한 촉매 입자를 제조하고 $MgCl_2$를 다공성 구조로 개량하는 기술을 개발하여 활성을 향상시켜야 한다.

또한 촉매 제조 방법의 최신화로 입자 조절을 할 수 있다. $TiCl_4$와의 반응을 위해 $MgCl_2$를 탄화수소 화합물에 완전히 용해시키는 것은 입자 크기와 고체상 촉매의 형태(morphology)를 세밀하게 조절할 수 있게 해준다. 이렇게 얻어진 촉매는 앞서 언급한 높은 활성과 입체특이성과 함께 둥근 모양의 입자를 가지고 있어서 기상 공정에 사용할 수 있다. 기상 공정은 생산비를 절감시킬 뿐만 아니라 고성능의 내충격성 공중합체의 개발에도 기여했다.

## 2. 담지화 방법

### 1) 담지체

Mg(OH)Cl, 수화MgO 혹은 $MgSO_4$과 같은 반응성 Mg화합물을 이용한 담지체가 체계적으로 연구되기 시작하여 1960년대 말에 여러 가지 고효율성 올레핀 중합용 촉매가 개발되었다. 이들 중의 몇 가지는 전이금속염화물(주로 $TiCl_4$)과 $Mg(OH)_2$, $MgCl_2 \cdot TiCl_3 \cdot Mg(OH)_2$ 혹은 $MgSO_4 \cdot TiCl_3 \cdot Mg(OH)_2$와 같은 Mg화합물 사이의 반응에 의한 것이며 이 반응에 의하여 $Mg-O-TiCl_3$결합이 형성되는 것으로 믿어졌다. 그러나 활성이 가장 우수한 촉매는 활성 $MgCl_2$를 사용하는 것으로 $TiCl_4$와 Mg알콕시드, Grignard화합물 혹은 Mg-알킬 사이의 반응에 의해 활성 $MgCl_2$를 생성시키는 반응에 의한 것이었다.

$MgCl_2$담지 고활성 촉매에서 처럼 담지체로서 $MgCl_2$가 가장 우수한 성능을 보이는 데는 Mg 이온의 역할이 중요하며 그 역할은 다음과 같다.

① Ti 금속이 Mg이온에 의해 분산되어서 활성점의 수가 증가한다. 이러한 작용은 Mg이온을 포함하지 않는 물질의 표면에 화학적으로 고정시켜 얻을 수도 있다.

② Mg 이온의 존재는 활성점인 Ti을 안정화시켜 퇴화가 일어나는 것을 막아준다. 이러한 안정화의 정도는 Mg에 배위된 리간드의 형태에 따라 영향을 받는다.

③ Mg 이온의 존재는 사슬 이동의 반응을 증진시킨다. 이것은 Mg/Ti의 비가 증가함에 따라 폴리에틸렌의 분자량이 감소하는 것으로 알 수 있다.

④ Ti(Ⅳ), Mg(Ⅱ)와 Al(Ⅲ) 이온들의 구조 및 화학적 특성을 살펴보면, Ti(Ⅳ, 이온반경=0.68Å), Mg(Ⅱ, 이온반경=0.65Å) 그리고 Al(Ⅲ, 이온반경=1.8Å)에서 Ti(Ⅳ)와 Mg(Ⅱ)의 이온반경이 비슷하고, Al(Ⅲ)과 Ti(Ⅳ)의 전기음성도(Pauling electronegativity: Al(Ⅲ)=Ti(Ⅳ)=0.017, Mg(Ⅱ)=0.033)가 비슷하여, 촉매 구성체에서 이들 금속 이온들 사이에 화학 결합과 다른 금속의 리간드 간의 치환 반응이 쉽게 일어난다.

$MgCl_2$가 Ziegler-Natta 촉매 담지체로 가장 효과적임은 잘 알려진 사실이며, 이 외에도 일반적으로 많이 이용되는 담지체는 실리카, 알루미나, 지르코니아 등의 금속산화물이며 이들은 형태(morphology) 조절 및 구입의 용이함, 화학적 비활성 등의 장점이 있다.

메탈로센 촉매의 불균일화에 연구 현황은 메탈로센 화합물을 실리카, 알루미나, $MgCl_2$ 등에 담지시켜 그 반응성을 조사하는 것으로 표 5.2는 Soga의 실험 결과를 소개한 것이다. 메탈로센의 불균일화는 공통적으로 촉매 활성을 현저히 떨어트린다는 것을 보여주는데, 이러한 결과는 대체적으로 다른 연구 결과와도 일치한다. 따라서 메탈로센의 단순한 불균일화는 한계가 있을 것으로 보이며, 효과적인 불균일화를 이루기 위해서는 좀 더 적극적인 표면 개질이 요구된다. 이와 더불어 담지체 표면과 메탈로센과의 반응도 연구되어야 할 것이다. 현시점에서 메탈로센 담지 연구는 미진한 편이며, 이는 앞으로 집중적으로 연구되어야 할 메탈로센 촉매 분야 중의 하나이다.

**표 5.2** 불균일화된 메탈로센 화합물의 중합 결과

| 촉매 | 공촉매 | 수율(g) | 활성 (kgPP/mol-Zr) | $M_n \times 10^{-3}$ | $M_w/M_n$ |
|---|---|---|---|---|---|
| $Et(IndH_4)ZrCl_2$ | MAO | 2.17 | 2070 | 3.3 | 1.9 |
| $Et(IndH_4)ZrCl_2$ | $Al(CH_3)_3$ | trace | - | - | - |
| $Et(IndH_4)ZrCl_2/SiO_2$ | $Al(CH_3)_3$ | trace | - | - | - |
| $Et(IndH_4)ZrCl_2/Al_2O_3$ | $Al(CH_3)_3$ | 1.5 | 259 | 1.3 | 1.8 |
| $Et(IndH_4)ZrCl_2/Al_2O_3$ | $Al(C_2H_5)_3$ | 0.70 | 158 | 3.2 | 2.2 |
| $Et(IndH_4)ZrCl_2/MgCl_2$ | $Al(CH_3)_3$ | 4.19 | 354 | 2.6 | 4.2 |
| $Et(IndH_4)ZrCl_2/MgCl_2$ | $Al(C_2H_5)_3$ | 1.80 | 152 | 2.1 | 4.8 |

### 2) 첨가제

$MgCl_2$-담지 $TiCl_4$ 촉매가 PE 생산에 엄청나게 높은 활성을 가져왔으며, PP 생산에 기여한 바도 매우 크다. 프로필렌 중합 활성은 중합에서도 매우 높지만, 입체 규칙성이 좋지 못하다. 그러나 $MgCl_2$-담지 $TiCl_4$ 촉매에 의해 생산된 PP가 상당량의 높은 입체규칙성을 가진 PP를 함유하고 있으며, 또한 iPP 부분을 합성하는 중합활성은 $TiCl_3$ 촉매보다 20배가 크다.

다양한 종류의 $MgCl_2$-담지 $TiCl_4$ 촉매로 프로필렌 중합을 시도했지만, 예상과는 달리 입체 규칙성이 모두 좋지 못하였으나, 입체규칙성이 $MgCl_2$ 결정을 파괴하는 첨가 물질의 종류에 의해 변화한다는 것을 알았다. 이 물질은 PE 생산의 높은 활성도를 증명하기 위해 첨가되어, $TiCl_4$와의 반응에 의해 축출되는 첨가 화합물 중 $MgCl_2$ 표면에 남아 있는 화합물이 입체특이성 향상제(stereospecific improver)로 작용하는 것처럼 보였다. 그래서 입체 특이성을 향상시키기 위해 $MgCl_2$ 표면과 배위할 수 있는 전자공여체라고 부르는 유기화합물을 첨가하는 새로운

개념에 도달했고, $MgCl_2$ 결정 파괴제를 제외하고 효과적으로 작용하는 전자공여체를 찾기 시작했다. 이 시점에서 $TiCl_3$ 촉매를 사용해 무기물의 결정으로 입체 규칙성을 조절해 왔던 시대는 끝나고, 유기 화합물이 PP의 입체 규칙성을 조절할 수 있는 새로운 장이 열였다. 무기화학에서 유기화학 세계로의 입문은 유기화합물을 교체함으로써 활성점의 구조를 설계하고 조절할 수 있게 해 주었고 큰 리간드로 고려될 수 있는 $MgCl_2$의 강력한 효과를 이해할 수 있게 해 주었다.

표5.3에 보여지듯이 마침내 PP 생산에 있어 EB(ethylbenzoate)로 대표되는 전자공여체를 채택함으로써 $TiCl_3$ 촉매보다 높은 입체규칙성을 가지고 100배나 높은 활성을 가진 $MgCl_2$-담지 $TiCl_4$촉매를 개발했다.

**표 5.3** 촉매 작용에 대한 $MgCl_2$과 EB의 효과

| | I.I. (%) | 특이성의 활성 | $[C^*]$(mol%) | $k_p(L{\cdot}mol^{-1}{\cdot}s^{-1})$ |
|---|---|---|---|---|
| $TiCl_3$-EtAlCl | 90 | 1 | 0.2-0.63 | 2.5 |
| $MgCl_2/TiCl_4$-$Et_3Al$ | 30 | 250 | 20-60 | 240-730 |
| $MgCl_2/TiCl_4$/EB-$Et_3Al$/EB | 94 | 140 | 2.8 | 2700 |

주어진 단량체 농도[M]에서 중합속도($R_p$)는 활성점 농도([C*])와 사슬성장 속도상수($k_p$)의 곱으로 나타내어진다.

$$R_p = k_p[C^*][M]$$

표 5.3에 보여지듯이 단순히 $MgCl_2$에 담지시킨 $TiCl_4$는 [C*]와 $k_p$값 모두를 증가시킨다. 높은 비표면적을 가진 $MgCl_2$ 표면에만 존재하는 $TiCl_4$가 [C*]의 커다란 증가를 설명할 수 있다. $k_p$의 커다란 증가는 일반적으로 $MgCl_2$가 가져온 리간드 효과의 한 종류인 전자 효과(electronic effect)로 받아들여진다. $Mg^{2+}$의 전기음성도가 $Ti^{3+}$의 것보다 더 작아 $MgCl_2$로부터 Ti로의 전자 공여가 일어나며 따라서 Ti의 d전자가 프로필렌 단량체의 $\pi^*$궤도로의 역주기(back-donation)을 가져온다. 반면에 단량체의 $\pi$전자는 Ti의 빈 d궤도로 공여되며, 따라서 성장 고분자 사슬로의 단량체 삽입을 증가시킨다. 표 5.3에 나타내듯이, EB의 첨가로 aPP를 생산하는 활성점을 선택적으로 비활성화함으로서 $[C^*]$의 농도를 상당량 감소시키나 $k_p$값은 크게 증가되었다. 이는 일반적으로 EB가 비입체 활성점의 일부분을 높은 입체특이성의 활성점으로 전환시키기 때문이며, 높은 입체 특이성을 가지는 활성점의 $k_p$는 비입체성의 경우보다 매우 크다. 즉 EB가 비입체성 활성점을 높은 입체 특이성의 활성점으로 변형시킨다는 직접적인 증거가 보고되어 있다.

EB를 첨가하면 aPP의 활성을 낮추고 적당한 EB/Ti 몰비 하에서 iPP를 증가시키나, EB를

과량으로 첨가했을 때는 iPP도 감소하게 된다. 이것은 EB가 가지는 활성점의 입체 특이성 향상과 비활성화의 균형에 대한 민감성을 나타낸다. 또한 EB의 첨가로 $k_p$가 높아져서 높은 입체특이성 활성점이 생성되고 iPP의 분자량이 증가하게 된다.

EB로 대표되는 전자공여체에 대한 많은 연구를 통하여 전자공여체는 두 종류로 분류할 수 있다. 하나는 촉매 제조시에 첨가되어 $MgCl_2$ 표면에 지지되는 $TiCl_4$에 관여하는 내부 공여체(Internor Donor, ID)이고, 다른 하나는 프로필렌 중합이 시작될 때 공촉매인 $Et_3Al$와 함께 첨가되는 외부 공여체(Externor Donor, ED)이다. 일반적으로 ID는 $Et_3Al$ 공촉매와의 반응으로 촉매 표면에서 떨어져 나가고, ED는 촉매 표면에서 전자 공여 분자로 작용하고 있는 것으로 알려져 있다.

수많은 전자공여체의 연구로 디알킬프탈레이트(dialkyl phthalate)와 알콕시실란(alkoxysilanes)이 효과적인 것으로 밝혀졌다. ID로 사용되는 디알킬프탈레이트가 촉매 표면에서 축출되고, ED인 알콕시실란이 ID 대신 입체규칙성 향상제로서 촉매 표면에 고정된다는 것이 확인되었다. 알콕시실란는 입체 규칙성의 증가뿐 아니라 분자량을 증가시키는 역할도 하는 것으로 보고되었다. 디알킬프탈레이트와 알콕시실란의 비와 구조를 설계함으로써, $TiCl_3$보다 1000배나 높은 활성을 가지고 98%의 I.I.를 가지는 고입체규칙성 촉매를 얻을 수 있으며, 생산되는 PP는 사슬 말단을 제외하고는 어떠한 배열불규칙성도 가지고 있지 않았다. 단량체의 배열불규칙한 삽입은 수소 분자의 사슬 이동에 의해 재활성화될 수 있는 휴면점(dormant site)을 유발함을 확인했다. 이것을 촉매 잔여물과 aPP를 제거하기 위한 공정과 에너지에 적용함으로써 PP 생산을 혁신할 수 있다.

루이스 염기를 ID로 사용하면 티탄 활성점의 빈 배위 자리를 차지하게 되어, 2개의 빈 배위 자리를 가진 활성점이 1개의 빈 배위 자리 활성점으로 바뀔 수 있다. 즉 빈 배위 자리에 ID가 결합함에 따라 아탁틱 활성점이 이소탁틱 활성점으로 변환하게 된다. 물론 과량의 ID가 존재하게 되면 모든 빈 배위 자리를 채우게 되어, 활성점의 중합 활성도 잃어버리게 된다.

Busico 등은 ED를 사용하지 않고 $MgCl_2/EB/TiCl_4$계로 프로필렌을 중합하면 I.I.가 중합 시간에 따라 감소한다는 것을 알았다. 그리고 그 원인은 촉매 표면으로부터 ID인 EB가 $AlEt_3$에 의해 씻겨 나오기 때문이라고 설명하였으며, ID의 제거를 억제하기 위해서는 ED로 EB를 첨가하는 것이 필요하다고 생각하였다.

중합시에 사용되는 $AlEt_3$ 등의 공촉매에 의해 ID가 촉매 표면에서 제거될 수 있으며, 따라서 생성 PP의 I.I.가 중합 시간에 비례하여 감소하게 된다. 그러므로 중합시에 전자공여체를 ED로 첨가하여 ID의 제거를 억제하거나 제거된 ID를 보충함으로써 생성 PP의 I.I.를 향상시킬 수 있다. 그리고 ED의 첨가에 의하여 큰 입체규칙성을 가진 활성점이 새로 생성되기도 한다.

촉매 제조시 첨가된 ID와 공촉매와 함께 첨가되는 ED의 역할에 대해서는 첨가제가 가지는 반응의 다양성 ($TiCl_4$, $MgCl_2$, $AlEt_3$ 양쪽 모두와 반응이 가능) 때문에 해명이 쉽지 않다.

Soga 등은 Ti의 산화수와 올레핀 중합활성의 상관성에 관해 "$Ti^{2+}$는 에틸렌에만, $Ti^{3+}$는 에틸렌, 프로필렌, 1-헥산, 1,3-디엔 등 여러 α-올레핀에 중합활성을 나타낸다."고 밝혔다. 또한 염기의 첨가 효과를 검토한 결과, 루이스 염기의 첨가량이 많아짐에 따라 PP의 I.I.가 향상하게 되고 폴리이소프렌의 미세 구조는 시스에서 트란스로 전이하게 됨에 따라 2개의 전자 빈 자리(vacant site)를 가지는 Ti는 이소탁틱 PP를 생성했다.

$MgCl_2$ 담지 촉매는 그림 5.6에 나타낸 바와 같은 3종류의 $Ti^{3+}$ 활성종(site II; isospecific, site I 및 III; aspecific)을 가지고 있다고 주장하였다. 좀 더 구체적으로 말하면, $MgCl_2$의 (100)면에 담지된 $TiCl_4$를 $AlEt_3$와 반응시켜 얻을 수 있는 $Ti^{3+}$은 2개의 배위 형태를 가질 수 있다. 그리고 ID 혹은 ED를 단독으로 사용할 때에는 I.I.가 효과적으로 향상하지 않는다. 따라서 ID는 $MgCl_2$의 (110)면에 선택적으로 배위하여 site III의 생성을 억제하며, ED는 ID가 씻겨 나오는 것을 억제함과 동시에 site I에 선택적으로 작용하여 불활성화함으로써 I.I.를 효과적으로 향상시킨다.

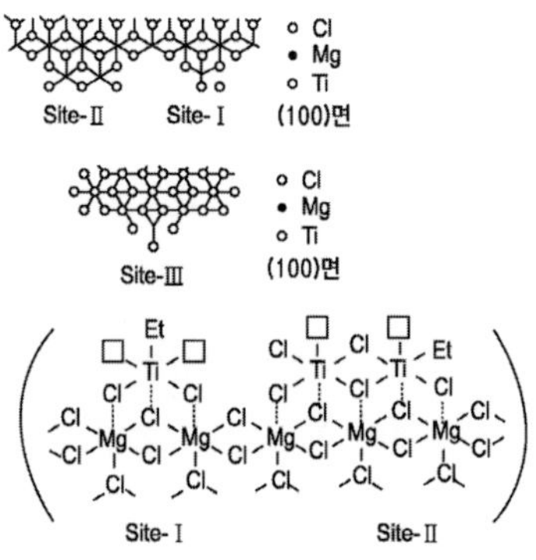


**그림 5.6** $MgCl_2$ 담지형 촉매의 $Ti^{3+}$ 활성종 모형

위에 나타낸 site 중 I, II의 존재 확률은 Ti 담지량에 크게 좌우되어, Ti 담지량이 아주 작은 경우에는 site I이, 클 경우에는 site II이 각각 생성될 것이다. 그리고 중합은 Ti-$Et_3$ 결합에 올레핀이 반복해서 삽입됨에 따라 진행된다. 따라서 프로필렌이 중합될 때에 site I에서는 $Ti^{3+}$가 achiral이기 때문에 aPP가 얻어지게 된다. 그러나 site II에서 2개의 Ti 사이에 끼어

있는 Cl이 쉽게 움직일 수 있게 되면 아래와 같이 site II'와의 사이에 평형이 성립하게 되는데, site II'는 site I과 마찬가지로 aPP를 만든다.

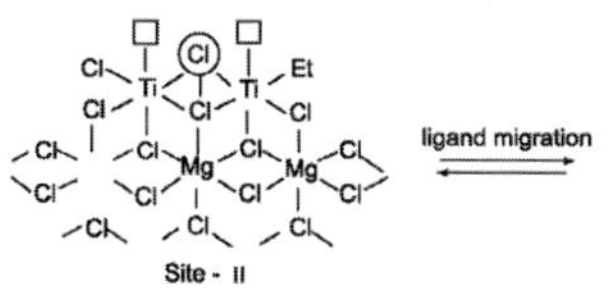


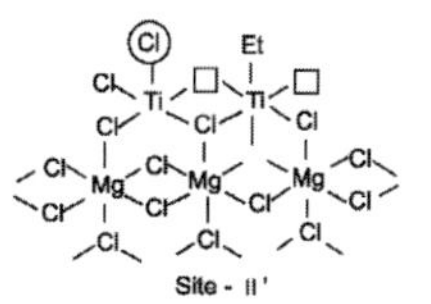


site II가 site II'로의 변환 속도는 아직 알려진 바가 없지만, 만약 그 속도가 성장하는 고분자 사슬의 평균 수명에 비해 빠를 경우에는 iPP와 aPP의 블록물이 얻어지고, 느릴 경우에는 iPP와 aPP의 혼합물이 얻어진다. 바꾸어 말하면 촉매 제조시에 고농도의 $TiCl_4$를 사용하여 site I의 생성을 억제하여도 iPP만을 선택적으로 제조할 수는 없다.

지금까지 언급한 모형에서는 EB의 첨가에 의하여 iPP의 수율이 증가하는 것을 설명하지 않았다. 최근 Kakugo 등은 여러 가지 촉매에서 얻어진 프로필렌의 이소탁틱 부분을 넓은 온도 범위에서 디클로로벤젠으로 칼럼 분별하여 각 유분의 무게, 미세탁틱성(microtacticity) 및 녹는점을 측정하였다(그림 5.7).

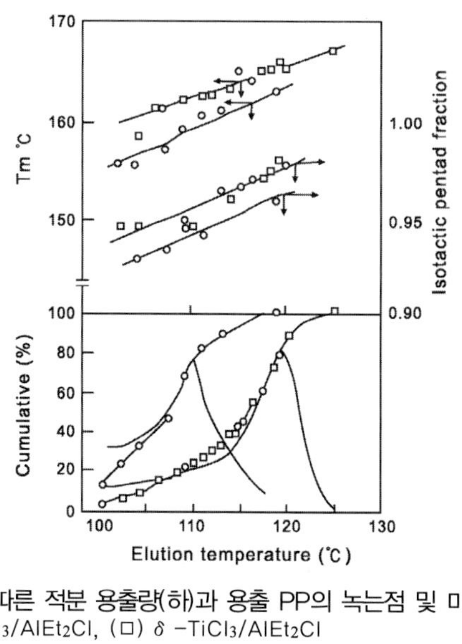


**그림 5.7** 용출온도에 따른 적분 용출량(하)과 용출 PP의 녹는점 및 미세탁틱성(상)과의 관계
(○) $\beta$ $-TiCl_3/AlEt_2Cl$, (□) $\delta$ $-TiCl_3/AlEt_2Cl$

β-$TiCl_3$/$AlEt_2Cl$계는 110℃ 부근에서, 또한 δ-$TiCl_3$/$AlEt_2Cl$계는 120℃ 부근에서 각각 최대의 용출량을 나타낸다. 용출 PP의 녹는점 및 이소탁틱 함량이 용출 온도에 대해 직선적으로 증대하는 사실로부터 분별(fractionation)은 주로 고분자가 가지는 미세 구조의 차이에 의해 일어나며, β-$TiCl_3$/DEAC계에 비해서 δ-$TiCl_3$/DEAC계가 더 높은 이소탁틱성의 활성종을 갖고 있었다.

$MgCl_2$ 담지 $TiCl_4$-$AlEt_3$ 촉매계에 대해서도 같은 방법으로 실험하여, ED가 첨가되지 않은 경우에는 110℃ 부근에서 최대의 용출량을 나타내나, 메틸-p-톨루엔(MPT)를 ED로 첨가한 경우에는 용출량의 극대점이 높은 온도(120℃)로 이동한다(그림 5.8). 또한 각 유분의 이소탁틱 함량 분포를 구하였으며(그림 5.9), 그 결과로부터 공여체의 첨가에 의해 이소탁틱성이 큰 활성종이 새롭게 생성됨을 확인하였다.

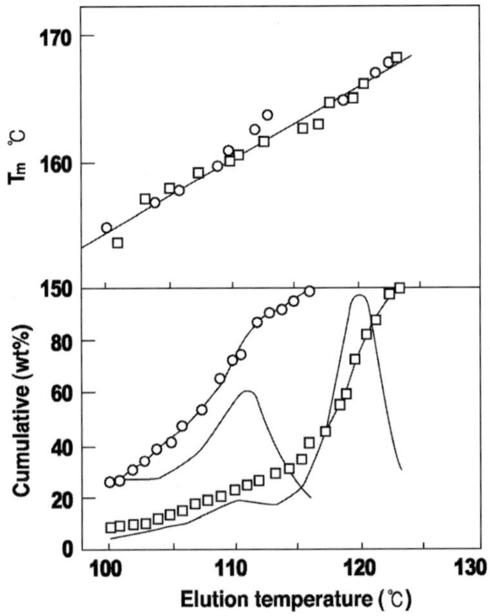


**그림 5.8** 용출온도에 따른 적분 및 미분 용출량(하)과 용출 PP의 융점(상)과의 관계
(○) $MgCl_2$ 담지 $TiCl_4$/$AlEt_3$, (□) $MgCl_2$ 담지 $TiCl_4$/$AlEt_3$-MPT

한편, Soga 등은 $MgCl_2$/$TiCl_4$, $MgCl_2$/EB/$TiCl_4$, $MgCl_2$/DNBP/$TiCl_4$ 등 3종의 촉매를 사용하여 프로필렌 중합을 상세히 검토함으로써 ID로서의 일에스테르인 EB와 이에스테르인 DNBP의 차이점을 밝혔다. 즉 ID가 없거나 EB를 사용한 경우에는 중합 속도가 시간에 따라 크게

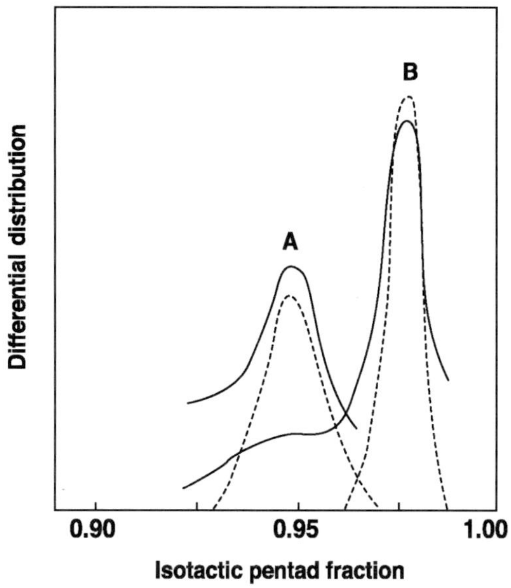


**그림 5.9** 이소탁틱 함량 분포곡선: (—) 실험치, (···) 계산치
A; $MgCl_2/TiCl_4/DNBP/AlEt_3$
B; $MgCl_2/TiCl_4/DNBP/AlEt_3$-PTES

감소하였으나 DNBP계에서는 비교적 일정하였으며, PP의 I.I.는 DNBP>EB>ID 무첨가의 순서로 감소하였다. 또한 다른 계와는 달리 EB계에서는 중합 시간 및 $AlEt_3$ 농도에 따라 중합속도는 증가하고 I.I.는 저하하였다. 또 촉매를 $AlEt_3$로 처리하면 EB는 비교적 쉽게 제거되나, DNBP는 거의 제거되지 않고 고체 촉매 성분에 강하게 배위하고 있었다. 이들 촉매계에 ED로 PTES를 첨가하면 모든 계에서 I.I.가 증가하나, iPP의 수율은 ID 무첨가 및 EB계에 있어서 감소한 반면에 DNBP계에서는 증가하였다. 그리고 DNBP계의 촉매로 얻은 PP를 휘발성 옥탄으로 분별한 결과 PTES 첨가에 의해 휘발성 헵탄 가용 부분(S.7) 및 휘발성 헵탄 불용, 휘발성 옥탄 가용 부분(S.8)이 감소하였고 휘발성 옥탄 불용 부분(I.8)은 증가하였으며, 또 S.7의 분자량은 저하하나 I.8의 분자량 및 분자량 분포는 거의 변화하지 않았다. $^{13}C$ NMR 스펙트럼으로 구한 각 부분의 입체규칙성 정도는 PTES의 유무와 관계없이 아래와 같이 표시될 수 있다.

I.8 ; [mmmm]>>[mmmr]=[mmrr]=2[mrrm]
I.7−S.8 ; [mmmm]>>[mmmr]≈[mmrr]≈[rrrr]
≈[mrrr]≈[mrrm]>>[rmrm]≈[rmmr]=0
S.7 ; [mmmm]>[mmmr]>[rmmr], [rrrr]>[rrrm]>[mrrm]

바꾸어 말하면 I.8, I.7-S.8 및 S.7은 각각 이소탁틱과 신디오탁틱을 모두 포함하는 aPP이다. 이러한 위의 결과에서 ID와 ED의 역할을 그림 5.10과 같이 나타낼 수 있다. 즉 EB 또는 DNBP 등의 ID는 $MgCl_2$의 (110)면뿐만 아니라 (110)면의 전자 빈자리를 가진 Ti과 작용하여 활성종인 site-$I_m$ 또는 site-$I_d$가 형성되며 따라서 이소탁틱 고분자가 얻어진다. 그러나 일에스테르인 EB는 고체 촉매와의 상호작용이 DNBP보다 약하기 때문에 $AlEt_3$에 의해 쉽게 씻겨 나오게 되고, 따라서 site-$I_m$이 두 개의 전자 빈 자리를 가진 site-I로 전환된다.

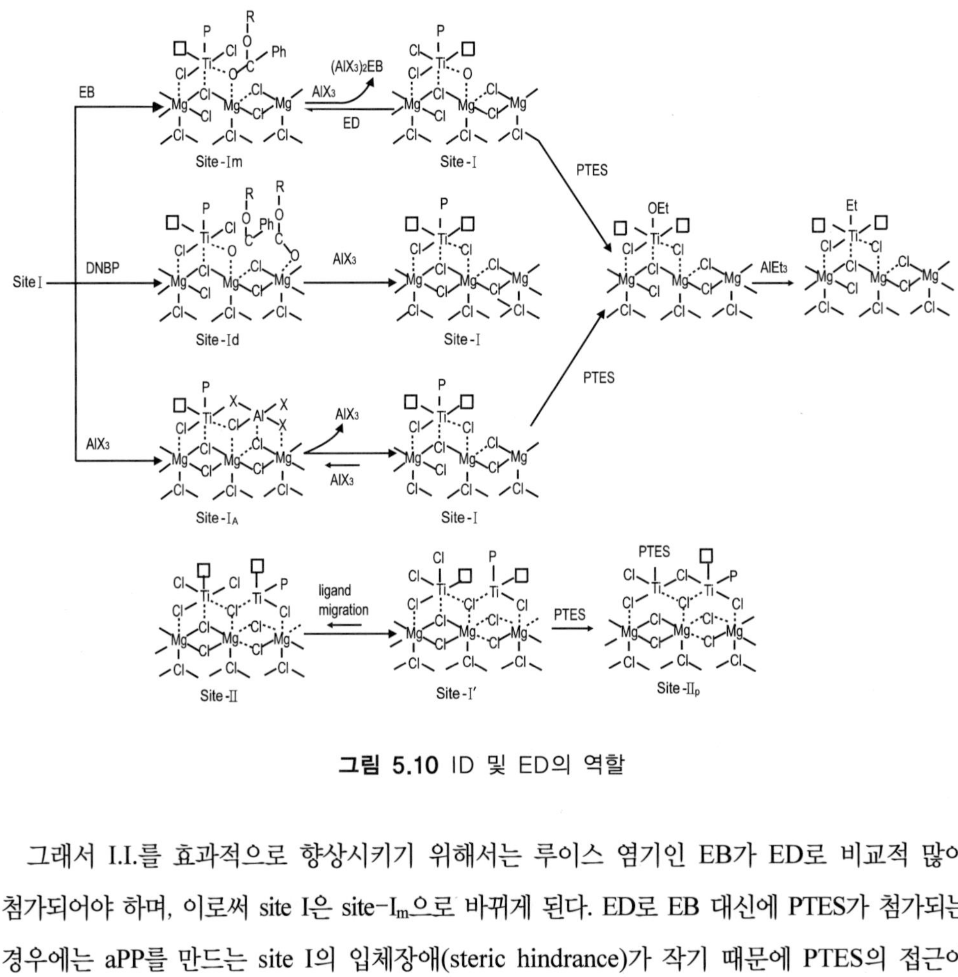

**그림 5.10** ID 및 ED의 역할

그래서 I.I.를 효과적으로 향상시키기 위해서는 루이스 염기인 EB가 ED로 비교적 많이 첨가되어야 하며, 이로써 site I은 site-$I_m$으로 바뀌게 된다. ED로 EB 대신에 PTES가 첨가되는 경우에는 aPP를 만드는 site I의 입체장애(steric hindrance)가 작기 때문에 PTES의 접근이 쉬워져서 Ti 활성종이 알콕시화하고, 따라서 활성종은 그 활성을 잃어버리게 된다. 그러나 다량의 $AlEt_3$가 공촉매로 상용되기 때문에 알콕시 Ti은 $AlEt_3$에 의해 다시 알콕시화하여 두 개의 전자 빈 자리를 가진 아틱틱 중합 활성종이 재생된다. 그러나 DNBP와 같은 이에스테르가 배위한 site-$I_d$는 PTES의 영향을 받지 않는다.

반면에 site II는 다리연결된 Cl 원자가 인접한 Ti 원자로 이동함에 따라 비입체특이성 활성종(site-I')으로 바뀌게 되므로, 아탁틱 부분을 포함하는 iPP가 생성된다. 그러나 PTES는 site-II의 Ti 원자에 배위함으로써 Cl의 이동을 억제하게 되고, 따라서 site-II를 고입체특이성인 site-$II_p$로 변화시키는 것으로 생각된다. 또한 EB를 ID로서 포함한 경우에는 EB가 $AlEt_3$에 의해 씻겨 나와 site-I이 생성되므로 결과적으로 이소탁틱성의 활성종도 PTES의 공격을 받게 된다.

### 3) 입체특이성의 제어

촉매의 입체특이성은 방향족 에스테르와 유기실란 화합물 등의 루이스 염기를 첨가함에 따라 상당히 개량되었다. 그러나 이러한 루이스 염기는 앞의 절에서 언급하였듯이 활성종을 구성하는 Ti뿐만 아니라 공촉매로 다량 사용되는 $AlEt_3$와도 강하게 상호작용하므로 그 역할을 분명히 해명하는 것이 쉽지가 않다.

Soga 등은 촉매계의 단순화에 중점을 두어 비입체특이성 촉매의 개발에 힘써 왔는데, 그 이유는 비입체특이성 촉매를 제조하고 이것을 고입체특이성 촉매로 간단히 전환시키는 법을 알아내는 것이 루이스 염기의 역할을 포함하여 입체특이성 메카니즘을 이해하는 데 최선의 방법이라고 생각하였기 때문이다.

잘 알려진 바와 같이, $TiCl_4$만을 $MgCl_2$에 담지한 촉매의 입체특이성은 아주 낮으나 aPP만을 선택적으로 합성하는 것은 아니다. 즉 $AlEt_3$를 공촉매로 프로필렌을 중합하면 20~30w%의 iPP가 생성되는데, 이러한 소량의 iPP 생성을 막기 위하여 앞의 절에서 언급한 site II의 생성을 억제하여야 한다. 따라서 Ti담지량을 극단적으로 감소시키는 방향으로 연구를 진행하였으며, Ti종으로는 $TiCl_3$와 $TiCl_4$를 사용하였다. 즉 $TiCl_4/MgCl_2$ 촉매는 양자의 혼합물을 분쇄한 후, 미반응의 $TiCl_4$를 과량의 헵탄으로 씻어내는 방법으로 합성하였다. 또한 $TiCl_3/MgCl_2$ 촉매는 가용성의 $TiCl_3 \cdot 3Py$(피리딘) 착물을 녹인 톨루엔 용액에 $MgCl_2$를 넣어 교반하면서 $AlEt_2Cl$ 또는 $Al_2Et_3Cl_3$를 첨가하여 제조하였으며, 이때 리간드인 피리딘은 $AlEt_2Cl \cdot Py$ 또는 $Al_2Et_3Cl_3 \cdot Py$의 형태로 제거되었다. 이렇게 얻은 두 촉매를 각각 $AlEt_3$와 함께 사용하여 1기압, 40℃에서 행한 프로필렌의 중합 결과를 표 5.4에 나타내었다.

**표 5.4** $MgCl_2$ 담지형 촉매에 의한 프로필렌의 중합

| Ti화합물 | Ti함량 (wt%) | 알킬 알루미늄 | 처리온도 (℃) | 압력 (atm) | 중합활성 (kg-pp/g-Ti · h) | I.I. (%) | $M_n$ ($\times 10^4$) | mmmm (%) |
|---|---|---|---|---|---|---|---|---|
| $TiCl_3 \cdot 3py$ | 0.84 | $AlEt_2Cl$ | 25 | 1 | 1.99 | 29 | 2.1 | 57.1 |
| | 0.065 | 〃 | 25 | 1 | 9.23 | 11 | 1.7 | – |
| | 0.070 | 〃 | 0 | 1 | 37.5 | 7 | 2.2 | – |
| | 0.0059 | 〃 | 0 | 1 | 19.1 | 0 | 1.2 | 34.3 |
| | 0.043 | $Al_2Et_3Cl_3$ | 0 | c.a.13 | 127 | 0 | – | 34.7 |
| $TiCl_4$ | 2.8 | – | – | 1 | 4.50 | 28 | – | – |
| | 0.40 | – | – | 1 | 8.73 | 25 | – | – |
| | 0.11 | – | – | 1 | 13.0 | 23 | 1.6 | – |
| | 0.40 | – | – | c.a.13 | 96.2 | 26 | – | 57.2 |

$TiCl_4/MgCl_2$계에서는 Ti 담지량을 크게 감소시켜도 입체특이성은 거의 변하지 않았다. 이러한 결과는 담지된 $TiCl_4$의 대부분은 $MgCl_2$ 표면에 고분산되어 있다고 생각되나, 이는 $AlEt_3$의 첨가에 의해 $TiCl_4$가 순간적으로 환원됨에 따라 생성된 $TiCl_3$가 응집하여 site II를 생성해 버리기 때문이라고 설명되었다. 한편 $TiCl_3/MgCl_2$계에서는 예상한 대로 Ti 담지량의 감소와 더불어 입체특이성이 저하하여 궁극적으로 비입체특이성 촉매가 얻어졌다. 즉 생성 PP는 비교적 높은 분자량을 가지고 있음에도 불구하고 휘발성 헵탄에 완전히 용해됨에 따라, 이를테면 iPP가 전혀 포함되어 있지 않았다.

위에서 얻은 비입체특이성 촉매를 고입체특이성 촉매로 전환시키는 방법에 대해 검토하였다. 우선 $TiCl_3/MgCl_2$–$AlEt_3$계에 대한 EB의 영향을 조사하였으며, 그 결과 표 5.5에서 나타냈듯이 EB의 첨가량이 증가함에 따라 촉매의 입체특이성이 대폭 향상하였고, iPP를 거의 선택적으로 생성하는 촉매로 전환되는 것을 알았다. 또한 공촉매로서 $AlEt_3$ 대신에 $Cp_2TiMe_2$를 사용하면 촉매의 입체특이성이 현저히 향상하므로 $TiCl_3/MgCl_2$ 촉매에 $Cp_2TiMe_2$를 첨가해서 프로필렌 중합을 행하였는데, 이때 EB 등의 루이스 염기가 일체 포함되지 않은데도 입체특이성은 매우 높았다(I.I.=95%).

**표 5.5** $TiCl_3/MgCl_2$-$AlEt_3$계에 의한 프로필렌 중합에 있어서 EB의 첨가 효과

| EB (mmol/l) | 활성(kg-PP/g-Ti · h) | | | I.I.(%) |
|---|---|---|---|---|
| | 총계 | 이소탁틱성 | 아탁틱성 | |
| – | 10.78 | 0 | 10.78 | 0 |
| 1.0 | 5.00 | 3.65 | 1.35 | 73.0 |
| 2.0 | 3.76 | 3.20 | 0.56 | 84.6 |
| 3.0 | 3.11 | 2.84 | 0.27 | 94.4 |

중합 조건: Ti=0.02mmol/l, AlEt3=10mmol/l
헵탄=100ml, 프로필렌=1기압, 40℃, 1h

프로필렌 중합에서 고분자 사슬의 성장 속도는 이소탁틱 활성점이 아탁틱의 것에 비해 몇 배 빠르다는 사실이 알려져 있다. 따라서 만약 비입체특이성 활성종 모두가 고입체특이성 활성종으로 전환되었다면 중합 활성은 몇 배 증가하여야 한다. 그러나 표 5.5에서 알 수 있듯이 I.I.가 증가함에 따라 활성은 감소하므로, EB 첨가에 의한 고입체특이성 활성종으로의 전환 효율은 대략 10% 정도로 간주되며 나머지 활성종은 불활성화(deactivation)된다.

$TiCl_3/MgCl_2$-$Cp_2TiMe_2$계 촉매가 프로필렌 중합에 높은 입체특이성을 나타내는 것은 앞서 이야기한 대로이지만, $TiCl_3/MgCl_2$ 대신에 Solvay type $TiCl_3$를 사용하면 [mmmm]>99%의 iPP이 얻어진다. 이 촉매의 입체특이성은 지금까지 보고된 어떤 촉매계보다 높고, 또한 계가 아주 단순하여 고입체특이성 활성종의 구조를 추정하기에 적절하기 때문에 올레핀의 공중합에 대한 연구도 행해졌다.

## 3. 공업적 이용

실제 PP의 상업 생산 부문에서, 특히 슬러리 공정의 경우 aPP 함량을 조절하는 것이 매우 중요하다. 이를 위해 중합시 ED를 사용하는데, 현재 국내에서는 C-공여체, D-공여체, P-공여체 등의 실란계 공여체가 주로 사용되고 있다. 최근에는 ED를 통한 입체규칙성 향상은 물론 분자량분포 조절의 측면에서 전자효과를 조절하여 프로필렌 중합에 분자량분포를 좁힐 수 있는 일명 E-공여체(3,3,3-trifluoropropylmethyldimethoxysilane, Sivento)가 Basell(구 Montol)에서 사용중인 것으로 알려져 있다. 또한 분자량분포를 보다 넓힐 수 있는 일명 F-공여체(3,3,3-trifluoropropylpiperidyldimethoxysilane)가 개발된 것으로 보고되고 있다. 최근의 실란계 ED의 발전은 C-공여체, D-공여체, P-공여체, E-공여체, F-공여체의 흐름으로 진행되어 왔다.

또한 입체 장애를 가진 아민계 ED인 퀴놀린(quinoline) 유도체인 2,2,6,6-tetramethylpiperidine도 분자량 분포를 넓히는 것으로 알려져 있다. 환경친화적인 공여체로서 환경호르몬 물질을 발생시키지 않고 ID와 ED 역할을 동시에 수행할 수 있는 1,3-디에테르류 공여체도 알려져 있다.

현재 공업적으로 사용되고 있거나 개발되어 있는 ED의 구조를 표 5.6에 나타내었다.

**표 5.6** 실란계 내부 공여체 사용 현황

| ED 종류 | Chemical | 가격 ($/kg) | 국내 사용회사 | 기타 |
|---|---|---|---|---|
| C-공여체 | cyclohexylmethyldimethylsilane | 15 | 국내 거의 모든 PP 제조회사 | Mitsui, Tagor, Montell Process |
| D-공여체 | dicyclopentyldimethoxysilane | 90~100 | 현대, 삼성, SK, 효성, 폴리미래, 호남석유 | |
| P-공여체 | diisopropyldimethoxysilane | 45~50 | 대한유화, SK, LG-Caltex, 폴리미래 | Chisso Amoco Process |

Ziegler-Natta 촉매의 발명으로 적당한 조건에서 폴리에틸렌과 입체규칙성 폴리프로필렌을 생산할 수 있게 되었으나, 원활한 공업적 생산을 위해서는 아직 개선해야 할 점들이 있다.

# 제6장 공업적 현황과 전망

## 1. 이용 범위

폴리올레핀은 현대 사회에서 큰 영향력을 미치고 있는 필수적인 플라스틱 물질로, PE와 PP로 대표된다. 폴리올레핀 산업은 1950년대 Ziegler와 Natta의 $TiCl_3$ 촉매 발견으로 시작되었으나, $TiCl_3$ 촉매는 촉매 활성과 입체 특이성이 매우 낮아 이것을 향상시키기 위한 많은 노력이 필요했다. 1968년에 $MgCl_2$-담지 $TiCl_4$ 촉매가 발견되었으며, 이는 폴리올레핀의 물성에 혁신적인 향상과 생산비의 큰 절감을 이루었다.

그림 6.1은 2001년에 세계에서 PE와 PP의 상업적 생산에 사용된 촉매의 종류와 전체 비율을 보여준다. $MgCl_2$-담지 $TiCl_4$ 촉매는 공정과 제품의 혁신을 가져왔고, 현대의 폴리올레핀 산업을 성립시켰으며, 따라서 지속적으로 폴리올레핀 생산용 촉매의 대다수를 차지하고 있다.

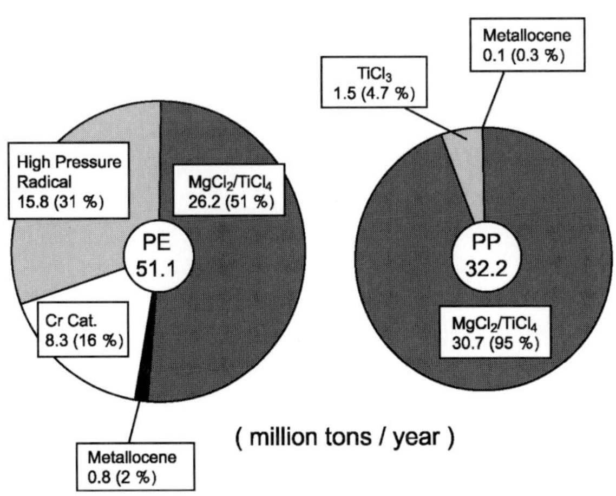


**그림 6.1** 세계에서 사용되고 있는 PE, PP 생산용 중합촉매

Ziegler-Natta 촉매를 사용하여 상품화된 몇 가지 폴리올레핀의 종류와 대체 가능한 중합 방법을 표 6.1에 나타냈다.

**표 6.1** Ziegler-Natta 촉매로 얻을 수 있는 상품화된 폴리올레핀

| 중합체 | 대체 가능한 중합법 |
|---|---|
| HDPE | Phillips, Union Carbide법 |
| isotactic polypropylene(iPP) | 없음 |
| isotactic poly(1-butene) | 없음 |
| isotactic poly(4-methyl-1-pentene) | 없음 |
| ethylene-propylene block copolymer | 없음 |
| *trans*-1,4-polyisoprene | 천연 gutta percha 및 balata |

입체규칙성 폴리올레핀을 얻을 수 있는 유일한 방법은 Ziegler-Natta 촉매를 이용하는 것이며, HDPE의 경우에만 실리카에 $CrO_2$를 담지시킨 Phillips 촉매를 사용한 중합으로도 얻을 수 있다.

## 1) 올레핀 고분자

### (1) 폴리에틸렌

폴리에틸렌은 에틸렌과 리튬알킬 화합물 반응에서 얻어지는 부산물이었는데, 1930년 Marvel 실험실의 대학원생 Fried에 의해 처음 합성되었다. 1932년 Imperial Chemical Industies(ICI)에 있던 영국 과학자들은 다양한 화합물과 함께 에틸렌의 고압 반응으로부터 제조될 수 있는 제품을 연구하는 과정에서 우연히 폴리에틸렌을 만들었다. 1933년 봄, 고압(약 1,400atm)하에서 에틸렌과 벤즈알데히드를 반응시켰을 때 흰색 고체의 합성물을 발견했고, 이것을 폴리에틸렌으로 인식하였다. 에틸렌만 가지고 다시 반응을 시도했지만, 왁스형 흰색 고체를 다시 얻지 못하고 격렬한 반응과 함께 에틸렌이 분해되는 결과를 얻었다. 1935년 12월 더 좋은 고압 장비를 구비하여 180℃에서 에틸렌을 포함한 반응 용기 내부의 압력이 고체 형성과 비례하여 감소한다는 결과를 얻었다. 고압을 계속 유지하기를 원했기 때문에 더 많은 에틸렌을 펌프로 주입하였는데, 이렇게 관찰된 압력 급강하는 전체적으로 폴리에틸렌 형성 때문만이 아니라 반응 용기로 들어가는 적은 양의 산소 때문이란 것을 발견했다. 초기의 압력 손실 뒤 펌프로

넣어준 추가적인 에틸렌의 반응에서 적은 양의 산소가 촉매 작용에 미칠 정당한 양이라는 것이 판명되었다. 그러나 ICI 과학자들은 새로운 재료에 대한 현실적인 용도를 보지 못했다.

British Telegraph Construction and Maintenance 회사의 Dean은 우연히 새로운 고분자를 알게 되었다. 마침 수중 케이블을 둘러쌀 재료를 검토하던 중에 폴리에틸렌이 내수성을 가지고 해양에서 바닷물에 의해 일어나는 부식으로부터 보호하는 전선 코팅에 적합함을 발견했다. 1939년 7월, 케이블의 1해리를 코팅하기 위한 충분한 폴리에틸렌이 만들어졌다. 그러나 대량 생산이 시작되기 전, 독일이 폴란드를 침략했고 폴리에틸렌 생산은 지상과 공중의 레이더 장비를 위한 유연한 고주파 절연 케이블을 만드는 것으로 전환되었다. 이 당시에 폴리에틸렌이 ICI와 미국의 Dupont와 Union Carbide에 의해 제조되었다.

폴리에틸렌은 필름과 성형 제품 제조에 사용됨에도 불구하고 전쟁 후까지 상업적 용도로 두루 사용되지 못했다. 폴리에틸렌 필름은 포장 제품, 직물, 냉동식품 포장재, 썩기 쉬운 식품 포장재 등 많은 응용 부문에서 셀로판을 대체했다. 그런데 폴리에틸렌은 가지가 있어 비교적 낮은 녹는점(100℃ 이하)을 가지고 있어 끓는 물에서 소독이 필요한 제품에 사용할 수 없었다.

독일 Muelheim에 있는 Max Planck Institute의 Karl Ziegler는 더욱 낮은 압력과 온도에서 폴리에틸렌을 형성하기 위한 에틸렌을 얻으려는 시도로 초기 연구를 확대하고 있었다. 그와 연구진은 특정 유기금속 화합물이 에틸렌 중합을 방해한다는 것을 발견했다. 폴리에틸렌 형성을 억제하는 화합물과 함께 훨씬 더 낮은 압력과 온도 하에서 폴리에틸렌 형성이 가능한 화합물도 발견하였는데, 게다가 이들 화합물들은 더 적은 가지와 더 높은 연화 온도를 가지는 폴리에틸렌을 제조할 수 있었다.

가지형 폴리에틸렌은 대개 고압에서 합성되고 가지가 존재하기 때문에 저밀도, 고압 폴리에틸렌이라고 불린다. 사슬은 분자 간 공백을 남겨두고 그 다음에 낮은 가지형의 폴리에틸렌보다 더 낮은 밀도의 재료가 된다.

$MgCl_2$-담지 $TiCl_4$ 촉매를 발견함으로써 궁극적으로 PE 생산 공정에서 촉매잔사의 제거공정을 없애는 데 성공했으며, 따라서 그것은 PE 생산 공정을 간단하게 하고 생산량을 증대시켜 에너지와 생산비의 엄청난 절감을 가져왔다. $MgCl_2$-담지 $TiCl_4$ 촉매는 1976년부터 세계 특허를 획득했고 급속적으로 $TiCl_3$ 촉매를 대체하였다. $MgCl_2$-담지 $TiCl_4$ 촉매는 활성을 증가시켰을 뿐만 아니라 분자량 분포를 좁혔으며, PE의 조성 분포(composition distribution)도 좁혔다. 분자량 분포와 조성 분포를 좁힘으로써 얻을 수 있는 중대한 PE 물성의 향상은 메탈로센 촉매로 상업화된 현재의 LLDPE를 생각하면 쉽게 이해할 수 있다. $MgCl_2$-담지 $TiCl_4$ 촉매는

단일 활성점 촉매는 아니지만, 활성종이 단일 활성점의 성질(single-site nature)로 접근하게 해 주어 PE 구조를 세밀하게 조절할 수 있다. 그 후 높은 공당량체를 함유하고 있는 높은 분자량 부분과 낮은 공단량체를 함유한 낮은 분자량의 부분을 동시에 가지고 있어 높은 강도와 높은 가공성을 갖는 필름 등급의 HDPE를 설계했다. 이 개념의 고분자 설계가 PE 생산 공정의 특허를 얻어 해외로 수출되었고 HDPE 설계의 세계 기준이 되었다. 이것은 지금까지도 HDPE를 설계하는 핵심 개념이며 파이프, 병, 자동차 연료탱크 등급의 다른 HDPE 등급의 이용에도 적용되고 있다.

오늘날 분자량, 분자량분포 그리고 상당한 결정화도뿐만 아니라 가지의 크기와 길이가 다양한 폴리에틸렌이 존재한다. 이들 중 몇 가지를 그림 6.2 및 6.3에 묘사했다. 전형적인 상용 LDPE는 전체 1000개의 에틸렌 단위에 대해 40과 150 사이의 짧은 알킬 가지를 가지고 있으며 고압을 이용하여 제조되고(15,000에서 50,000 psi와 350℃에서의 온도), 약 0.912~0.935의 밀도를 가지고 있다. LDPE는 가지 때문에 약 100℃의 낮은 녹는점을 가지고 있고 LDPE의 전체 긴 가지에 대해 약 10개의 짧은 가지의 비율을 가지고 있다.

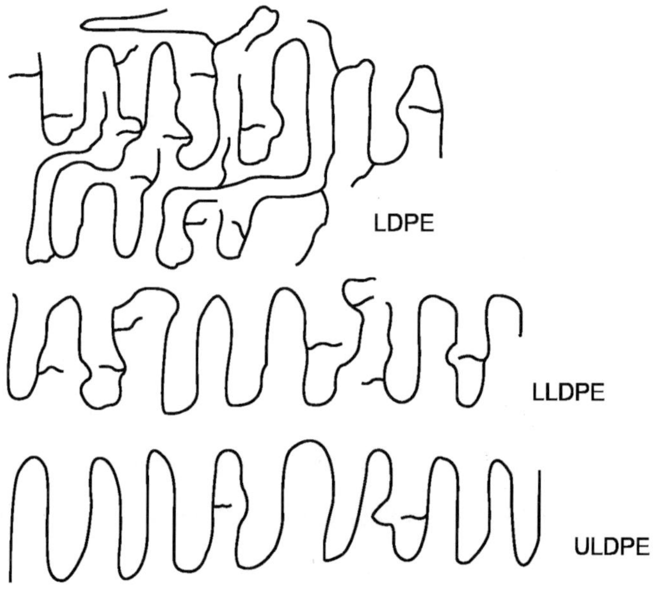


**그림 6.2** 상업적 폴리에틸렌의 다양한 구조

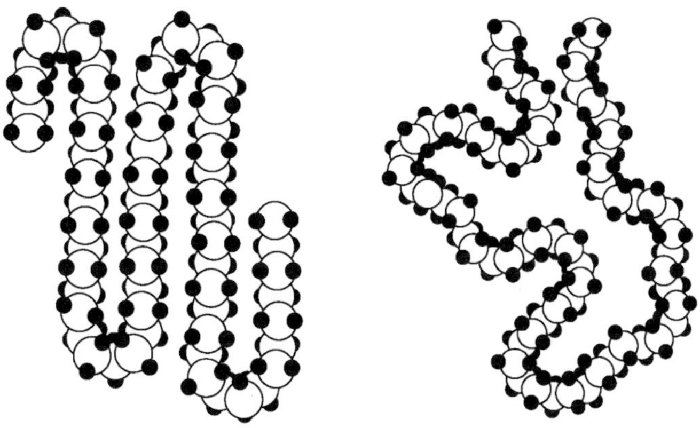

(a) (b)

**그림 6.3** 선형 폴리에틸렌; (a) 결정 영역의 구조, (b) 무정형 영역의 구조

Ziegler-Natta 또는 Phillips 촉매 같은 유기금속 촉매를 사용하여 제조된 HDPE는 1000 에틸렌 단위당 15개(일반적으로 1~6의 범위 내에서)의 짧은 알킬가지(그리고 본질적으로 긴 가지는 없다)보다 적은 가지를 가지고 있다. 에틸렌 단위 자체의 규칙적인 구조와 가지의 작은 크기 때문에 HDPE 재료가 더욱 큰 결정화도(일반적으로 90% 이상), 더 높은 밀도(0.96), 증가된 화학적 저항, 높은 경도(hardness), 강성도(stiffness), 장벽 성질(barrier properties), 녹는점(약 130℃) 그리고 인장 강도를 보인다. 낮은 분자량(100에 대해 사슬의 길이)의 HDPE는 왁스인 반면에 전형적인 HDPE는 강인성을 지닌 플라스틱이다.

선형 저밀도 폴리에틸렌(LLDPE)은 300psi와 약 100℃보다 온화한 조건에서 제조될 수 있다. 용액 또는 기상 중합에 의해 1-부텐, 1-펜텐, 1-헥센, 1-옥텐과 같은 α-올레핀의 약 8~10%를 가진 에틸렌 공중합체로 제조되며, 성질 제어와 많은 양의 α-올레핀의 공급을 통해 LDPE와 HDPE 사이의 밀도와 성질을 가진 재료인 LLDPE는 LDPE에서 발견된 긴 가지를 포함하고 있지 않다.

초고분자량 폴리에틸렌(UHMWPE)은 100,000 에틸렌 단위 이상의 사슬길이를 가진 고밀도 폴리에틸렌이다. 긴 사슬 길이 때문에 물리적 가교를 일으키는 사슬 엉킴을 유발하고 이들 재료의 인장 강도와 관계된 물리적 성질이 증가한다(비교하면 HDPE는 2000 에틸렌 단위보다 긴 것이 드물다). UHMWPE는 결정화도가 약 45%이고 부식과 주위의 응력 균열(stress cracking)에 뛰어난 저항성, 뛰어난 마모 저항성과 충격 강인성(impact toughness), 낮은 표면 마찰로 인해 반복 피로와 방사능 파괴에 대해 좋은 저항성을 보인다. HDPE의 제조에 이용되는 것과 유사한 촉매계를 사용하여 제조되는데 그것의 밀도는 약 0.93이다.

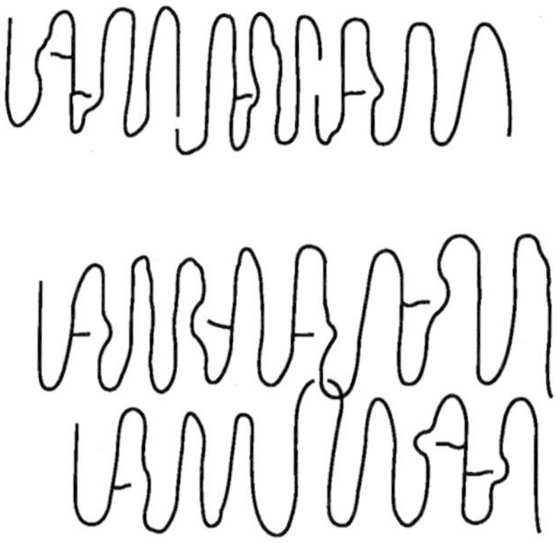


**그림 6.4** 상업적 폴리에틸렌의 다양한 구조

초저밀도 폴리에틸렌(ULDPE)은 가용성 입체규칙 촉매를 사용하여 제조함으로써 최근에 유용하게 되었는데, 짧은 사슬인 알킬가지 수의 감소로 인해 더 좁은 분자량분포를 가진다.

LDPE필름은 결정과 무정형 영역의 혼합물로 되어 있지만 거의 투명하다. 사실, LDPE필름이 흐리거나 완벽하게 투명하게 보이지 않는 주된 이유는 표면의 거침(roughness) 때문이지 내부 재료의 광산란 때문은 아니다.

다양한 폴리에틸렌을 포함하는 응용 유형으로는 다음과 같은 것들이 있다:

① UHMWPE: 전지 격리판, 경량의 섬유, 철도 차량에 영구적인 고체 윤활 재료, 자동차 중요 부분, 트럭 라이너; 호퍼, bins와 chutes의 라이너; sprockets, 유동바퀴, wear plates와 wear shoes 같은 농장 기계류; 하수 오물 관리 베어링, sprockets, wear shoes; lumbering chut, sluice와 chain-drag liners; 중성자 차폐물

② 전형적인 HDPE: 블로우 성형된 제품-병, 캔, 쟁반, 드럼, 탱크와 들통; 사출 성형된 제품-가정용품, 장난감, 식품 용기, 케이스, pails와 crates; 필름, 파이프, 콘딧, 와이어와 케이블 코팅, 발포체, 동축 케이블과 통신 케이블에 대한 절연체

③ 저분자량 HDPE: 분부 도장(spray coating), 유화, 인쇄용 잉크, 왁스 폴리쉬와 크레용

④ LDPE: 포장 제품, 가방, 산업용 시트, 배관과 관류, 필름, 쓰레기통, 산업용 용기, 가사 품목

⑤ LLDPE: 전화 피복물, 와이어와 케이블 절연재, 배관과 관류, 드럼, 라이너, 병, 필름

플라스토머는 작은 결정도를 가진 에틸렌 공중합체를 일컫는 것이고 무정형 고분자로서 초저밀도 폴리에틸렌(VLDPE; very low density polyethylene)으로 불린다. 이 물질은 LLDPE 보다 더 탄성적이지만 강성(stiff)은 낮다. 필름 응용 면에서 플라스토머는 밀봉층(sealing layer)으로 사용되고, 채소와 과일 포장재로 쓰이는데 이는 투과(permeation)가 적기 때문이다.

### (2) 폴리프로필렌(PP)

Milan 공대에 있는 Montecatini사의 고문인 Giulio Natta는 Ziegler 촉매를 프로필렌 같은 다른 비닐단량체에 적용했고, 높은 밀도, 융점 그리고 고선형의 고분자가 얻어진다는 것을 발견했다. 오늘날 고체상 입체규칙성 촉매로 알려진 것을 사용한 비닐 고분자의 제조에 대한 그들의 노력으로 Ziegler와 Natta는 1963년 노벨상을 공동 수상했다.

Natta와 Ziegler가 소위 고밀도 PE와 입체규칙성 폴리올레핀을 처음으로 제조하는 한편, Phillips의 과학자들은 입체특이성 올레핀 고분자와 고밀도 PE를 제조하기 위한 조건을 처음으로 개발했다. 1952년 Hogan과 Bands는 에틸렌과 프로필렌을 오늘날의 고밀도 PE와 입체규칙한 PP로 중합이 가능함을 발견했다. 많은 장점을 가진 그들의 초기 연구는 에틸렌과 프로필렌이 더 높은 분자량 제품으로 화학 변화를 일으키게 하는 촉매에 관한 것이었다. 삼산화크롬(Chromium trioxide)을 실리카-알루미나에 지지시킨 촉매로 보통의 왁스 같은 PE보다 오히려 단단한 고체를 제조할 수 있었으며, 다른 올레핀에 대해 조사하여 결정 PP 즉 입체규칙적인 PP를 발견했다.

폴리프로필렌(PP)은 가장 대량으로 제조되는 3대 고분자 중의 하나이다. 종이기저귀 안의 필름과 geotextile liners에 대한 병원 수술복으로서의 응용, 일회용 식품용기와 자동차의 구성요소로서의 플라스틱 응용, 카페트, 가구 견직물과 삼실 같은 섬유 응용 등 다양한 용도로 많은 양의 PP가 사용되고 있다.

PP는 이전부터 제조되었지만 Phillips나 Natta와 동료들에 의해 어느 정도의 iPP가 제조됨으로서 1950년대 후반에 상업적으로 이용되었다. 처음의 PP는 입체규칙도나 결정성이 높지 않았으나 Ziegler-Natta 촉매의 사용으로 제조된 iPP는 증가된 강성도(stiffness)와 투명성, 높은 뒤틀림(distortion) 온도와 같은 성질과 결정성 증가 등이 뛰어난 입체규칙적인 재료로 사용되었다. 오늘날 가용성의 메탈로센 촉매를 포함해서 더 좋은 촉매의 사용으로 입체규칙도가 증가되어 99% 이소탁틱한 재료를 손쉽게 제조할 수 있게 되었으며, 전통적인 Ziegler-Natta 촉매계는 그램당 100kg의 iPP를 제조할 수 있는 활성을 가지고 있다. 대부분의 iPP는 기체 또는 액체 중 어느 쪽이든 벌크 프로필렌을 사용하여 만든다.

Ziegler-Natta 촉매계를 사용한 신디오탁틱 PP(sPP)의 제조가 가능하지만 최근에 가용성 메탈로센 촉매의 사용으로 상업적 sPP의 제조가 가능하게 되었다(그림 6.5). sPP는 iPP와 유사한 $T_g$를 가지고 있지만 강성도(stiffness)와 강인성(toughness) 등의 면에서는 차이를 가지고 있다

또한 아탁틱 또는 무정형의 PP가 사용되며 초기의 aPP는 iPP 제조시 부산물로 얻어졌다. aPP는 지붕 재료용, 아스팔트의 개질물(modifer)과 접착제 등으로 이용되었다.

iPP는 3가지 중요한 결정 형태가 있으며, 그 결정 형태는 압력과 기핵제를 사용하여 대부분 조절될 수 있다. 약간의 기핵제 사용으로 형성된 α형태의 iPP가 가장 일반적이며 실온에서 열역학적으로 가장 안정하다. β형태의 iPP는 특별한 기핵제를 사용하여 얻어지며, 고압 하에서는 γ형태의 iPP가 지배적으로 나타난다. iPP의 물성은 결정 형식의 특정한 혼합에 의해 다양해지기 때문에, 이 결정 형식의 특정 혼합을 임의로 조절하여 iPP의 물성을 조절할 수 있다. iPP은 강하고(stiff), 상대적으로 높은 $T_g$(약 0℃)를 가지고 있기 때문에 $T_g$를 낮추고 더 높은 강도(toughness)를 얻기 위한 연구가 진행되고 있다. 한 가지 방법은 중합 혼합물에 적은 양의 에틸렌을 넣어서 대부분은 iPP으로 이루어져 있지만 충분한 양의 에틸렌을 포함하고 있는 공중합체를 제조하여 결정화도를 효과적으로 낮춰주는 것이다. 이러한 공중합체를 반응기 공중합체(reactor copolymers), RCP라고 부른다. 또 다른 방법은 iPP과 고무를 혼합하는 것으로 이런 재료 형식은 에틸렌-프로필렌 공중합체의 중요한 부류 중 하나이고 오늘날 이러한 블렌딩은 in-situ로 행해질 수 있다.

PP의 높은 입체규칙성은 가장 최근에 $^{13}C$ NMR로 측정된 [mmmm] 99.0%에 도달하는 전자공여체를 사용한 $MgCl_2$-담지 $TiCl_4$ 촉매에 의해 얻어졌다. 이것을 전자공여체를 가지지 않은 $MgCl_2$-담지 $TiCl_4$ 촉매에 의한 것과 비교했을 때 그것의 온도상승유출분별( temperature-rising elution fractionation, TREF) 분석으로 비교해 보면 서로 다른 입체규칙성 분포를 나타낸다. 즉 aPP에서 iPP까지 넓고 연속적인 분포로 배치되어 있는 후자(전자공여체 없음)와는 대조적으로, 전자의 중합체는 110℃ 이하에서 추출되지 않았으며 aPP가 존재하지 않음을 보였다. 전자의 35wt%는 130℃ 이상에서 추출되는 반면에 후자는 그 영역에서 중합체가 추출되지 않았다. 전자의 35wt% 부분에 대해 $^{13}C$ NMR 분석을 실시해 보았으나 [mmmm]는 너무 높아서 그 값을 측정할 수 없었다. 다시 말해 이 부분은 거의 완벽한 iPP 구조를 가지고

있다.

$MgCl_2$-담지 $TiCl_4$ 촉매의 장점과 한계점 둘 다를 보여주었다. 장점은 $MgCl_2$-담지 $TiCl_4$ 촉매가 PP의 입체규칙성을 아주 정확하게 조절하는 능력을 가진 유일한 촉매라는 것이다. 그러나 그 한계점은 단일 활성점의 성질을 가지고 있지 않다는 것이다.

독특하게 높은 입체규칙성을 유지하는 동시에 단일 활성점의 성질을 만드는 것이 촉매개발에서 가장 중요한 목표 중에 하나이다. 미래의 또 다른 중요한 목표는 결정성/비결정성 고분자 또는 폴리올레핀/극성 고분자처럼 섞이지 않는 고분자들의 혼성 고분자와 같은 특수 고분자를 완벽하게 만들어내는 것이다. 기능성 폴리올레핀은 마크로단량체, 마크로개시제 또는 반응성 고분자처럼 혼성고분자를 합성하는 데 유용하여, $MgCl_2$-담지 $TiCl_4$ 촉매도 히드록시기말단 iPP를 제조하는 데 사용할 수 있다.

메탈로센 촉매계의 장점은 프로필렌의 공단량체로서 α-올레핀을 사용함으로써 중요한 여러 종류의 공중합체를 제조할 수 있다는 것이다. 또한, 이 촉매는 aPP과 iPP 블록을 가진 PP 입체블록 공중합 탄성체의 생산을 가능하게 한다. aPP 블록은 부드러운(soft) 혹은 비가교된 부분으로 작용하고, iPP 블록은 딱딱한(hard) 혹은 물리적으로 가교된 부분으로 작용한다.

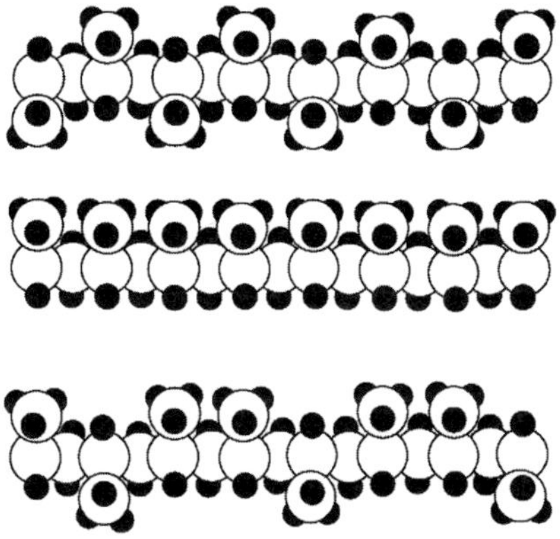

**그림 6.5** 폴리올레핀의 신디오탁틱(위), 이소탁틱(중간), 아탁틱(아래) 구조
(이소탁틱 폴리프로필렌은 테디 곰이 일렬로 춤추고 있는 듯한 모습이다.)

## 2) 디엔 고분자

폴리올레핀과 마찬가지로 여러 가지의 입체특이성 폴리디엔을 Ziegler-Natta 촉매로 얻을 수 있으나, 대체 가능한 촉매는 아주 제한되어 있음을 표 6.2에서 알 수 있다.

**표 6.2** Ziegler-Natta 촉매로 상품화된 폴리디엔

| 중합체 | 대체방법 |
|---|---|
| *cis*-1,4-polybutadiene(90~98%) | 없음 |
| *cis*-1,4-polyisoprene(90~98%) | alkyllithium(94% *cis*-1,4) |
| *trans*-1,4-polyisoprene(90~98%) | 천연(hevea) |
| ethylene-propylene 불규칙 공중합체 | 없음 |
| *trans*-1,5-polypentenamer | 없음 |

부타디엔이나 이소프렌을 라디칼 중합하면 중합 조건에 따라 단량체 단위가 부가되는 방법이 일정하지 않아 1,2-와 3,4- 부가의 비뿐만 아니라 시스-1,4와 트란스-1,4 부가의 비도 서로 달라지게 된다. 어떤 특정 촉매계에 의해서만 90% 이상의 시스-1,4 구조를 가진 폴리이소프렌을 얻을 수 있어, 이로써 천연 고무를 인공적으로 제조할 수 있다.

표 6.3에 여러 가지 촉매계를 이용하여 디엔을 중합할 때에 생성되는 폴리디엔의 구조 백분율을 나타내었다.

**표 6.3** 여러 가지 개시제로 얻은 폴리디엔의 구조(%)

| 개시제 | 부타디엔 | | | 이소프렌 | | | |
|---|---|---|---|---|---|---|---|
| | 시스-1,4 | 트란스-1,4 | 1,2 | 시스-1,4 | 트란스-1,4 | 1,2 | 3,4 |
| 유화 상태의 과산화물 | 28 | 51 | 21 | 22 | 65 | 6 | 7 |
| $AlCl_3$ | | | | | 90 | | |
| 헵탄 중의 리튬 | | | | 93 | | | |
| 에테르 중의 리튬 | | | | 4 | 21 | 6 | 63 |
| 헵탄 중의 나트륨 | 14 | 23 | 61 | | 46 | 9 | 45 |
| 헵탄 중의 칼륨 | | | | | 55 | 9 | 36 |
| $AlR_3/TiCl_4$ | 49 | 49 | 2 | 97 | | | 3 |
| $AlR_3/VCl_4$ | | 99 | | | 99 | | |
| $AlR_3/Cr(acac)_3$ | | | 90 | | | | |

이 표에서 알 수 있듯이 사용한 촉매뿐만 아니라 용매의 종류도 생성된 폴리디엔의 입체특이성에 영향을 미치는데, 같은 용매 중에서 여러 가지 알칼리 금속을 사용해 중합한 폴리이소프렌의 구조가 다르다. 또한 전형적인 유기금속의 혼합촉매인 TEA과 $TiCl_4$를 사용한 경우처럼 동일한 촉매를 사용하여도 이소프렌이나 부타디엔에서 생성된 중합체의 구조가 서로 다르다.

중합에 이용되는, 상업적으로 중요한 1,4-디엔계 단량체로 3종류가 있는데, 이 중 2개는 주로 입체규칙성 촉매계를 이용하여 생산된다. 이 단량체들은 '-C=C-C=C-'의 공액 π 결합을

가지고 있으며 이중결합은 더 낮은 (포텐셜 에너지 측면; 일반적으로 더 안정한) 에너지 상태인 단일 결합으로 전환되면서 평균적으로 약 20kcal/mol (80 KJ/mol)의 에너지를 방출하며 즉각 중합된다. 세 가지 모든 단량체의 경우에서 가교(crosslinking)와 가지 형성(grafting)이 가능한 반응 자리는 남아 있는 이중결합을 통해 생겨난다.

1,4-부타디엔은 1,2; 시스-1,4; 트란스-1,4의 3가지 반복단위를 형성할 수 있다. 상업적인 폴리부타디엔은 주로 1,4-시스 이성질체로 구성되어 있고, 부타디엔 고무(BR)로 알려져 있다. 앞서 언급했듯이, 폴리부타디엔은 입체규칙성 촉매에 의해 제조되며, 생산되는 폴리부타디엔의 조성은 촉매의 성질에 매우 민감하여 트란스-1,4 단위, 시스-1,4 단위 혹은, 1,2 단위의 거의 모든 조합뿐만 아니라 각각 독립적인 단위로도 생산할 수 있다.

폴리부타디엔의 단독 이용중에 가장 중요한 부분으로 자동차 타이어로 사용한다. 미국에서는 자동차 타이어로 사용하기 위해 연각 $10^7$톤의 폴리부타디엔이 생산되고 있다. 부타디엔고무(BR)는 타이어 접지면의 성능 특히 내마모성의 증가를 위해 보통 천연고무(NR) 혹은 스티렌-부타디엔 고무(SBR)와 혼합한다.

두 번째로 중요한 이용은, 입체적 성질이 중요하게 작용하는 ABS(acrylonitrile-butadiene-styrene) 공중합체를 제조하는 것이다. ABS의 생산에 사용되는 폴리부타디엔의 일반적인 조성은 60%의 트란스-1,4; 20%의 시스-1,4; 20%의 1,2 구조가 보통이며 각 조성의 낮은 $T_g$값에 의해 각 부분별로 낮은 온도에서 좋은 충격 강도를 가진다. 예를 들면, cis-1,4 폴리부타디엔의 $T_g$는 약 -108℃인 반면에 트란스-1,4-폴리부타디엔의 $T_g$는 약 -14℃이다. 대부분의 ABS는 부타디엔이 초기에 미크론급 입자를 형성하면서 중합되는 유화 공정에 의해 제조되며, 그 후에 스티렌-아크릴로니트릴 공중합체가 BR고무입자의 바깥으로 그라프트된다. ABS 고무는 일반적으로 HIPS(high impact polystyrene)보다 더 단단하지만, 훨씬 더 어려운 공정을 통해 제조된다. ABS는 가방, 하우징 파워 툴, 진공 크리너 하우징, 장난감, 가정용 파이프 그리고 자동차 내장제와 같은 다양한 용도로 사용된다.

부타디엔 고분자는 또 다른 중요한 용도로 고충격 폴리스티렌, HIPS의 제조에 사용된다. 대부분의 HIPS는 약 4~12%의 폴리부타디엔을 함유하고 88~96%의 폴리스티렌으로 이루어진 물질이고 폴리부타디엔 고분자는 스티렌 단량체와 함께 액체에 용해된다.

중합 공정은 성장하는 폴리스티렌에 폴리부타디엔 가지가 생기는 것과 폴리스티렌과 폴리부타디엔의 모체 구성(matrix composition)의 면에서 독특하다. 가지 형성은 모체상(matrix phase)과 고무상(rubber phase)의 융화성이 필요하며, 가지 형성은 형성된 고무 입자의 구조와 크기를 결정한다는 면에서 중요하다. 가지 형성 반응은 폴리부타디엔 주쇄의 탈수소 반응에 의해 주로 일어나고, 만약 과산화물 개시제(peroxide initiators)를 사용했을 때에는 성장하는 폴리스티렌 사슬이나 알콕시 라디칼에 의해 일어난다.

흥미롭게도, 이소프렌, 2-메틸-1,3-부타디엔은 시스와 트란스 이성질체의 혼합물이 평형 상태로 존재한다.

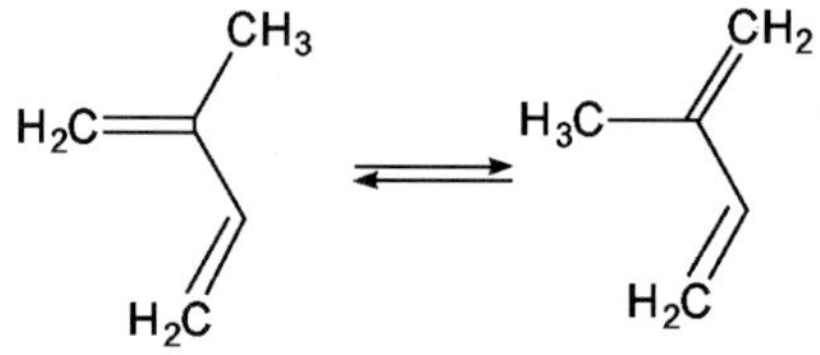


Cis Trans

폴리이소프렌은 4가지 구조로 구성되어 있으며, 폴리부타디엔의 경우에는 시스-1,4 구조가 상업적으로 대두되고 있다. 시스-1,4-폴리이소프렌은 시스-1,4-폴리부타디엔과 비슷한 물질이지만, 색깔이 더 밝고, 미세 구조가 더 균일하며, 제품의 제조 원가가 더 저렴하고, 천연고무와 조성면에서 유사하다. 완전한 시스-1,4 구조의 제품은 $T_g$가 약 -71℃인데 흥미롭게도 이성질체 혼합물은 일반적으로 더 높은 $T_g$값을 가진다. 즉, 같은 몰의 시스-1,4; 트란스-1,4; 그리고 3,4 반복단위를 가진 제품의 $T_g$는 약 -40℃이다.

많은 고분자와 마찬가지로, 폴리이소프렌은 일반적인 가공법에 의해 가공될 때 전단력(shear rate)을 받으면 비뉴턴흐름(non-Newtonian flow)을 보인다. 이중결합은 carbene 첨가 반응, 수소화 반응, 에폭시화 반응, 오존 분해(Ozonolysis), 수소첨가할로겐화 반응(hydrohalogenation) 그리고 할로겐화 반응과 같은 가장 전형적인 반응 등을 할 수 있다. 다른 1,4-디엔 단량체의 경우처럼, 많은 공중합체들이 폴리이소프렌이나 이소프렌 그 자체로부터 얻어질 수 있다.

폴리이소프렌 고무는 밀봉제(sealant), 마개 재료 화합물, 스포츠 상품, 가스켓, 호스, 고무 시트(rubber sheeting), 장갑, 벨트, 신발은 물론이고, 여객선, 트럭, 버스 타이어, 항공기 내장제(inner liner) 등을 제조하는 데 사용된다.

폴리클로로프렌은 Dupont에 의해 듀프렌(Duprene)과 네오프렌(Neoprene)이라는 상품명으로 1932년에 소개된 최초의 성공한 상업적 합성탄성체이다. 이것은 비교적 일찍 Carothers와 그의 동료에 의해 발명되어 좋은 입체규칙성 촉매계가 생겨나기 전에 훌륭한 합성법이 찾아졌다. 그래서 폴리클로로프렌은 배치식(batch)와 연속식으로 에멀젼 중합에 의해 주로 생산되며, 자유라디칼로 생산된 제품은 주로 1,4-트란스 단위를 함유하고 있다. 폴리이소프렌과 유사한 4가지 '주요'구조를 가지고 있으며, 중합은 4번 혹은 1번 말단이 되는 성장 말단과의 반응에 의해 일어날 수 있는데, 일반적으로 1,4-중합의 배열(sequence)은 4번 탄소가 성장 말단이 된다.

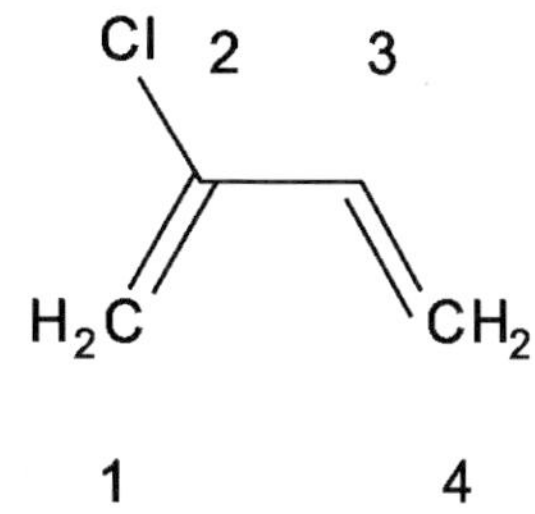


1,4-트란스 단위 삽입량으로 나타나는 제품의 구조 규칙성은 온도에 반비례한다. 즉, 90℃에서는 약 85%의 트란스-1,4 단위를 함유한 제품이 얻어지나 -150℃에서는 거의 100%의 함유량으로 증가한다. 경화되거나 비경화된 폴리클로로프렌은 모두 높은 입체규칙도로 인하여 주로 결정성 물질로 존재한다. 따라서 경화된 후에 인장 강도(tensile strength)가 증가하기 때문에, 경화된 폴리클로로프렌은 응력이 걸리는 재료에 사용된다. 트란스-1,4-폴리클로로프렌은 $T_g$가 약 -49℃이고, 반면에 1,4-cis-폴리클로로프렌은 $T_g$가 약 -20℃이다.

폴리클로로프렌의 컴파운팅은 천연고무의 컴파운딩과 비슷하고 가황은 가속제(accelerators)를 포함한 다양한 첨가제를 사용해 이루어진다. 폴리클로로프렌은 내구성이 우수하기 때문에 마찰 및 마모의 요소가 많은 곳에 자주 사용된다. 기름, 오존, 열, 산소, 불꽃에 훌륭한 저항성(Cl 원자에 의해 생겨남.)을 가지고 있어, 호스, V-벨트, 창문 틈막이 재료(weatherstripper)로 자동차에 사용되고 가스켓, 다이아프램(diaphrams), 호스, 봉합체, 수송 벨트의 고무 상품으로도 이용된다. 또한 고속도로 이음 복합체와 교량 설치, 확장 이음새나 파이프 가스켓의 제작에도 사용된다. 그리고 방수 박판과 접촉 결합 접착제, 코팅 및 도금 제품, 그리고 역청과 시멘트의 신축성 개질제와 섬유 바인더로 이용된다.

### 3) 비닐단량체

메탈로센 촉매에 의한 신디오탁틱 중합체로는 sPP와 sPS가 가장 많이 연구되고 있다. sPP는 높은 투명도를 가지고 있어 기존의 iPP의 투명도를 높이기 위하여 sPP를 iPP와 혼합하여 사용하려는 연구가 진행되고 있으며, sPS는 결정화 속도가 빠르고 녹는점이 270℃에 달하여 엔지니어링 플라스틱으로의 개발이 검토되고 있다.

## 2. 공정

### 1) 올레핀 중합시 촉매의 특징

제3세대 촉매는 초고활성이면서 중합반응시 촉매활성의 저하가 느리면서, 고분자의 입체규칙성이 매우 높고 중합 시간이나 용융 지수에 따라서도 일정한 특징을 가지고 있다. 또한 중합활성점의 안정도가 우수하여 중합온도가 80℃가 될 때까지 입체규칙성이 증가하며, 활성에 관계없이 입체규칙성을 임의로 조절할 수 있다.

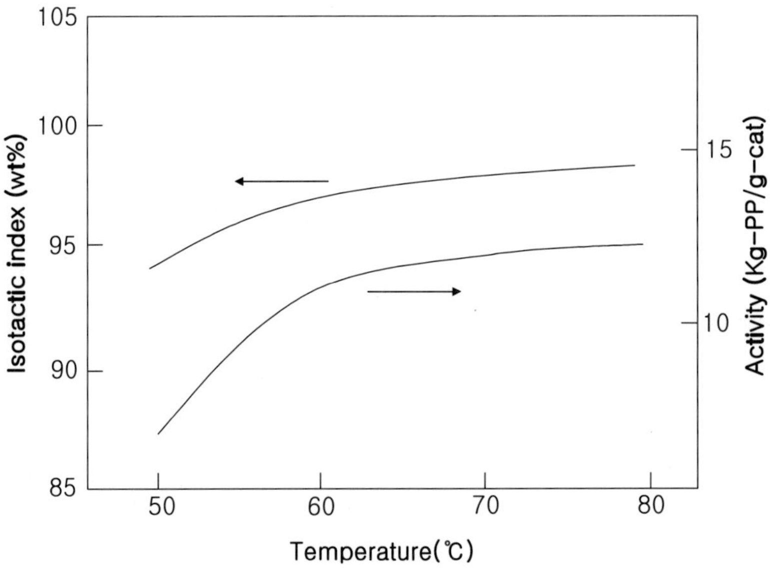


**그림 6.6** 중합온도, 활성, 입체규칙도 사이의 관계
(중합조건 온도 70℃, 압력 7bar)

그림 6.6은 헥산을 용매로 하는 슬러리상 중합에서의 결과이며, 현재 상업화되어 있는 액체

프로필렌을 사용하는 괴상 중합을 행할 경우에는 더욱 양호한 결과를 얻을 수 있다.

이와 같은 장점 때문에 공정을 더욱 단순화할 수 있고 근본적으로 새롭고 경제적인 제조 공정을 탄생시킬 수 있게 되었다. 액상 프로필렌이나 기상 프로필렌을 적용함으로써 용매의 사용도 피할 수 있게 되었다. 또한 합성된 고분자의 형태가 촉매의 모양을 닮은 복제 현상을 이용하여 담지체의 모양을 조절함으로써 입자의 모양이 구형이며 입경이 조절된 폴리프로필렌을 제조할 수 있게 되었다. 따라서 입자상으로 생산되는 고분자에서 필수적이던 펠레트 공정을 생략할 수 있게 되었으며, 촉매의 성능과 새로운 중합 기술의 이상적인 조합에 의해 고분자의 물성 조절이 용이하게 되었다. 즉, 다양한 범위의 단일 중합체과 공중합체을 분자량, 분자량분포(MWD), 결정화도, 조성 등을 자유로이 조절하여 생산할 수 있게 되었다.

**표 6.4** 국내 폴리프로필렌 업체의 중합 방식 현황

| 제조사 | 기술제휴사 | 시작 연도 | 생산능력<br>(1,000 T/Y) | 공정 |
|---|---|---|---|---|
| 대한유화 | Amoco-Chisso | 1972 | 310 | Slurry |
| LG 대산<br>롯데 대산 | Montell | 1991 | 500 | Bulk |
| 폴리미래 | Montell | 1993 | 615 | Bulk |
| 삼성토탈 | Mitsui | 1991 | 270 | Bulk |
| GS Caltex | UCC | 1988 | 180 | Gas |
| SK | Montell | 1990 | 340 | Bulk |
| 호남석유화학 | Montell | 1979 | 380 | Bulk |
| 효성 | Mitsui-UCC | 1990 | 268 | Bulk &Gas |

* 생산량은 현재 업체별 증설 추진 생산량을 제외한 것임.

### 2) 올레핀 중합 공정

PP의 공업적 생산 공정으로는 용액 공정, Unipol 공정(기상 공정), Hypol 공정(괴상 공정), Novolen 공정(기상 공정), 슬러리 공정 등이 있으며, 그 개괄도를 그림 6.7~6.12에 주었다.

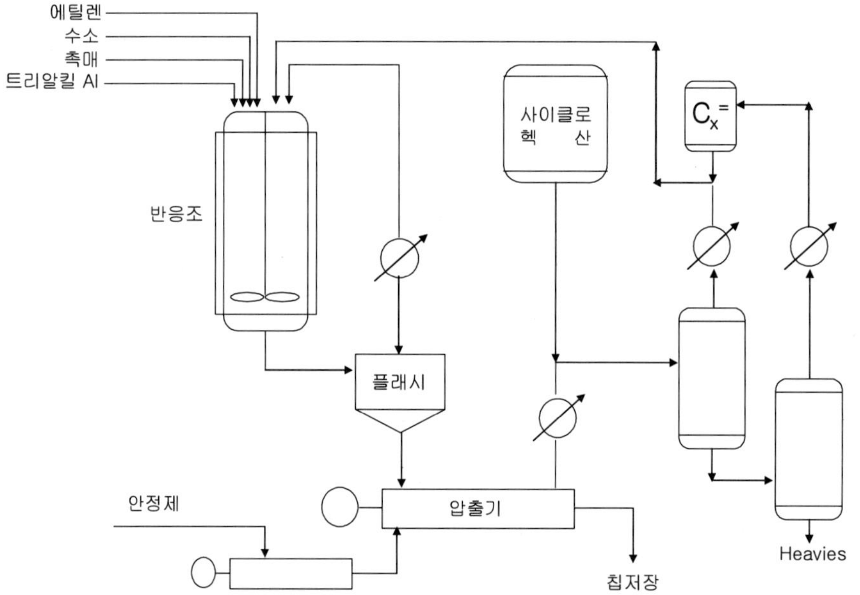


**그림 6.7** 용액 공정

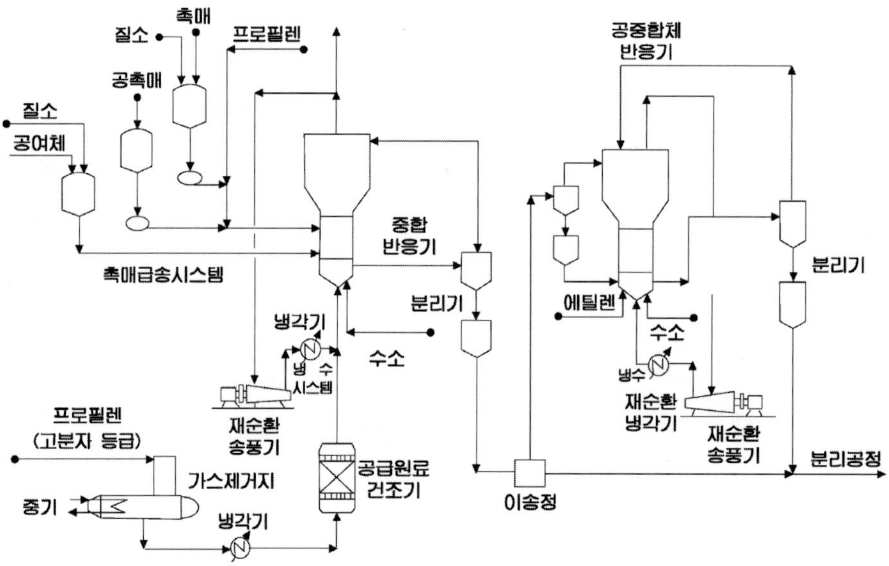


**그림 6.8** Unipol 공정(Fluidized Gas Phase)

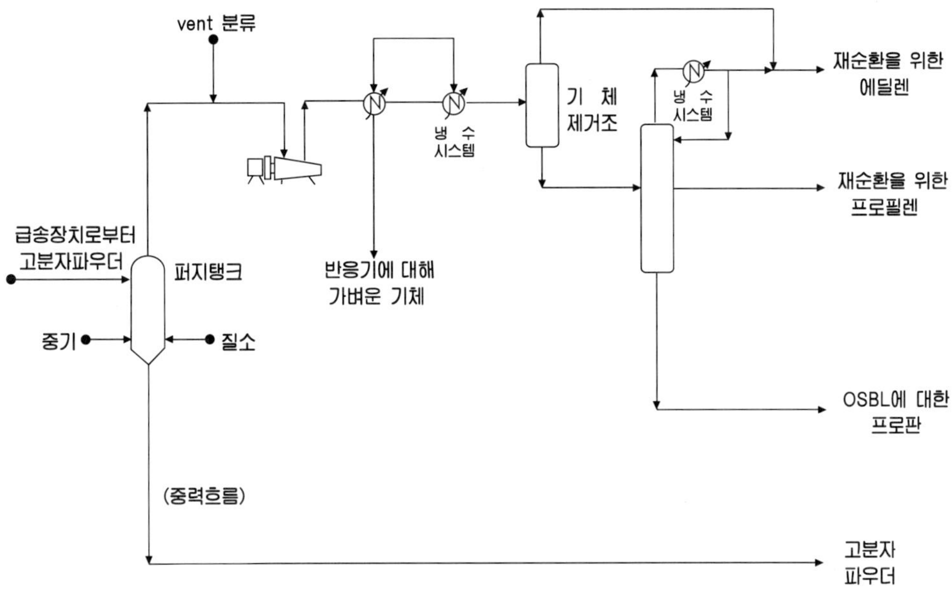


그림 6.9 Unipol 공정(Purge and Recovery)

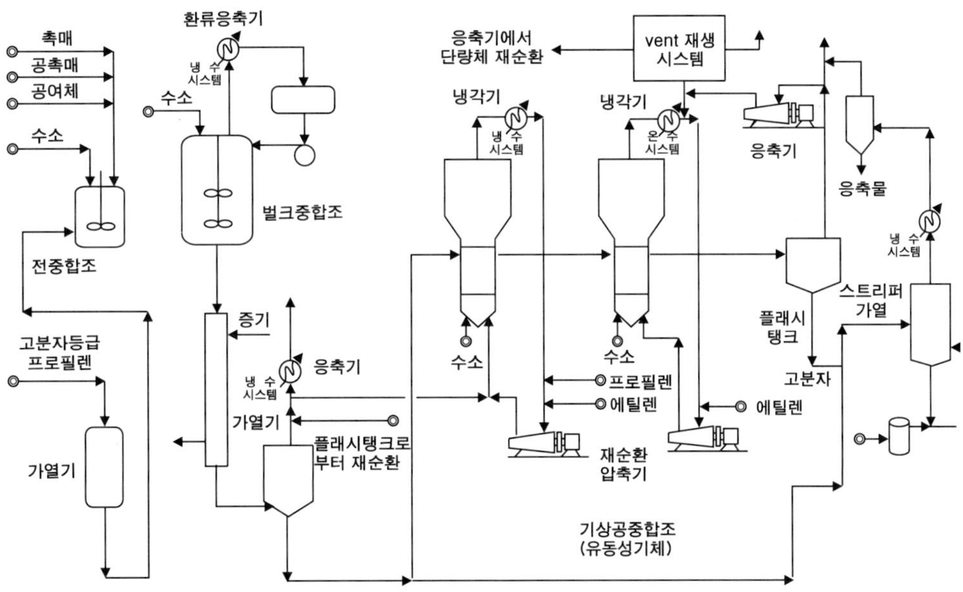


그림 6.10 Hypol(Bulk Process)

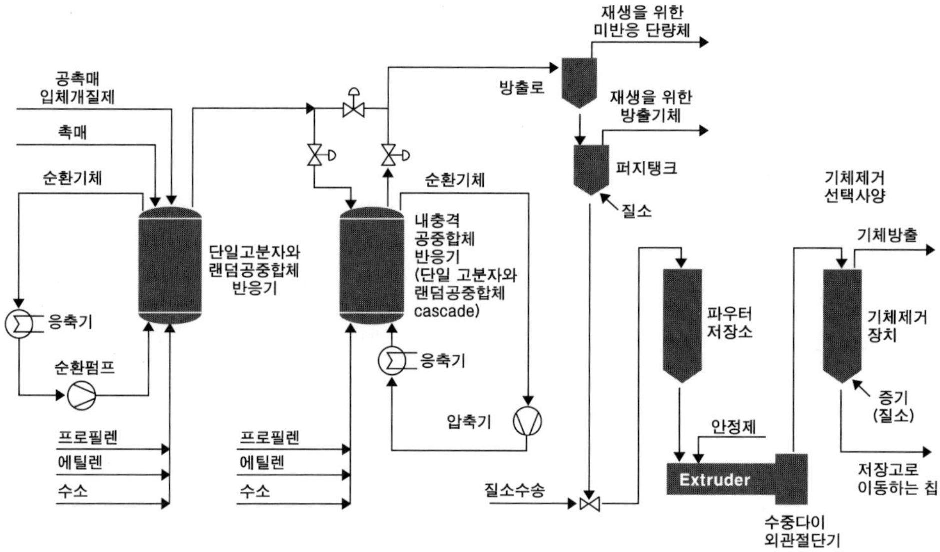


그림 6.11 Novolen 기체 공정

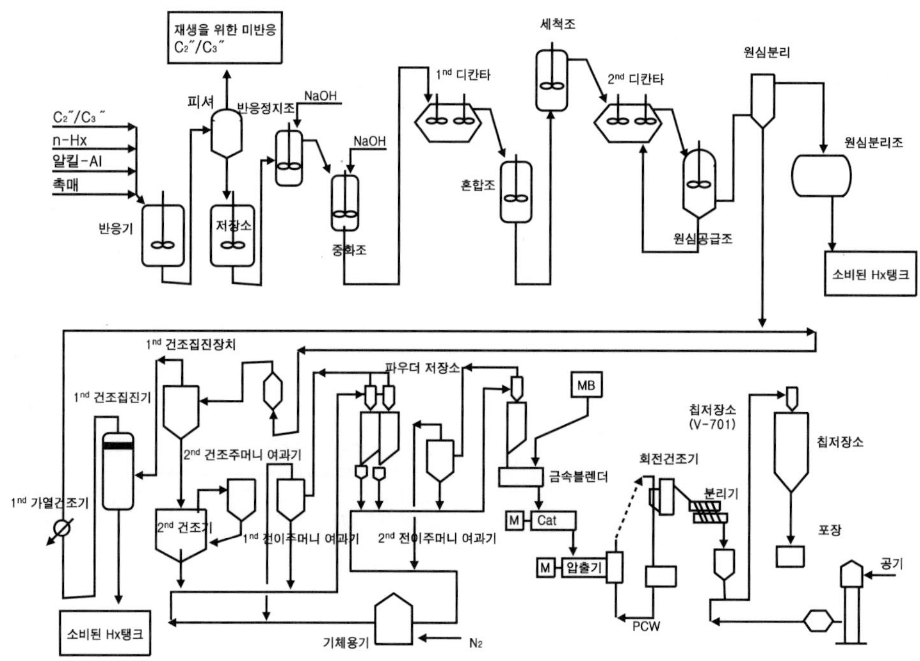


그림 6.12 Slurry 공정

### (1) 슬러리 공정

현재 슬러리 공정은 Mitsubishi, Hoechst, Exxon, Hercules 등에 적용되고 있다.

Mitsubishi는 촉매잔사 제거 공정이 필요없는 고활성 촉매를 개발하여 제품 중의 Ti, Al, Cl의 양을 줄이기 위한 반응물 처리 공정, 촉매잔사에 의해 색이 변하는 것을 방지하기 위하여 약품으로 제품을 처리한 공정, 에틸렌 공중합체를 생산하기 위한 2단계 공정 등으로 구성되어 있다.

Hoechst 공정은 촉매 형성 공정, 중합반응 공정, 촉매 분해 공정, 촉매잔사 추출 공정, 용매 분리 및 수거 공정, 건조 공정 등으로 구성되어 있다.

Exxon 공정은 stirred tank, fluidized-bed 또는 pipe 중합기를 사용하는 2단계 공중합 공정이다. 중합온도 조절을 위해 증발 냉각 방식을 사용하고, reflux spraying 방식으로 중합기 벽면에 폴리프로필렌이 부착하는 것을 감소시킨다. 또한 폴리프로필렌 내에 포함되어 있는 용매를 제거하기 위해 steam injection과 recirculation 방식을 사용하며 압출기 내에서 폴리프로필렌을 분해하여 제품의 유동성을 향상시키는 것이 특징이다.

Hercules 공정은 diluent-slurry 공정으로 중합반응 후 촉매를 분해시킨다. 촉매잔사를 추출하고 원심분리법으로 폴리프로필렌 입자와 용제를 분리시킨 후 건조시키고 안정제를 투입하여 펠레트화하는 공정으로 구성되어 있다.

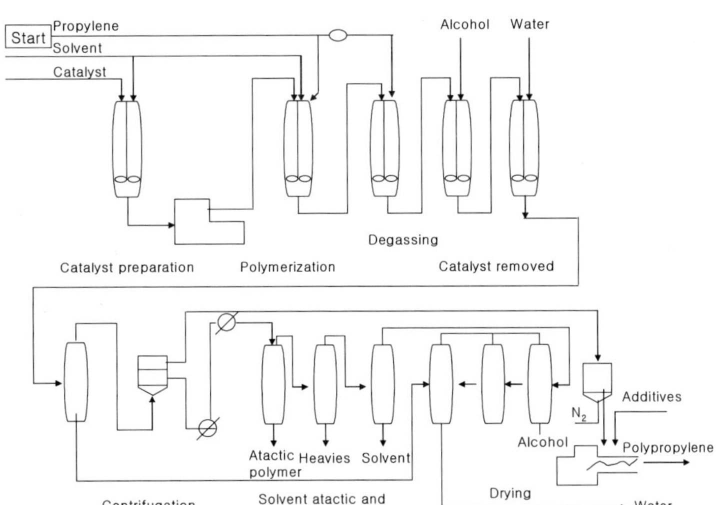


**그림 6.13** Montendision의 전형적인 Slurry법 폴리프로필렌 제조 공정

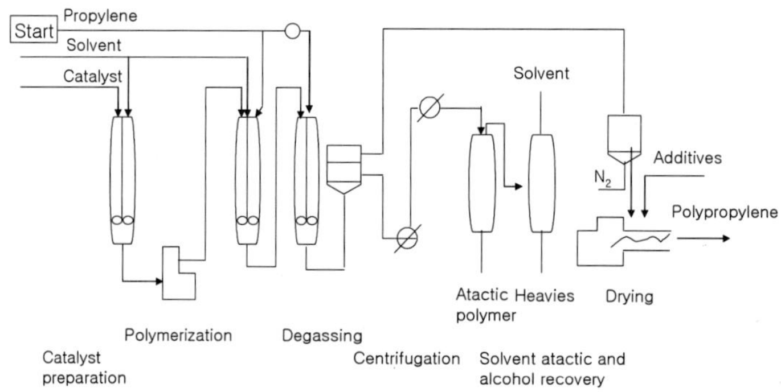


**그림 6.14** Montendision의 Slurry 공정의 촉매잔사 제거 형태의 공정

### (2) 괴상 공정

용매를 사용하지 않고 액화된 프로필렌을 희석 용제로 사용하는 공정이다. 폴리프로필렌 내에 헵탄에 녹는 성분이 적어서 슬러리 공정이나 기상 중합 공정에 비해 입체규칙성이 뛰어나며, 슬러리 공정보다 유동성이나 물리적, 기계적 특성이 우수하다. Sumitomo, Phillips, Dart, Solvay, Montedison/Mitsui, Mitsui Toatsu 등이 고활성 촉매에 의한 괴상 공정을 채택하고 있다.

Sumitomo 공정은 직렬로 연결된 6개의 수평 중합기가 중합 공정에 이용된다. 촉매와 프로필렌 및 수소가 중합기의 한쪽으로 투입되고 다른 쪽으로 배출된다. 수평중합기는 수직중합기보다 같은 부피일 경우 촉매의 활성이 10%가량 향상된다는 장점이 있다.

Phillips 공정은 loop 형태의 중합기를 사용한다. 순수 프로필렌과 회수 프로필렌이 중합기에서 반응한 후, 반응물은 중합기에 분리되어 상부로는 수소와 프로필렌이 나와서 분리된 후 프로필렌은 다시 중합기로 투입되며 하부로는 폴리프로필렌이 나와서 제품 단계로 진행된다.

Dart 공정은 중합 공정, 촉매잔사와 아탁틱 성분을 제거하는 정제 공정, 펠레트 공정 등의 3단계로 구성되어 있다. 고입체규칙성이고 고활성인 촉매를 사용하는 Solvay 공정은 생성되는 구형의 폴리프로필렌 입자를 펠레트화할 필요가 없다. 촉매 제조 공정, 단일중합체 중합 공정, 공중합체 중합 공정, 프로필렌 회수 공정, 마무리 공정 등의 5단계로 이루어져 있다.

Mitsui-Montedison 공정은 두 개의 연속적인 괴상-슬러리 공정으로, 한 라인은 단일중합체만 생상하고 다른 라인은 단일중합체와 공중합체를 동시에 생산한다. 이 공정은 탄화수소 용제와 촉매를 넣은 교반 중합기에 프로필렌이 연속적으로 투입되면서 반응이 이루어진다.

### (3) 기상 공정

1962년 BASF에 의해 처음으로 개발되었으며 중합기의 형태에 따라 fluidized-bed, vertical stirred-bed, horizontal stirred-bed로 분류된다.

Fluidized-bed 공정은 Union Carbide, BP Chemicals, UCC & Shell Oil, Mitsui & Himont에서 채택하고 있으며 기존의 액상 공정에 비해 에너지 소요가 적다. vertical stirred-bed 공정은 BASF, EI Paso가 채택하고 있으며, horizontal stirred-bed 공정은 Amoco가 채택하고 있다. 기상 중합 공정은 공정이 간단하여 설비비가 절감되며 또한 폴리프로필렌 제품이 다양한 장점이 있으나 공중합체 제조시 공단량체의 응축 현상이 발생할 경우 기체 상태의 각 단량체 농도 조절이 어렵다.

Amoco-Chisso 공정은 horizontal stirred-bed 중합기에서 생성된 폴리프로필렌 입자를 압력 강하 없이 용융 상태로 만들 수 있다. ICI 공정은 할로겐화티탄계 촉매를 사용하여 프로필렌 응축 온도보다 다소 높은 온도에서 중합시킨다. Shell 공정은 fluidized-bed gas phase 중합 공정, 연속식 액상 단일중합체 제조 공정, 촉매 처리 공정, 세척 공정 등으로 구성되어 있다.

Mitsui은 Mitsui/Montedison 공정으로 알려진 괴상-슬러리 중합 공정을 Mitsui 고유 기술로 Hypol 공정을 개발하였다. 이 공정의 특징은 미반응된 프로필펜 회수 공정을 최소화하여 에너지를 상당히 절감하였고 촉매 활성이 매우 높아 아탁틱 성분의 제거가 필요없다는 것이다.

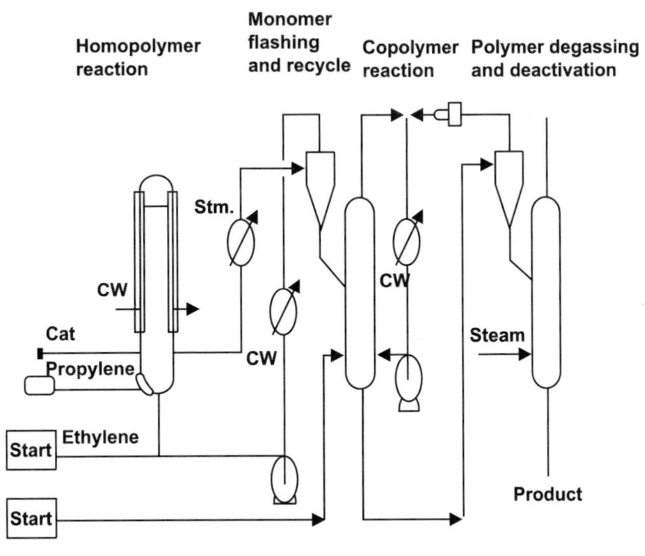


**그림 6.15** Himont Spherpol 공정

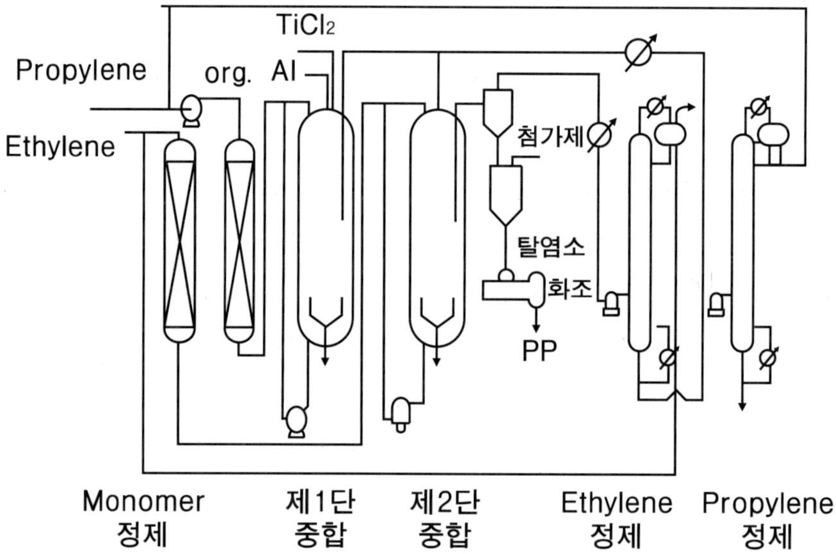


**그림 6.16** BASF 공정

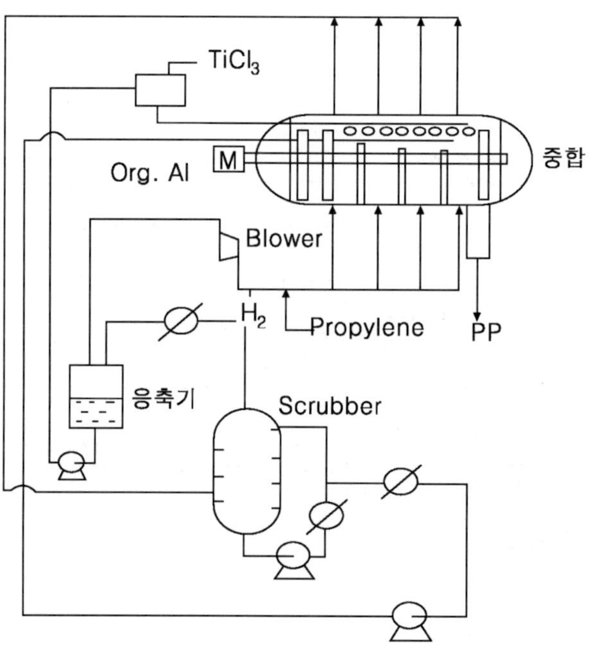


**그림 6.17** Amoco-Chisso 공정

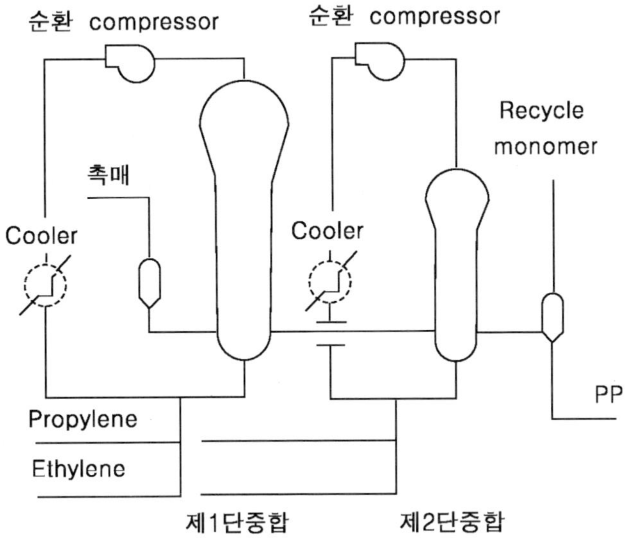


**그림 6.18** UCC 공정

PP의 공업적 생산 공정의 특성을 요약하면 아래의 표 6.5와 같다.

**표 6.5** 폴리프로필렌 중합 공정 특성

| 공정 | Bulk(Liquid pool) | | 슬러리 공정<br>Diluent Slurry | 기상 중합 공정<br>(Gas-Phase Process) | | |
|---|---|---|---|---|---|---|
| 제조회사 | Himont<br>Mitshi | Montedison<br>Sumitomo | Amoco<br>Montedison | Sumitomo<br>Urion Carbide | BASF/ICI<br>/USI | Amoco |
| 용매<br>(solvent) | - | - | n-Hexane<br>n-Heptane | - | - | - |
| 촉매 | 담지 Ti계<br>촉매 | 비담지<br>또는 담지<br>Ti계 촉매 | 비담지 또는<br>담지 Ti계 촉매 | 담지 Ti계 촉매 | 비담지<br>또는 담지<br>Ti계 촉매 | 비담지<br>또는 담지<br>Ti계 촉매 |
| 반응 온도<br>(℃) | 60~80 | 60~75 | 60~80 | 60~80 | 70~90 | 70~90 |
| 압력(atm) | 30~40 | 30~40 | 15~20 | 20 | 20 | 20 |
| 체류시간<br>(hr) | 1.0~2.0 | 2 | 3.0~4.0 | 3.0~5.0 | 4 | 4 |
| 분자량<br>(MI) | 0.1~800 | 0.1~800 | 0.1~100 | 0.1~750 | 0.1~100 | 0.1~100 |
| 분자량 | 小~大 | | 小~大 | | 小~大 | |

### 3) 중합 공정 조건

중합 공정에는 폴리프로필렌 물성에 영향을 미치는 많은 변수가 존재하는데, 이들 변수를 적절히 조절함으로써 원하는 물성을 얻을 수 있다. 이러한 변수로는 중합온도, 중합촉매의 구성 성분, 프로필렌의 분압, 수소/프로필렌의 비 등 여러 가지가 있는데, 이들 변수가 생산성 및 폴리프로필렌 물성이 크실렌 가용성, 용융 지수, 에틸렌 함량 등에 미치는 영향을 살펴볼 필요가 있다. 크실렌 가용성은 전체 폴리프로필렌에 혼합된 아탁틱 성분의 함량을 나타내는 값으로, 생성된 폴리프로필렌의 입체규칙성을 나타내는 척도이다. 용융 지수는 용융된 고분자의 점도를 나타내며 고분자의 평균 분자량과 연관이 있다. 즉, 용융 지수가 낮을수록 분자량이 높고 용융된 고분자의 점도도 높다. 전형적인 폴리프로필렌의 용융 지수의 범위는 1~100g/10분이다. 에틸렌 함량은 폴리프로필렌 내에 포함된 에틸렌의 양으로, 폴리프로필렌의 충격 강도 및 투명성에 영향을 미친다. 촉매 중합 활성은 PP-kg /g-cat. 단위로 표현된다. 폴리프로필렌의 특성 및 품질을 제어하기 위한 변수로는 중합온도, 알킬알루미늄 공촉매/전자공여체 비, 알킬알루미늄 공촉매/Ti의 비, 프로필렌 분압, 수소/프로필렌 비, 에틸렌/프로필렌 비, 촉매독 등이 있다.

#### (1) 중합온도

일반적으로 폴리프로필렌의 특성 제어에는 이용되지 않으나, 중합온도의 상승은 크실렌 가용성의 상승 및 촉매 활성의 감소를 초래한다.

#### (2) 알킬알루미늄 공촉매[AL]/전자공여체[ED] 비

AL/ED는 주어진 시간 동안에 중합반응기에 공급된 ED량에 대한 AL의 비율을 나타내며 폴리프로필렌의 크실렌 가용성을 조절할 수 있는 일차 제어 변수이다. 즉, AL/ED의 비가 증가할수록 크실렌 가용성은 높아지고, 따라서 폴리프로필렌의 상승하락 및 중합기 유동층에서의 흐름성이 불량한 sticky한 폴리프로필렌이 만들어질 수 있다. 이러한 크실렌 가용성의 증가는 아탁틱 성분의 함량이 증가하였다는 것을 의미한다. 따라서 적절한 AL/ED 비를 유지해야만 높은 입체규칙성과 뛰어난 강성을 가진 폴리프로필렌을 생산할 수 있다. 또한

AL/ED는 촉매의 성능에 주된 영향을 주어 이 값을 증가시키면 촉매 활성은 증가하는 반면 입체규칙성은 낮아진다.

### (3) AL/Ti의 비

공급 촉매에 대한 공촉매의 비는 원활한 공정과 폴리프로필렌의 특성 제어에 제일 중요한 변수이다. AL/Ti의 비는 폴리프로필렌의 특성 제어에 일차적인 변수는 아니지만 미세하게나마 크실렌 가용성, 용융 지수 및 촉매 활성의 향상을 유발한다.

### (4) 프로필렌 분압

중합기에서의 프로필렌 분압은 촉매활성의 제어에서 일차적인 변수이고, 분압 증가는 촉매 활성을 향상시킨다.

### (5) 수소/프로필렌의 비

수소는 성장하는 폴리프로필렌의 중합 정지제로 작용하여 폴리프로필렌의 용융 지수를 결정한다. 프로필렌 농도에 비해 수소의 농도가 높을 경우 폴리프로필렌의 분자량은 낮아져서 용융 지수는 높아지고 촉매활성은 미세하지만 감소하는 경향이 있다. 따라서 수소/프로필렌의 비는 폴리프로필렌의 용융 지수를 조절하는 일차 제어 변수이며 적절한 수소 및 프로필렌의 유량을 조절함으로써 원하는 용융 지수를 가지는 폴리프로필렌을 생산할 수 있다.

### (6) 에틸렌/프로필렌 비

에틸렌/프로필렌 비는 랜덤 공중합체에서의 에틸렌 함량을 제어하는 이차적인 변수이다. 에틸렌의 양은 반응기 순환 기체 중의 프로필렌 내에서 바로 조절된다. 원하는 에틸렌/프로필렌 비를 유지하기 위해서는 프로필렌 유량에 대해 에틸렌 유량을 단계적으로 조절해야 한다. 에틸렌/프로필렌 비의 증가는 크실렌 가용성의 증가와 함께 촉매 활성을 증가시킨다. 따라서 생산하고자 하는 폴리프로필렌의 특성에 맞는 적절한 조정이 필요하다.

### (7) 촉매독

매우 높은 활성을 지닌 촉매에서는 촉매독이 활성에 아주 민감하게 반응할 것을 예측할 수 있다. 이러한 촉매독에 대한 평가는 종종 액상 중합 장치에서 진행되었으나 그 효과는 기상 운전에서와 동일하다. 촉매독을 제일 먼저 고압반응기에 투입하고 프로필렌, 공촉매(TEAL, ED), 주촉매 순으로 투입한 결과 카르보닐기를 가진 화합물이 촉매에 가장 해로운 촉매독 작용을 하는 것으로 나타났다. 가장 해로운 촉매독은 일산화탄소이며, 반응물 내에 약 1ppm이 존재하면 90% 활성 저하를 가져온다. 또한 황 화합물 중에서는 dimethyldisulfide(DMDS)가 가장 해로운 촉매독이며 프로필렌 내에 2ppm만 존재해도 수율이 25% 줄어 든다. 산소 화합물도 중요한 촉매독으로 작용하며, 수분이 2ppm 존재하면 수율의 40%를 줄이는데, 산소는 덜 해로우나 5ppm이면 50% 활성 저하가 나타난다. 이들 촉매독은 수율뿐만 아니라 입체규칙성에도 큰 영향을 끼치는데 예를 들어, 0.5ppm의 일산화탄소를 투입하면 중합체의 크실렌 가용성이 5% 증가한다. 이는 대부분의 촉매독은 아탁틱보다는 이소탁틱 자리에 더 쉽게 공격하기 때문이다. 따라서 반응물에 있어서 불순물의 제거는 필수적이며, 표 6.6에서는 반응물로 투입되는 프로필렌 내에서의 불순물의 최대 허용치를 나타내었다.

**표 6.6** 공급 단량체 순도 범위

| 성분 | UCC 공정(기체) | Mitsui 공정(Bulk+기체) |
|---|---|---|
| 물 | 최대 0.2 ppm | 최대 5.0 ppm |
| $H_2O$ | 1.0 | 5.0 |
| CO | 0.5 | 4.0 |
| $CO_2$ | 0.1 | 0.2 |
| Aldehydes | 2.0 | - |
| $(CH_3)_2S$ | 0.2 | 1.0 |
| $CH_3SH$ | 1.0 | 0.03 |
| COS | 0.5 | 0.1 |
| PD | 10 | 5.0 |
| MA | 10 | 5.0 |

## 3. 국내 현황

### 1) 생산자 및 생산량

현재 국내의 폴리올레핀(PE, PP)의 10개 생산 기업인 대림산업, 대한유화, 삼성토탈(구삼성

종합화학), LG석유화학, GS-Caltex정유, SK, 한화석유화학, 현대석유화학, 호남석유화학, 효성 T&C 등의 각 폴리올레핀 생산 능력은 표 6.7에 나타내었다.

**표 6.7** 국내 폴리올레핀 회사의 연간 생산 능력

| 제품명 | 회사명 | 생산능력 (단위 : MTA) | | 비고 |
|---|---|---|---|---|
| | | 1992년 | 2003년 | |
| LDPE | 현대석유화학 | 100,000 | 275,000 | 대림산업 LDPE 인수 |
| | 삼성토탈 | 92,000 | 100,000 | |
| | 한화석유화학 | 223,000 | 371,000 | |
| | LG석유화학 | 120,000 | 156,000 | |
| | 소계 | 535,000 | 902,000 | |
| LLDPE | 현대석유화학 | 60,000 | 160,000 | 1994년 생산 능력<br>대림산업 LLDPE 인수 |
| | 삼성토탈 | 100,000 | 125,000 | |
| | 한화석유화학 | 80,000 | 355,000 | |
| | SK | 100,000 | 160,000 | |
| | 소계 | 340,000 | 800,000 | |
| LDPE + LLDPE계 | | 875,000 | 1,702,000 | |
| HDPE | 대한유화 | 270,000 | 390,000 | 한화HDPE<br>인수 |
| | 현대석유화학 | 100,000 | 220,000 | |
| | 대림산업 | 150,000 | 380,000 | |
| | 삼성토탈 | 120,000 | 175,000 | |
| | SK | 100,000 | 190,000 | |
| | 호남석유화학 | 200,000 | 360,000 | |
| | LG석유화학 | 120,000 | 265,000 | |
| | 소계 | 1,060,000 | 1,980,000 | |
| PP | 대한유화 | 350,000 | 310,000 | 1993년 생산 능력 |
| | 현대석유화학 | 170,000 | 500,000 | |
| | 폴리미래 | 160,000 | 543,000 | |
| | 삼성토탈 | 175,000 | 220,000 | |
| | GS-Caltex | 165,000 | 180,000 | |
| | SK | 150,000 | 340,000 | |
| | 호남석유화학 | 220,000 | 440,000 | |
| | 효성 T&C | 80,000 | 268,000 | |
| | 소계 | 1,470,000 | 2,801,000 | |

### 2) 촉매 필요량

현재 국내 촉매 공업은 석유화학공업에 사용되는 촉매 중 중합촉매, 특히 에틸렌 및 프로필렌의 중합용 Ziegler-Natta 촉매의 사용 비중이 높으나, 대부분의 폴리올레핀 업체에서 이 Ziegler-Natta 촉매의 대부분을 외국에서 수입하고 있어 독자 중합촉매 기술 개발이 요구되고 있다. 국내 유화 산업은 에틸렌 생산 기준 (2000년 말 기준) 약 510만 톤 이상에 달하고 있지만, 촉매 기술을 활용한 고유 공정의 개발 경험이 미비해 중합촉매 기술의 기술 선진국에 대한 의존도가 매우 높은 것으로 평가받고 있다. 고분자 중합용 촉매는 주로 에틸렌과 프로필렌의 중합에 사용되며 업체별 사용량 및 수입량은 표 6.8과 같다.

**표 6.8** 국내 각 업체와 촉매 사용량(2003년도)

(1) PE

단위: KG

| | | 대한 유화 | 현대 석유화학 | 대림 산업 | 삼성 토탈 | LG 석유화학 | LG 화학 | 호남 석유화학 | SK | 한화 종합화학 |
|---|---|---|---|---|---|---|---|---|---|---|
| Capacity | HDPE | 390,000 | 220,000 | 380,000 | 175,000 | 265,000 | | 360,000 | 190,000 | |
| | LDPE | | 275,000 | | 100,000 | | 156,000 | | | 371,000 |
| | LLDPE | | 160,000 | | 125,000 | | | | 160,000 | 355,000 |
| 촉매 | 저활성 | 0 | | | | | | | | |
| | 고활성 | 21,900 | | | | | | | | |
| | 계 | 21,900 | 102,811 | 96,000 | 32,800 | 42,000 | | 31,180 | 27,600 | 76,900 |

* LDPE생산용 촉매는 사용량에서 제외

(2) PP

단위: KG

| | | 대한 유화 | 현대 석유화학 | 폴리 미래 | 삼성 토탈 | GS-Caltex | SK | 호남 석유화학 | 효성 |
|---|---|---|---|---|---|---|---|---|---|
| Capacity | | 310,000 | 500,000 | 543,000 | 220,000 | 180,000 | 340,000 | 440,000 | 268,000 |
| 촉매 | 저활성 | 4,533 | | | | | | | |
| | 고활성 | 11,258 | 15,118 | 16,440 | 11,000 | 10,000 | 8,750 | 12,160 | 18,500 |
| | 계 | 15,791 | 15,118 | 16,440 | 11,000 | 10,000 | 8,750 | 12,160 | 18,500 |

현재 국내에서 사용되고 있는 폴리올레핀용 중합촉매는 거의 외국에서 도입되고 있는 실정이므로, 국내 고유의 중합촉매 개발이 필요하며 시급하다는 점은 재삼 강조할 필요가 없다. 기존의 Ziegler-Natta 촉매에 비해 연구 역사가 짧은 메탈로센 촉매에 대한 개발 연구가 후발인 우리 사정에 더 적합하므로, 새로운 구조의 메탈로센 촉매를 연구할 필요성을 절실히 느끼고 있다. 그러나 적합한 구조의 메탈로센 화합물을 새로 개발하는 것도 중요하겠지만, 기존의 메탈로센 촉매에 대한 새로운 담지 방법을 개발하고 그 실용화 연구를 수행하여 얻은 연구 결과로 외국 회사와의 공동 개발 및 상호협력의 장을 마련하는 것도 우리나라 폴리올레핀 산업계에서 후발 연구의 기본 전략으로 생각해야 할 것이다.

# 참고 단행본

1960년대 이후에 유기금속 중합촉매에 대해 출간된 외국의 단행본을 정리하였으니 참고하기 바란다;

1. L. Reich and A. Schindler, Eds., "Polymerization by Organometallic Compounds", Wiley-Interscience, New York, 1966.
2. T. Keii, "Kinetics of Ziegler-Natta Polymerization", Kodansha, Tokyo, 1972.
3. J. Boor, Jr., "Ziegler-Natta Catalysts and Polymerization", Academic Press, New York, 1979.
4. R. P. Quirk, H. L. Hsieh, and P. J. T. Tait, Eds., "Transition Metal Catalyzed Polymerizations", Part A & B, MMI Press, New York, 1983.
5. N. S. Allen, Ed., "Degradation and Stabilisation of Polyolefins", Applied Science Publishers, 1983.
6. Y. V. Kissin, "Isospecific Polymerization of Olefins with Heterogeneous Ziegler-Natta Catalysts", Springer-Verlag, New York, 1985.
7. T. Keii and K. Soga, Eds., "Catalytic Polymerization of Olefins", Kodansha, Tokyo, 1986.
8. J. P. Collman, L. S. Hegedus, J. R. Norton, and R. G. Finke, Eds., "Principles and Applications of Organotransition Metal Chemistry", University Science Books. 1987.
9. R. B. Seymour and T. Cheng, Eds., "Advances in Polyolefins", Plenum Press, New York, 1987.
10. K. J. Saunders, Ed., "Organic Polymer Chemistry", Chapman and Hall, 1988.
11. Z. Paal and P. G. Menon, Eds., "Hydrogen Effects in Catalyst", Marcel Dekker Inc., 1988.
12. R. P. Quirk, R. E. Hoff, G. B. Klingensmith, P. J. T. Tait, and B. L. Goodall, Eds., "Transition Metal Catalyzed Polymerizations: Ziegler-Natta and Metathesis Polymerization", Cambridge Univ. Press, New York, 1988.
13. R. H. Crabtree, Ed., "The Organomatallic Chemistry of The Transition Matals", John Wiley & Sons Ltd, 1988.
14. W. Kaminsky and H. Sinn, Eds., "Transition Metals and Organometallics as Catalysts for Olefin Polymerization", Springer-Verlag, Berlin, 1988.
15. T. Keii and K. Soga, Eds., "Catalytic Olefin Polymerization", Kodansha, Tokyo, 1990.
16. Y. Imamoglu, B. Zuemreoglu-Karan, and A. J. Amass, Eds., "Olefin Metathesis and Polymerization Catalysts", Kluwer Academic Publishers, Dordrecht, 1990.
17. Ser van der Ven, "Polypropylene and other Polyolefins: Polymerization and Characterization",

Elsevier, New York, 1990.

18. G. B. Butler, Ed., "Cyclopolymerization and cyclocopolymerization", Marcel Dekker. Inc., 1992.
19. E. J. Vandenberg and J. C. Salamone, Eds., "Catalysis in Polymer Synthesis", Maple Press, 1992.
20. K. Weissermer and H. J. Arpe, Eds., "Industrial Organic Chemisty", VCH, 1993.
21. T. C. Chung, Ed, "New Advances in Polyolefins", Plenum Press, New York, 1993.
22. C. Vasele and R. B. Seymour, Eds., "Handbook of Polyolefins", Marcel Dekker, New York, 1993.
23. B. Imelik and Jacques C. Vedrine, Eds., "Catalyst Characterization", Plenum Press, 1994.
24. K. Soga and M. Terano, Eds., "Catalyst Design for Tailor-made Polyolefins", Kodansha, Tokyo, 1994.
25. G. Fink, R. Muelhaupt, and H. H. Brintzinger, Eds., "Ziegler Catalysts", Spring-Verlag, Berlin, 1995.
26. J. Karger-Kocsis, Ed, "Polypropylene: Structure, Blends and Composites", Vol. 1, 2 & 3, Chapman & Hall, New York, 1995.
27. S. Hosoda, Ed., "New Trends in Polyolefin Science and Technology", Research Signpost, Trivandrum, 1996.
28. S. Kobayashi, Ed., "Catalysis in Precision Polymerization", John Wiley & Sons Ltd., 1997.
29. Y. Imamoglu, Ed., "Metathesis Polymerization of Olefins and Polymerization of Alkynes", Kluwer Academic Publishers, Dordrecht, 1998.
30. A. Togni and R. L. Halterman, Eds., "Metallocenes: Synthesis, Reactivity, Application", Vol. 1 & 2, Wiley-VCH, New York, 1998.
31. Kaminsky, Ed., "Metalorganic Catalysts for Synthesis and Polymerization", Springer-Verlag, Berlin, 1999.
32. G. M. Benedikt, Ed., "Metallocene Technology in Commercial Application", Plastics Design Library, New York, 1999.
33. J. Karger-Kocsis, Ed., "Polypropylene: An A-Z Reference", Kluwer Academic Publishers, Dordrecht, 1999.
34. J. Scheirs and W. Kaminsky, Eds., "Metallocene-based Polyolefins", Vol. 1 & 2, John Wiley & Sons, New York, 2000.
35. P. Arjunan, J. E. McGrath, and T. L. Hanlon, Eds., "Olefin Polymerization: Emerging Frontiers", Am. Chem. Soc., Washington, 2000.
36. T. Sano, T. Uozumi, H. Nakatani, and M. Terano, Eds., "Progress and Development of Catalytic Olefin Polymerization", Technology and Education Publishers, Tokyo, 2000.

37. V. Dragutan and R. Streck, Eds., "Catalytic Polymerization of Cycloolefins: Ionic, Ziegler-Natta and Ring-opening Metathesis Polymerization", Elsevier, New York, 2000.

38. I. M. Campbell, Ed., "Introduction to Synthetic Polymers", Oxford University Press, 2000.

39. M. Terano and T. Shiono, Eds., "Future Technology for Polyolefin and Olefin Polymerization Catalyst", Technology and Education Publishers, 2002.

40. C. E. Carraher, Ed., "Polymer Chemistry", Marcel Dekker, 2003.

41. G. Odian, "Principles of Polymerization", 4th Ed., Wiley, 2004.

42. T. Kei, "Heterogeneous Kinetics, Theory of Ziegler-Natta-Kaminsky Polymerization, Kodansha, 2004.

43. M. Terano, Ed., "Current Achievement on tleteroglneous Olefin Polymerization Catalysts", Sankeisha, 2004.

44. Y. B. Monakov, N. N. Sigaeva, and N. Urazbaev, G. E. Zaikov, Ed., "Active Sites of Polymerization; Multiplicity; Stereospecatic and Kinetic Heterogeneity, VSP, 2005.

45. T. Shiono, K. Nomura, and M. Terano, Eds., "Progress in Olefin Polymerization Catalysts and Polyolefin Materials", Elsevier, 2006.